上岗轻松学

图解电子元器件识读与检测快速入门

主　编　侯守军　张道平

副主编　敖小峰　滕永涛

参　编　张　毅　王海勇　许志国　王雄飞

机械工业出版社

本书介绍了各种电子元器件及其检测方面的知识，内容包括电阻器、电容器、电感、二极管、晶体管、集成电路、场效应晶体管、晶闸管、电声器件、压电器件、霍尔器件、显示器件等。针对每种常用元器件均给出实物图、参数、检测方法、标注方法、特性及典型应用电路分析，使读者对常用电子元器件有一个整体认识，并能在实际中灵活应用。

本书可作为电工电子技术初学者及电子爱好者的学习用书，也可作为中职、技校、职高类学校相关专业的教材，还可作为相关专业工程技术人员的培训教材。

图书在版编目（CIP）数据

图解电子元器件识读与检测快速入门/侯守军，张道平主编. —北京：机械工业出版社，2012.6（2024.8重印）
（上岗轻松学）
ISBN 978-7-111-38521-9

Ⅰ.①图… Ⅱ.①侯…②张… Ⅲ.①电子元件-识别②电子元件-检测 Ⅳ.①TN60

中国版本图书馆CIP数据核字（2012）第109172号

机械工业出版社（北京市百万庄大街22号 邮政编码100037）
策划编辑：郎 峰 陈玉芝 责任编辑：王振国 版式设计：霍永明
责任校对：卢惠英 封面设计：饶 薇 责任印制：张 博
北京建宏印刷有限公司印刷
2024年8月第1版第5次印刷
169mm×239mm · 13印张 · 371千字
标准书号：ISBN 978-7-111-38521-9
定价：29.00元

电话服务	网络服务
客服电话：010-88361066	机 工 官 网：www.cmpbook.com
010-88379833	机 工 官 博：weibo.com/cmp1952
010-68326294	金 书 网：www.golden-book.com
封底无防伪标均为盗版	机工教育服务网：www.cmpedu.com

前　言

PREFACE

电子元器件是电子技术中的基本元素，任何一种电子装置都是由电子元器件组合而成的。特别是近年来电子元器件技术不断发展，新型元器件层出不穷，不了解电子元器件的性能和规格，就难以适应当代电子技术的发展。

本书在编写时重视知识、技能传授的宏观设计及整体效果，主要特点如下：

(1) 结构“模块化”　一章就是一个模块一个知识点，重点突出，主题鲜明。

(2) 内容“弹性化”　元器件知识与典型应用电路有机组合，理论联系实际，活学活用。

(3) 内容“图表化”　图文并茂、直观明了、便于自学。

本书由侯守军、张道平主编。在编写过程中，得到了湖北信息工程学校、钟祥市职业高中、湖北东光电子有限公司、粤岭电子有限公司等单位有关领导、专家的大力帮助。另外，对武汉莱斯特电子科技有限公司提供的大力帮助在此一并表示感谢。

由于编者水平有限，书中的错误和缺点在所难免，真诚欢迎广大读者批评指正。

编　者

目 录

CONTENTS

第一章

电阻器和电容器

电阻器和电容器是电路中应用最广泛的，我们不仅要了解一般电阻器和电容器的标称值、符号、参数、标注和检测方法，也应对其他形形色色的电阻器和电容器有所了解。

第一节　电　阻　器

一、电阻器概述

1. 电阻器特点

导体对电流的阻碍作用叫做电阻，电阻是导体的一种基本性质，其大小与导体的尺寸、材料和温度有关。利用导体的这些特性而制成的元件称为电阻器（也简称为电阻），它是消耗电能的元件，用文字符号“R”表示，是英文 Resistor 的缩写。在国际单位制中，电阻值的单位是欧姆，用文字符号“Ω”表示，还有千欧（kΩ）、兆欧（MΩ）、吉欧（GΩ）和太欧（TΩ），它们之间的换算关系为：$1T\Omega = 10^3 G\Omega = 10^6 M\Omega = 10^9 k\Omega = 10^{12}\Omega$。

电阻器在电子设备中约占元件总数的 30% 以上，其质量的好坏对电路的性能有极大的影响。电阻器的主要用途是稳定和调节电路中的电压和电流，其次还可以作为分流器、分压器和消耗电能的负载等。

2. 电阻器的种类和电路图形符号

电阻器的种类、电路图形符号和图形符号标注含义如图 1-1 所示。

二、常见固定电阻器的实物图、特点及应用

常见固定电阻器（简称电阻）的实物图、特点见表 1-1。常见电阻的典型应用电路见表 1-2。

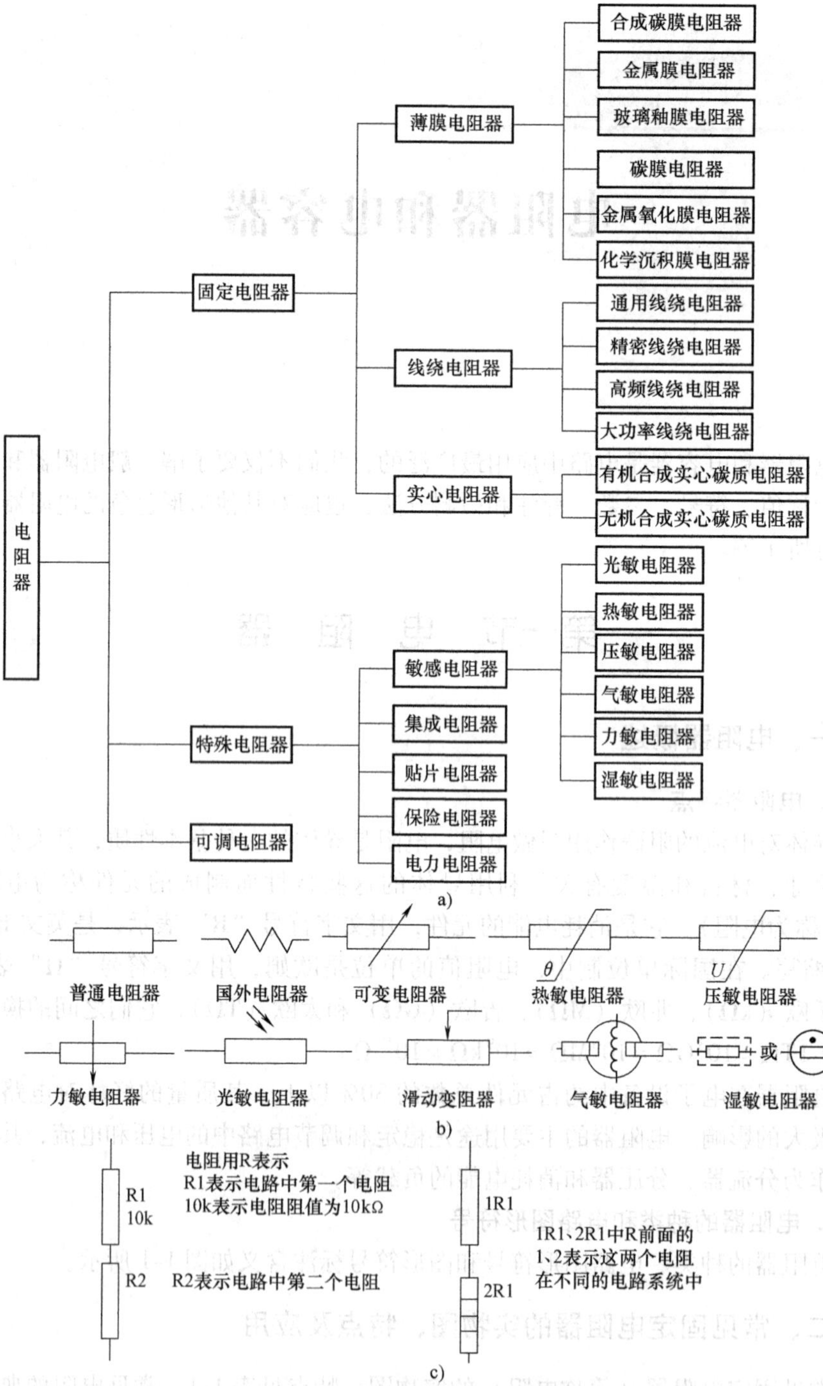

图 1-1　电阻器的种类、电路图形符号和图形符号标注含义

a）种类　b）图形符号　c）标注含义

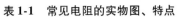

表 1-1　常见电阻的实物图、特点

实　物　图	特　　点
碳膜电阻(RT) 	结构：以小瓷棒或瓷管做骨架，通过真空和高温热分解出的结晶碳沉积生成碳膜（导电膜），瓷管两端装上金属帽盖和引线，外涂保护漆。改变碳膜的厚度和长度，获得不同的电阻值 优点：稳定性好、噪声低、价格低、阻值范围宽（几欧至几兆欧）一般应用在要求不高的电路中
金属膜电阻(RJ) 	结构：以小瓷棒或瓷管做骨架，由合金粉蒸发而成的金属膜形成导电膜，瓷管两端装上金属帽盖和引线，外涂保护漆 优点：各项指标均优于碳膜电阻。稳定性好、噪声低、价格低、阻值范围宽（10Ω～10MΩ） 适用于要求较高的通信设备、电子仪器等电路；在收音机、电视机等民用产品上也有较多的应用
金属玻璃釉电阻(RI) 	结构：金属氧化物（如钌、银、钯、锡、锑等）和玻璃釉黏合剂混合后，涂覆在陶瓷骨架上，经高温烧结而成，属厚膜电阻 优点：耐高温、耐潮湿、温度系数小、负荷稳定性好、噪声小、阻值范围大(4.7Ω～200MΩ)
氧化膜电阻(RY) 	结构：用锑或锡等金属盐溶液喷雾到炽热的陶瓷骨架表面，沉积形成导电膜，瓷管两端装上金属帽盖和引线，外涂保护漆 优点：性能可靠、过载能力强、额定功率大（最大达 15kW），广泛用于彩色电视机中 缺点：阻值范围小（1Ω～200kΩ）
实心碳质电阻（无机RS型、有机RN型） 	结构：用碳质颗粒导电物质（炭黑、石墨）作导电材料，用云母粉、硅粉、玻璃粉、二氧化钛作填料，另加黏合剂经加热压制而成。按照黏合剂的不同，分为有机实心和无机实心电阻器 优点：无机实心电阻器温度系数较大，可靠性较高；有机实心电阻器过负荷能力强 缺点：无机实心电阻器阻值范围小；有机实心电阻器噪声大、稳定性较差、分布电容和分布电感大
水泥电阻 	水泥电阻的电阻丝同引脚之间采用压接方式连接，外部采用陶瓷或矿质材料包封，具有良好的绝缘性能。通常用于功率大，电流大的场合。负载短路时，水泥电阻器的电阻丝与焊脚间的压接处会迅速熔断，对整个电路起限流保护作用。通常采用直接标注法标注
线绕电阻(RX) 	结构：用金属电阻丝绕制在陶瓷或其他绝缘材料的骨架上，表面涂以保护漆或玻璃釉 优点：阻值精确（5Ω～56kΩ）、功率范围大、工作稳定可靠、噪声小、耐热性能好（主要用于精密和大功率场合） 缺点：体积较大、自身电感大，高频性能差、时间常数大。只适用于频率在 50kHz 以下的电路
零欧姆电阻 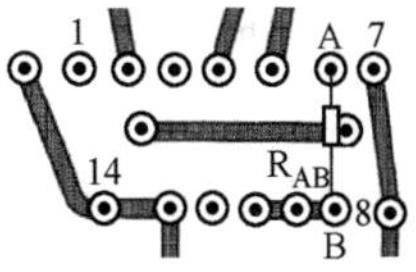	电阻值为零，电阻上没有任何文字，中间有一道黑线，印制板布线时难免出现走线交叉的情况，为防止走线兜圈，可采用加装零欧姆电阻进行桥接，具体如图中 R_{AB} 所示

（续）

实　物　图	特　　点
集成电阻(RP、RN)  	集成电阻这种电阻器是将多个分立的电阻器按照一定的规律排列成为一个组合型电阻器，也称为排电阻器或电阻器网络，简称排阻。有单列式(SIP)和双列直插式(DIP)。在数字显示电路、计算机硬件电路中经常用到
电力铝壳电阻器 	弹簧合金电阻体与成形铝壳的组合，将其经高温阳极处理后，再以特殊不燃性耐热水泥充填，待阴干经过高温处理固定绝缘而成，不怕外来的机械力量与尘埃环境。这种电阻器不但功率大而且坚固，耐振动，散热良好，电阻温度系数小，适用于产业机械、负载测试、电力分配、仪表设备及自动控制装置等
电力陶瓷管电阻器  	将固定圈数成形于陶瓷管上，选择适当电阻合金线材，顺着陶瓷管上旋状牙沟缠绕，该起动电阻器功率大且坚固，耐高温、散热性好，电阻温度系数小、呈直线变化，适合大电流做短时间过负荷时使用，适用于电动机起动、负载测试、产业机械、电力分配、仪表设备及自动控制装置等

表 1-2　常见电阻的典型应用电路

电 路 说 明	应 用 电 路
图 a 是一种典型直流电压供给电路。电路中的 R1 给晶体管 VT1 基极加上直流工作电压，因为晶体管工作在放大状态时需要直流电压，这种电路在晶体管放大器中又称为固定式偏置电路 电阻也可以将交流信号电压加到电路中的某一点，图 b 是电阻交流信号电压供给电路	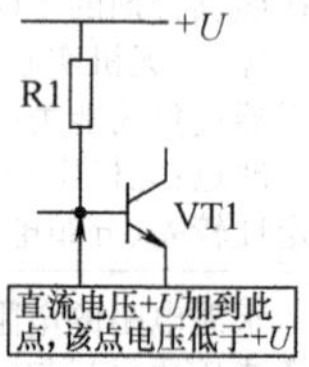 a) 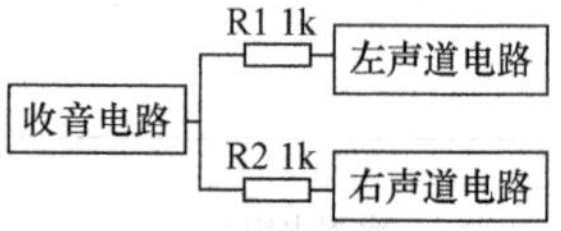 b)
图 a 所示为电阻限流保护电路，在直流电压 +*U* 大小一定时，电路中加入电阻 R1 后，流过发光二极管 LED 的电流减小，防止因为流过 LED 的电流太大而损坏 LED。电阻 R1 阻值越大，LED 的电流越小 从图 b 所示的直流电阻降压电路中可以看出，直流工作电压 +*U* 通过 R1 和 R2 后加到晶体管 VT1 集电极，其中通过 R1 后的直流电压作为 VT1 放大级的直流工作电压。由于直流电流流过 R1，R1 两端会有直流电压压降，这样 R1 左端的直流电压比 +*U* 低，起到了降低直流电压的作用	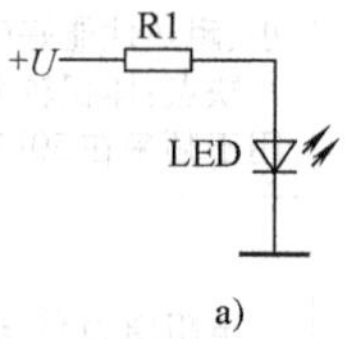 a) 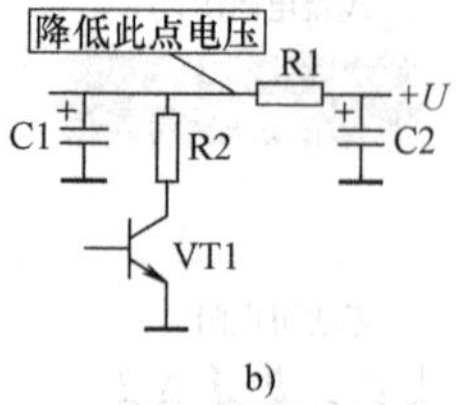 b)

（续）

电 路 说 明	应 用 电 路
图 a 是电阻隔离电路，这是 OTL 功率放大器中的自举电路（一种能提高大信号下半周信号幅度的电路），电路中的 R1 是隔离电阻 图 b 是静噪电路中的隔离电阻电路。电路中，在前级放大器与后级放大器电路之间接有隔离电阻 R1 和耦合电容 C1，VT1 是电子开关管	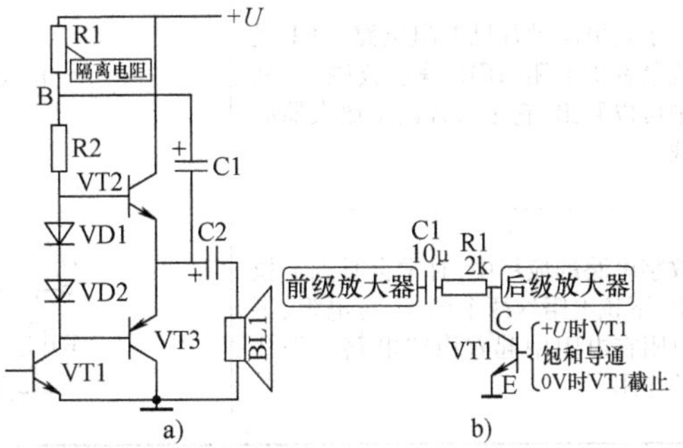
图 a 是运用电阻将电流变化转换成电压变化的典型电路，这也是晶体管的集电极负载电阻电路 图 b 是取样电阻电路，这也是功率放大器中过电流保护电路中的取样电路	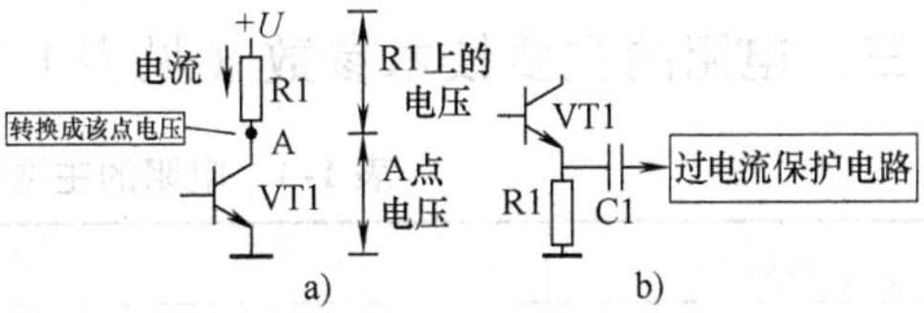
该图为不同电平信号输入插口电路。电路中的 R1 和 R2 构成交流信号分压衰减电路。CK1 是小信号输入插口，CK2 是大信号输入插口	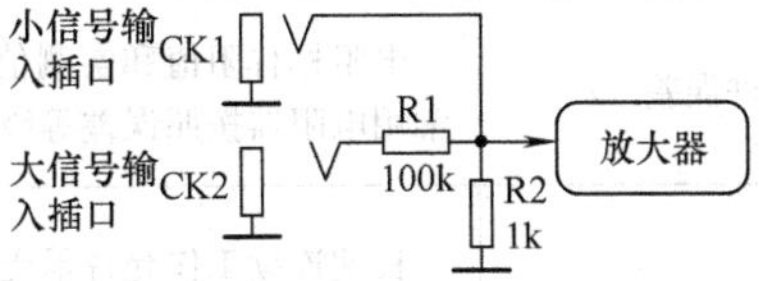
图 a 是音量调节限制电阻电路 图 b 是阻尼电阻电路，电路中的 L1 和 C1 构成 LC 并联谐振电路，阻尼电阻 R1 并联在这一电路上。在 LC 并联谐振电路中时常会用到这种阻尼电阻电路	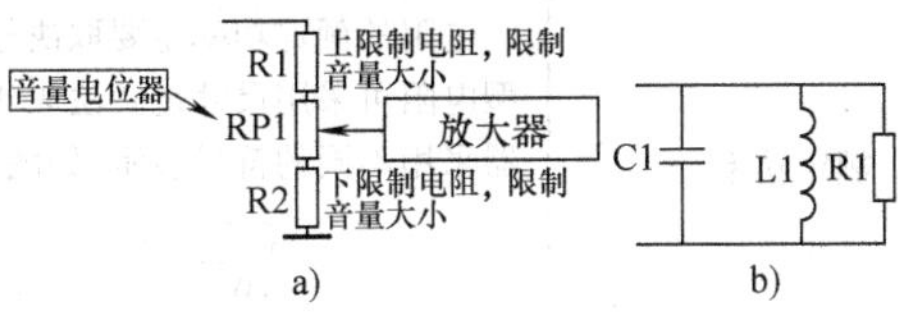
图示是电阻消振电路，电路中的 R1 称为消振电阻，在一些高级的放大器电路中时常采用这种电路，它通常接在晶体管基极回路中，或两级放大器电路之间，电阻 R1 用来消耗可能产生的高频振荡信号能量，即高频振荡信号电压加在 R1 上而少加到后级放大器中，达到消振目的	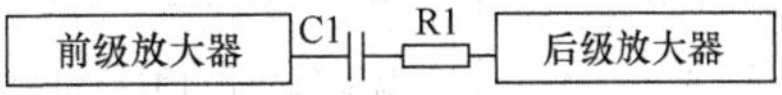
图示是晶体管偏置电路中的集电极-基极负反馈电阻电路	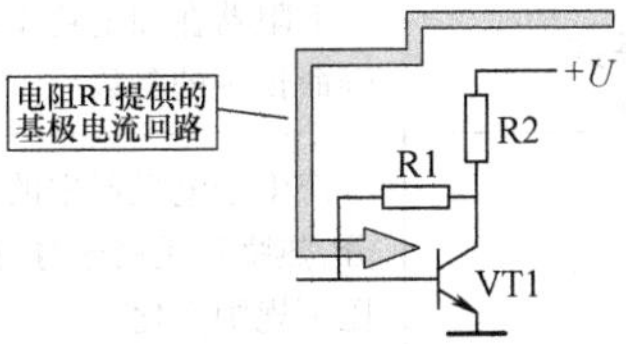

（续）

电路说明	应用电路
图示是恒流录音机电阻电路。R1是恒流录音机电阻，HD1是录放磁头，从图中可以看出，它是录音输出放大器的负载	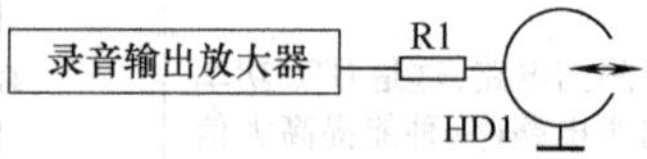
数字电路的应用中，时常会听到上拉电阻、下拉电阻这两个词，上拉电阻、下拉电阻在电阻中起着稳定电路工作状态的作用	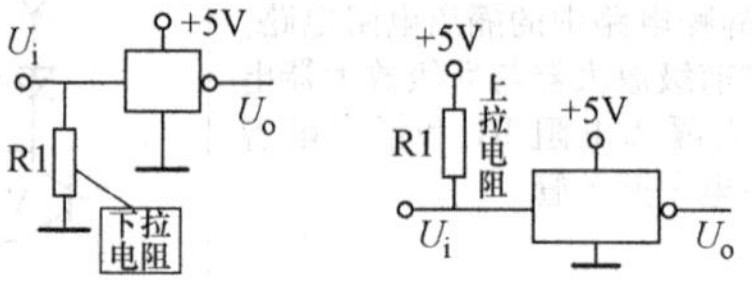

三、电阻的主要技术参数（见表1-3）

表1-3　电阻的主要技术参数

参数	定义说明
标称阻值	电阻的标称阻值是指在电阻体上所标注的阻值
允许误差	电阻标称阻值和实测值之间允许的最大偏差范围叫做电阻的允许误差。常用电阻器按照误差等级分为三个系列，即E24、E12、E6
额定功率	长期连续工作允许承受的最大功率。除了较大体积的电阻直接标注功率外，其他的电阻几乎都不标注额定功率值 电阻的额定功率主要取决于它的电阻体材料、几何尺寸和散热面积，同类型电阻可采用尺寸比较法来识别其额定功率。在电路图中各种功率的电阻器采用不同的符号表示，如图所示 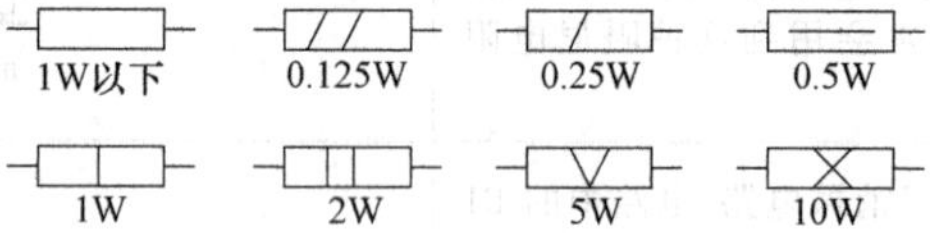
最高工作电压	允许的最大连续工作电压
温度系数	温度每变化1℃所引起的电阻值的相对变化。温度系数越小，电阻的稳定性越好。阻值随温度升高而增大的为正温度系数，反之为负温度系数
电压系数	在规定的电压范围内，电压每变化1V，电阻器阻值的相对变化量
老化系数	电阻器在额定功率长期负荷下，阻值相对变化的百分数，它是表示电阻器寿命长短的参数
噪声	产生于电阻器中的一种不规则的电压起伏，包括热噪声和电流噪声两部分，热噪声是由于导体内部不规则的电子自由运动，使导体任意两点间的电压不规则变化

四、电阻的标注方法（见表1-4）

表1-4 电阻的标注方法

<table>
<tr><th>名称</th><th>图示</th><th>说明</th></tr>
<tr><td>直标法</td><td>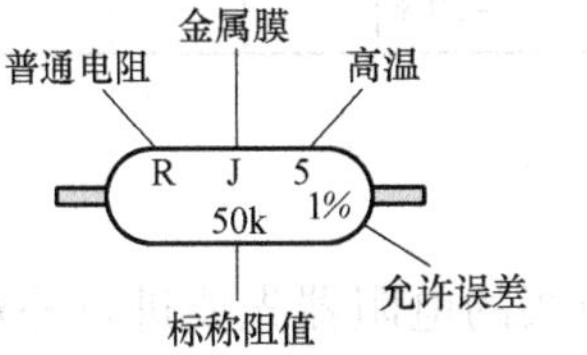
</td><td>将电阻的阻值和误差直接用数字或字母印制在电阻上。若电阻值表面未标出其允许偏差则表示允许偏差为±20%，未标出阻值单位则其单位为欧姆(Ω)</td></tr>
<tr><td>文字符号法</td><td>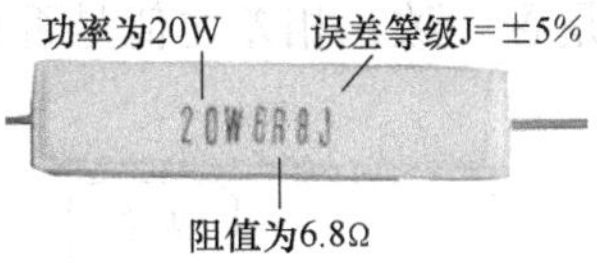
</td><td>文字符号法是用阿拉伯数字和文字两者有规律的组合表示标称阻值和允许误差。阻值单位用文字符号表示，即R、k、M、G、T分别表示欧姆、千欧、兆欧、吉欧、太欧。阻值的整数部分写在阻值单位标志符号前面，阻值的小数部分写在阻值单位标志符号后面；阻值单位、符号位置代表标称阻值有效数字中小数点所在位置；允许误差一般用J、K、M表示，其对应的误差等级为±5%、±10%、±20%</td></tr>
<tr><td>数码法</td><td colspan="2">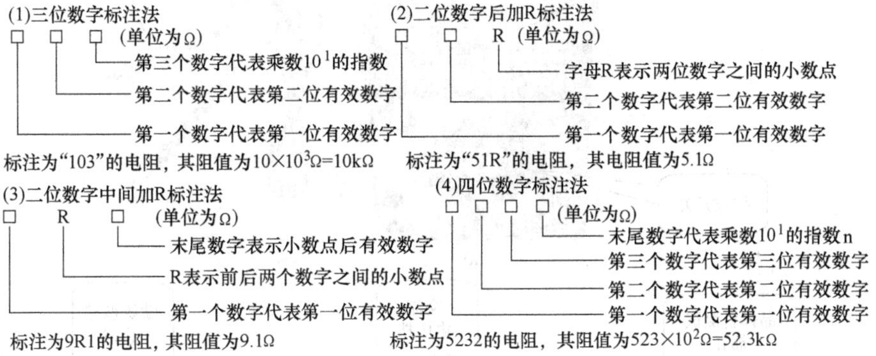
</td></tr>
<tr><td>色标法</td><td colspan="2">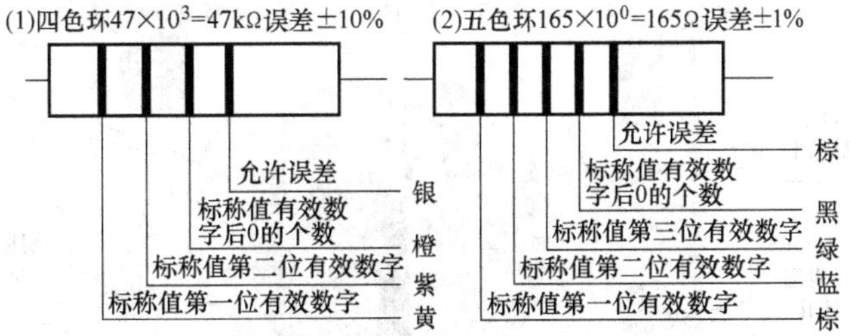

色环电阻器阻值的读数是由色环的颜色决定的，每一种颜色代表一定的数值，色环颜色代表的数值见表1-5。读电阻值时，习惯上金环或银环放在右边，从最左边的色环开始向右读。一般四色环和五色环电阻表示允许误差的色环的特点是该环离其他环的距离较远。较标准的表示应是表示允许误差的色环的宽度是其他色环的1.5～2倍。在五色环电阻中棕色环常常既用作误差环又常作为有效数字环，且常常在第一环和最后一环中同时出现，使人很难识别哪一个是第一环，哪一个是误差环。在实践中，可以按照色环之间的距离加以判别，通常第四环和第五环(即误差环、尾环)之间的距离要比第一环和第二环之间的距离宽一些，根据此特点可判定色环的排列顺序。如果靠色环间距仍无法判定色环顺序，还可以利用电阻的生产序列值加以判别</td></tr>
</table>

表 1-5　色环颜色代表的数值

颜色	棕	红	橙	黄	绿	蓝	紫	灰	白	黑	金	银	底色
数值	1	2	3	4	5	6	7	8	9	0			
误差	±1%	±2%			±0.5%	±0.2%	±0.1%		+50% −20%		±5%	±10%	±20%

五、电阻的测量

电阻器的质量好坏是比较容易鉴别的，对新买的电阻器先要进行外观检查，看外观是否端正、标志是否清晰、保护漆层是否完好。然后可以用万用表的电阻挡测量一下电阻器的阻值，看其阻值与标称阻值是否一致，相差之值是否在允许

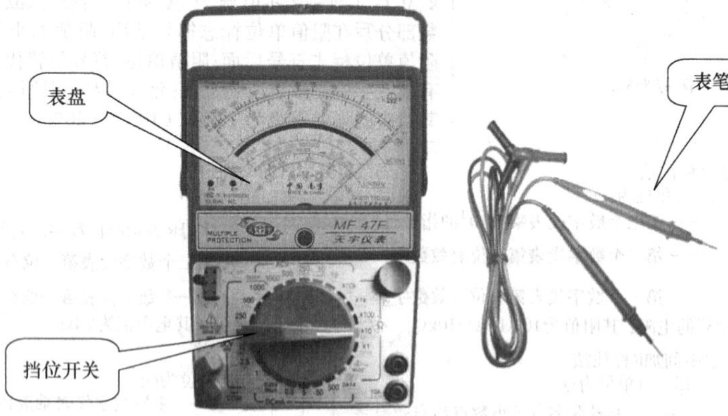

a)

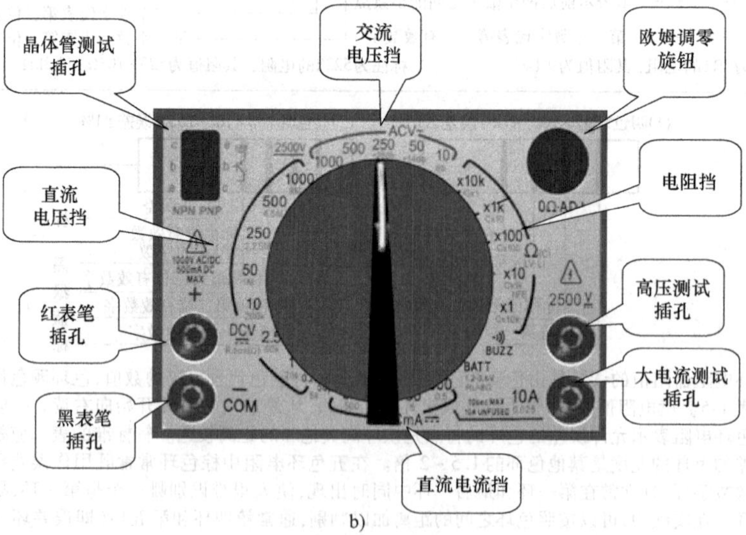

b)

图 1-2　MF47 型指针式万用表的外形和面板

a）外形　b）面板

误差范围之内。

下面以 MF47 型指针式万用表和 VC9205 型数字式万用表为例，介绍电阻的测量方法。

1. 指针式万用表

图 1-2 所示为 MF47 型指针式万用表的外形和面板。

MF47 型指针式万用表的表盘如图 1-3 所示。

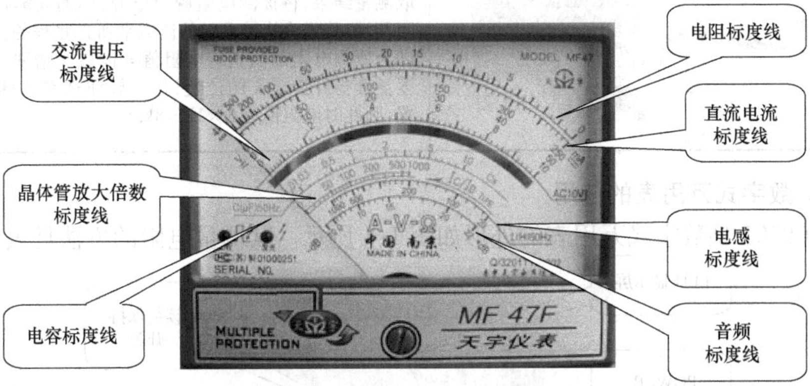

图 1-3　MF47 型指针式万用表的表盘

MF47 型指针式万用表测量电阻的方法见表 1-6。

表 1-6　MF47 型指针式万用表测量电阻的方法

项目	图　解	说　明
机械调零	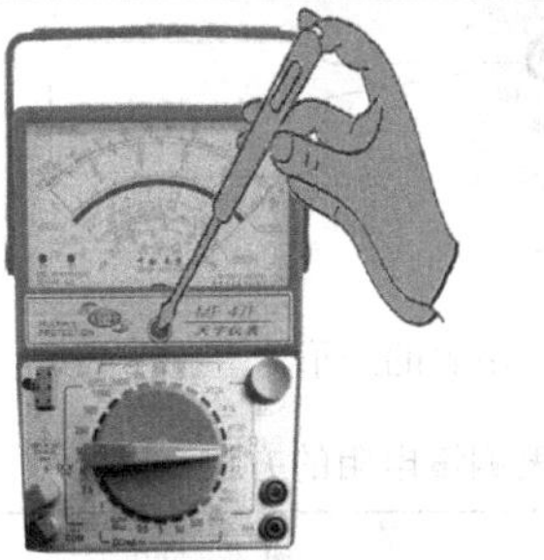	万用表在测量前，应注意水平放置时，表头指针是否处于交直流挡标尺的零标度线上，否则读数会有较大的误差。若不在零位，应通过机械调零的方法（即使用小螺钉旋具调整表头下方机械调零螺钉）使指针回到零位
欧姆调零	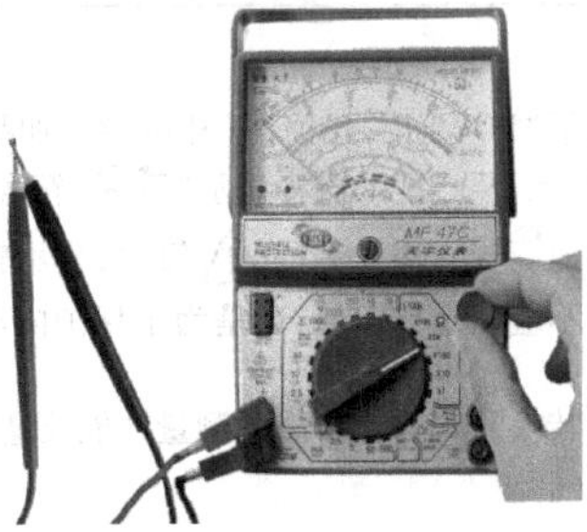	将选择开关旋在“Ω”挡的适当量程上，将两根表笔短接，指针应指向零欧姆处。如不在，调整调零旋钮，使指针指到最右端电阻标度为零处。每换一次量程，欧姆挡的零点都需要重新调整一次

（续）

项目	图　　解	说　　明
测量电阻	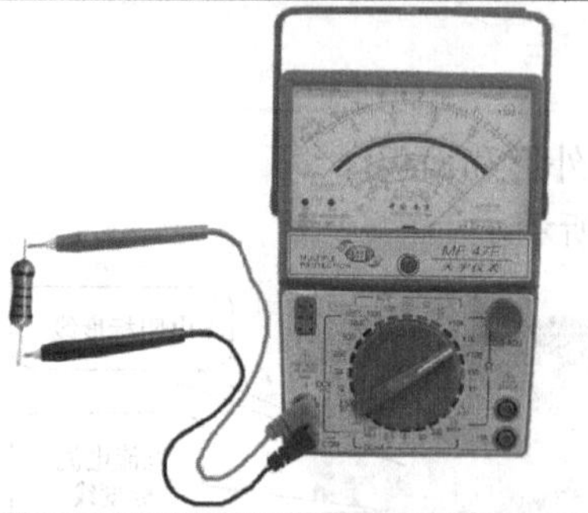	测量电阻时，被测电阻器不能处在带电状态。在电路中，当不能确定被测电阻有没有并联电阻存在时，应把电阻器的一端从电路中断开，才能进行测量。测量电阻时，不应双手触及电阻器的两端。当表笔正确地连接在被测电路上时，待指针稳定后，从标尺上读取测量结果，将被测电阻脱离电源，用两表笔接触电阻两端，从表头指针显示的读数乘所选量程的倍率数即为所测电阻的阻值。电阻值 = 读数 × 倍率，如：刻度盘读指针指在 8 的位置，挡位旋钮选在 ×1k 的位置，则此时电阻值为 8 ×1k = 8kΩ

2. 数字式万用表的使用

VC9205 型数字式万用表的外形如图 1-4 所示。其测量电阻的方法见表 1-7。

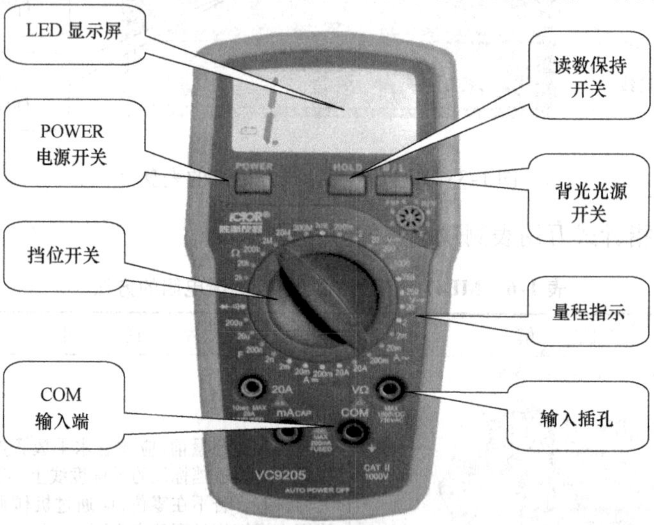

图 1-4　VC9205 型数字式万用表的外形

表 1-7　VC9205 型数字式万用表测量电阻的方法

项目	图　　解	说　　明
测量准备		①按下“POWER”开关，打开电源。如果电池电压不足（≤7V），显示器将显示“ ”符号，这时应更换电池。输入插孔旁的 ⚠ 符号，表示输入电压或电流不应超过指示值，这是为了保护内部线路免受损坏 ②将转换开关置于所需的测量功能及量程

（续）

项目	图　解	说　明
测量电阻	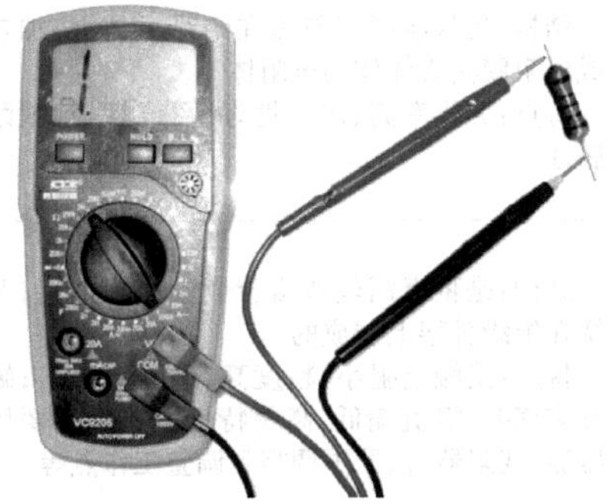	①将黑色表笔插入 COM 插孔，红色表笔插入 V/Ω插孔 ②转换开关置于欲测的 Ω 量程位置 ③将表笔接在被测电阻或线路两端进行测量 ④在 LCD 显示器上读数 注意： ①数字显示仅为“1”时，表明超量程状态，应选择更高的量程 ②如被测电阻值高于 1MΩ，仪表可能需要几秒才能稳定读数，对于高阻值读数这是正常的 ③当输入开路时，LCD 将显示“1”超量程状态 ④在测量线路上的阻抗时，应确定电路电源断开，电路上的电容器完全放电

第二节　电　位　器

一、常见电位器实物图、特点及应用

常见电位器的实物图和特点见表 1-8，常见电位器在电路中的典型应用见表 1-9。

表 1-8　常见电位器的实物图和特点

实　物　图	特　　点
合成碳膜电位器 	结构：是用碳膜、石灰、硅粉和有机粉合剂等配成一种悬浮液，涂在玻璃铀纤维板或胶纸上制作而成，制作工艺简单 特点：范围宽，分辨率高，能制成各种类型的电位器，寿命长，价格低，型号多。功率不太高，耐高温性，耐湿性差，低阻值的电位器不容易制作。它是目前应用最广泛的电位器
有机实心电位器 	结构：新型电位器，它是用加热塑压的方法将有机电阻粉压在绝缘体的凹槽内制成的 特点：耐热性好、功率大、可靠性高、耐磨性好；但温度系数大、动噪声大、耐潮性能差、制造工艺复杂组织精度较差。在小型化、高可靠、高耐磨性的电子设备和交、直流电路中用作调节电压、电流

（续）

实 物 图	特 点
导电塑料电位器 	结构：是将电阻浆料覆在绝缘机体上，加热聚合成电阻膜实心体作为电阻体 特点：分辨率高、耐磨性好、可靠性极高、耐化学腐蚀
线绕电位器 	结构：是将康铜丝或络合金丝作为电阻，并把它绕在绝缘骨架上制成的 特点：接触电阻小、精度高、温度系数小；缺点是分辨率差、阻值偏低、高频特性差。其主要用于分压器、变阻器、仪器中调零和调整工作点等
金属膜电位器 碳膜电位器  	金属膜电位器的结构：是由金膜、金属氧化膜、金属复合膜和氧化膜等几种材料通过真空技术，沉积在陶瓷基体上制成的 金属膜电位器的特点：耐热性好、分辨率高、分布电感和分布电容小、噪声电动势很低。金属膜电位器的缺点为：耐磨性不好、阻值范围小（10～100Ω） 碳膜电位器的结构：基体上蒸涂一层碳膜制成 碳膜电位器的特点：结构简单、绝缘性好、噪声低且成本低；广泛应用于家用电子产品中
单联电位器 双联电位器  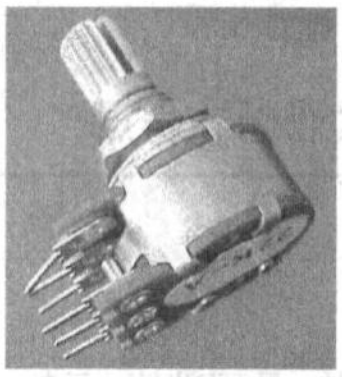 单圈、双圈电位器 带开关电位器 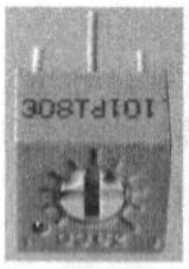   半可调电位器 直滑式电位器  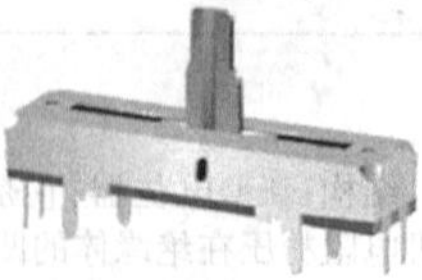 步进电位器 全封闭一体化电位器  	双联电位器其实就是两个相互独立的电位器的组合，在电路中可以调节两个不同的工作点电压或信号强度，例如：双声道音频放大电路中的音量调节电位器就是双联电位器，可以同时分别调节两个声道的音量 带开关电位器的开关装置是由电位器的轴驱动，实现接通和断开电源的装置。开关的形式很多，常见的可分为拨头旋转式、弹簧旋转式和推拉式三种 半可调电阻器是指电阻值虽然可以调节，但在使用时经常固定在某一阻值上的电阻器。这种电阻器一经装配，其阻值就固定在某一数值上，如晶体管应用电路中的偏流电阻 单圈、双圈电位器是一种精密电位器，分有带指针、不带指针等形式，调整圈数有5圈、10圈等数种。该电位器除具有线绕电位器的相同特点外，还具有线性优良，能进行精细调整等优点，可广泛应用于对电阻实行精密调整的场合 步进电位器由高精度特殊电阻组成，用于专业功放电路中作为音量电位器 全封闭一体化电位器整个封闭在外壳内。无混入灰尘导致杂音之忧，寿命较普通电位器长数倍

（续）

<table>
<tr><th>实 物 图</th><th>特 点</th></tr>
<tr><td>数字电位器
</td><td>结构：取消了活动件，是一个半导体集成电路
特点：调节精度高；没有噪声，有极长的工作寿命；无机械磨损；数据可读写；具有配置寄存器；多电平量存储功能，特别适用于音频系统；易于软件控制；体积小，易于装配。它适用于家庭影院系统、音频环绕控制、音响功放和有线电视设备等</td></tr>
</table>

表 1-9 常见电位器在电路中的典型应用电路

<table>
<tr><th>电 路 说 明</th><th>应 用 电 路</th></tr>
<tr><td>在电路中，电位器主要作分压器、变阻器和电流控制器。作分压器时它是一个四端器件，如图 a 所示，当调节电位器的转柄或滑柄时，在电位器的输出端可获得与可动臂转角或行程呈一定关系的输出电压；作变阻器时它是一个二端器件，如图 b 所示，在电位器的行程范围内，可获得一个平滑连续变化的电阻值；作电流控制器时，电流的输出端必须有一个是滑动触点端</td><td>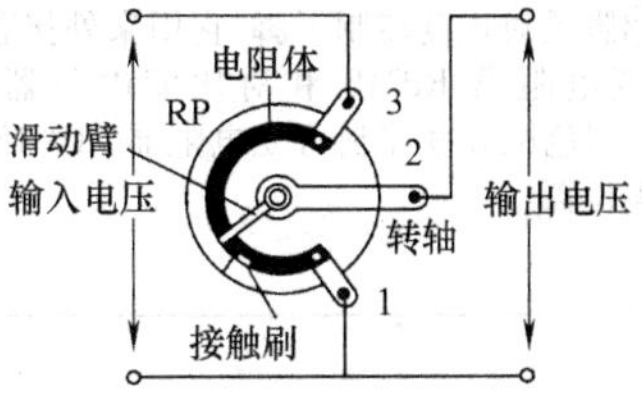

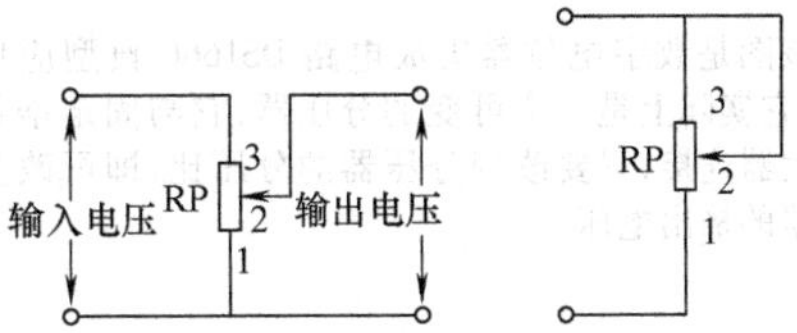

a)　　b)</td></tr>
<tr><td>图 a 是收音机高频放大管 VT1 的分压式偏置电路。电路中，VT1 构成高频放大器；RP1、R1 和 R2 构成分压式偏置电路，其中，RP1 和 R1 构成上偏置电阻，R2 构成下偏置电阻
图 b 是另一种负反馈式场效应晶体管音量控制器电路。结型场效应晶体管设在负反馈电路中，场效应晶体管漏极与源极之间的内阻与 R1 并联后，与 R2 构成负反馈电路。场效应晶体管漏极与源极之间内阻越小，负反馈量越小，放大器增益越大，音量越大；反之音量则小。而场效应晶体管漏极与源极之间的内阻又受场效应晶体管栅极电压控制</td><td>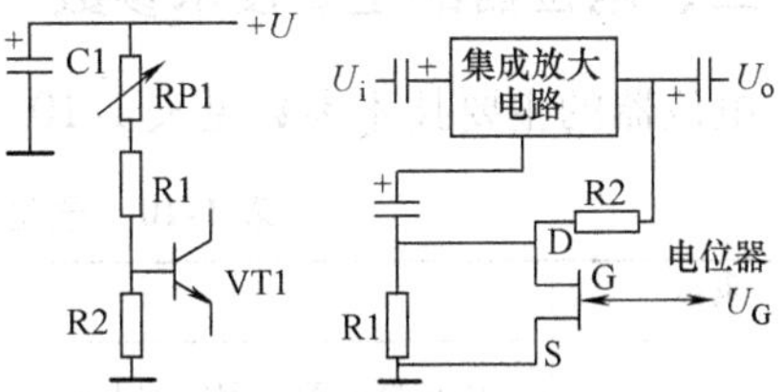

a)　　b)</td></tr>
<tr><td>该图是单联电位器构成的单声道音量控制器电路。这实际上是一个分压电路的变形电路，电位器 RP1 相当于两只分压电阻</td><td>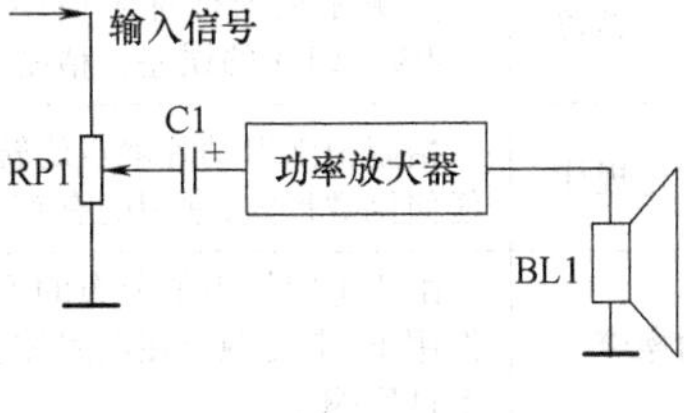
</td></tr>
</table>

（续）

电路说明	应用电路
该图是采用双联同轴电位器构成的立体声平衡控制器电路，电路中的 RP1-1、RP1-2 是双联同轴电位器构成的立体声平衡控制器，RP2-1 和 RP2-2 是双联同轴电位器构成的双声道音量控制器电路	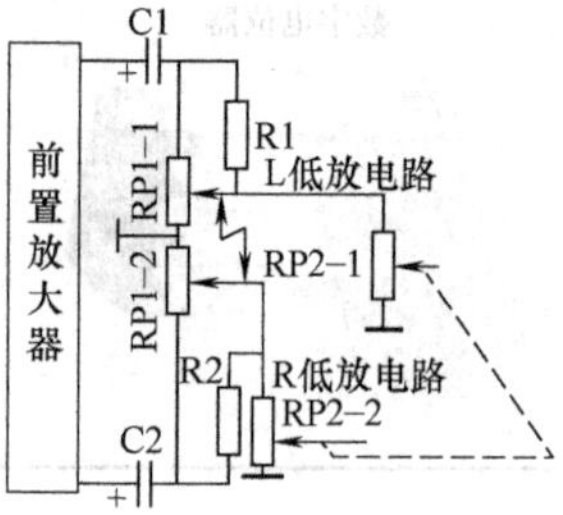
图示是彩色电视机中的色饱和度控制器电路。集成电路⑱脚是对比度控制引脚，它用来外接副对比度控制可变电阻器 RP310 和对比度电位器 RP321，RP613 是副色饱和度控制可变电阻器，RP615 是色饱和控制电位器	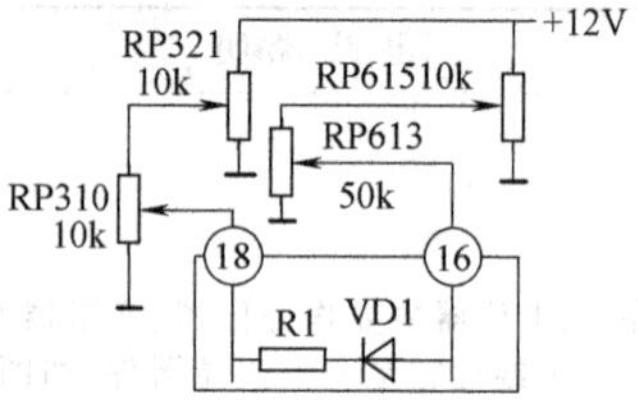
该图是数字电位器集成电路 DS1666 典型应用电路，它实际上是一个可变的分压器，它与固定增益的放大器连接，只要改变分压器的分压比，即可改变放大器的输出电压	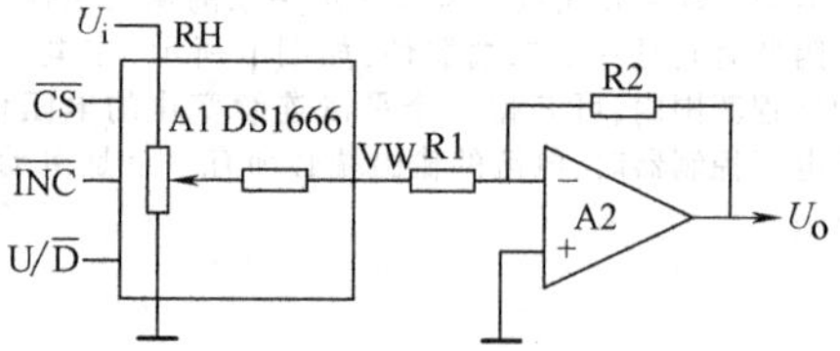

二、电位器的主要技术参数

电位器的主要技术参数见表 1-10。

表 1-10　电位器的主要技术参数

参数	定义说明
额定功率	电位器的两个固定端上允许耗散的最大功率为电位器的额定功率。使用中应注意额定功率不等于中心抽头与固定端的功率
标称阻值	标注在产品上的名义阻值，其系列与电阻的系列类似
允许误差等级	实测阻值与标称阻值误差范围根据不同精度等级可允许 ±20%、±10%、±5%、±2%、±1% 的误差。精密电位器的精度可达 ± 0.1%
阻值变化规律	指阻值随滑动片触点旋转角度（或滑动行程）之间的变化关系，这种变化关系可以是任何函数形式，常用的有直线式、对数式和反转对数式（指数式）
滑动噪声	由于电阻体阻值分布的不均匀性和滑动触点接触电阻的存在，当电位器在外加电压作用下，滑动触点在电阻体上移动时产生的噪声，这种噪声对电子设备的工作将产生不良影响

三、固定电阻和电位器的型号命名

国产固定电阻和电位器的型号由 4 部分构成，具体命名规则如图 1-5 所示。

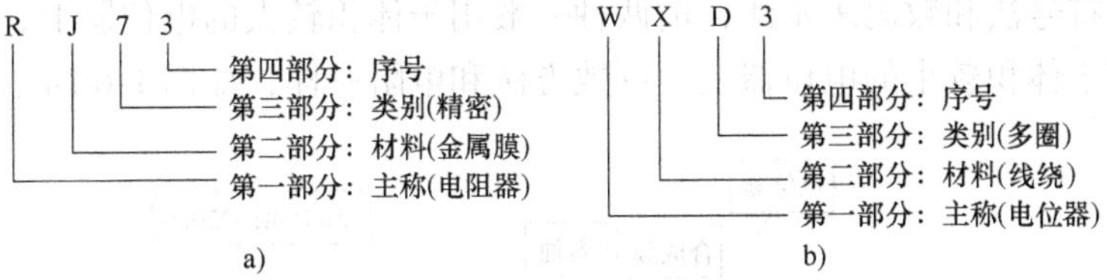

图 1-5　电阻和电位器命名规则

a）精密金属膜电阻器　b）多圈线绕电位器

电阻命名规则表示符号见表 1-11。

表 1-11　电阻命名规则表示符号

第一部分:主称		第二部分:材料		第三部分:特征分类			第四部分:序号
符号	意义	符号	意义	符号	意义：电阻器	意义：电位器	
R	电阻器	T	碳膜	1	普通	普通	对主称、材料相同，仅性能指标、尺寸大小有差别，但基本不影响互换使用的产品，给予同一序号；若性能指标、尺寸大小明显影响互换时，则在序号后面用大写字母作为区别代号
W	电位器	H	合成膜	2	普通	普通	
		S	有机实心	3	超高频	—	
		N	无机实心	4	高阻	—	
		J	金属膜	5	高温	—	
		Y	氧化膜	6	—	—	
		C	沉积膜	7	精密	精密	
		I	玻璃釉膜	8	高压	特殊函数	
		P	硼碳膜	9	特殊	特殊	
		U	硅碳膜	G	高功率	—	
		X	线绕	T	可调	—	
		M	压敏	W	—	微调	
		G	光敏	D	—	多圈	
		R	热敏	B	温度补偿用	—	
				C	温度测量用	—	
				P	旁热式	—	
				W	稳压式	—	
				Z	正温度系数	—	

四、电位器标称阻值的标识

电位器标称阻值是它的最大电阻值。电位器标称阻值的标识一般采用直标法、文字符号法和数码表示法，前两种一般用于体积较大的电位器上，而最后一种一般用于体积较小的电位器上。读数方法和电阻一样，如图1-6所示。

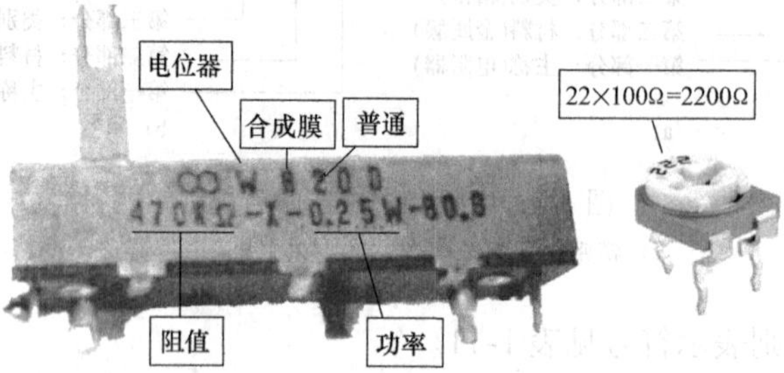

图1-6 电位器上阻值的标识

五、电位器的测量与修复（见表1-12）

表1-12 电位器的测量与修复

项目	图 解	操作步骤
电位器标称阻值的检测	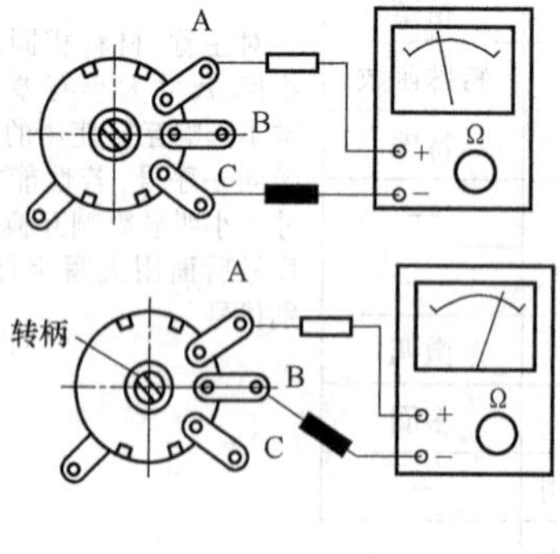	①检测电位器前，先初步用观察法进行外观检查 ②选择好万用表的合适欧姆挡，将万用表的红、黑表笔分别接在定片引脚（即两边引脚）上，万用表读数应为电位器的标称阻值。若万用表读数与标称阻值相差很大，则表明该电位器已损坏 ③当电位器的标称阻值正常时，再测量其变化阻值及活动触点与电阻体（定触点）接触是否良好。此时用万用表的一个表笔接在动触点引脚（通常为中间引脚），另一表笔接在一定触点引脚（两边引脚） ④接好表笔后，万用表应显示为零或为标称阻值，再将万用表的转轴从一个极端位置旋转至另一个极端的位置，阻值应从零（或标称阻值）连续变化到标称阻值（或零）。在电位器的轴柄转动或滑动过程中，若万用表的指针平稳移动或显示的示数均匀变化，则说明被测电位器良好；旋转轴柄时，万用表阻值读数有跳动现象，则说明被测电位器活动触点有接触不良的故障

（续）

项目	图　　解	操 作 步 骤
开关电位器的检测	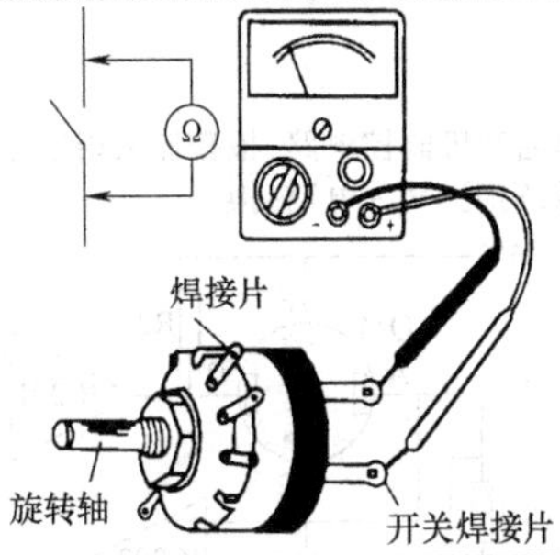	在检查开关电位器的开关之前，应旋动或推拉电位器柄，随着开关的断开和接通，应有良好的手感，同时可听到开关触点弹动发出的响声
电位器的修复	①簧片弹性不足时，可把电位器拆开，将簧片接点和簧片根部适当向下压，使簧片接点和碳膜之间接触压力增加 ②若因碳膜层表面磨损，造成接触不良时，可以适当将簧片接点向里或向外拨动一下，使接点离开原碳膜层位置，接触变得良好 ③碳膜层部分磨损脱落，可用浓铅笔芯研成粉末，掺入黏合剂，拌匀后涂抹在碳膜脱落部位 ④如果引出脚和碳膜层之间接触不良，可用汽油或酒精将接触处清洗干净，再用钳子将引出脚处夹紧 ⑤如果电位器出现关不死（即调不到零）的现象，可用较粗的铅笔在碳膜电阻器体的终端接触处反复涂抹，以消除死点 ⑥当电位器旋转不灵活时，一般是由于轴内进入尘土或润滑油干枯造成的。可将电位器拆开，用汽油或酒精清洗，然后在转轴处加入适量黄油，按原位装好即可使用。若拆卸电位器困难，也可直接在转轴处滴入少许汽油，边滴汽油边转动转轴，使污物逐渐排出，最后滴入一小滴机油即可恢复灵活。注意，切忌机油滴入过多，防止其流入电阻体内造成活动触点与电阻器接触不良的故障	

第三节　敏感电阻

一、常见敏感电阻的实物图、特点及应用（见表 1-13）

表 1-13　常见敏感电阻的实物图、特点及应用

常见敏感电阻的实物图、特点	常见敏感电阻的典型应用电路
热敏电阻  特性：电阻值随温度显著变化 优点：对温度灵敏、热惰性小、寿命长、体积小、结构简单 用途：测温、控温、报警、气象探测、微波和激光功率测量等 划分：按温度特性分为正温度系数热敏电阻 PTC（$T\uparrow \rightarrow R\uparrow$）和负温度系数热敏电阻 NTC（$T\uparrow \rightarrow R\downarrow$） 常见的热敏电阻的型号有 MZ 和 MF 系列	图示是利用高分子 PTC 热敏电阻对电子镇流器实行异常保护的电路原理图。当灯管正常时，电子镇流器接通电源后，电感、电容和 PTC 热敏电阻组成的谐振电路使荧光灯正常启动工作。如果灯管因灯丝老化或漏气等原因而异常时，PTC 热敏电阻会在数秒钟内动作，迫使 LC 串联谐振电路停振，从而切断高压，同时保护了逆变器中的开关器件 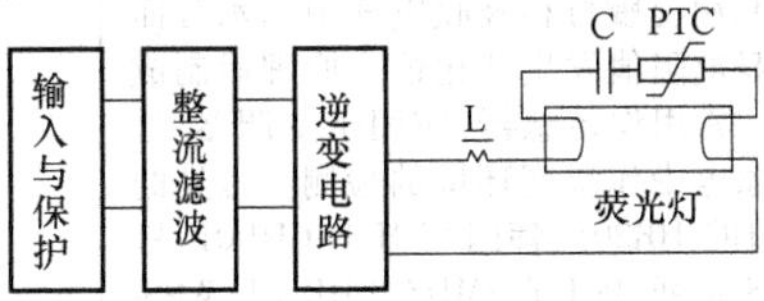

（续）

常见敏感电阻的实物图、特点	常见敏感电阻的典型应用电路
气敏电阻  气敏电阻是利用气体的吸附而使半导体本身的电导率发生变化这一原理将检测到的气体的成分和浓度转换为电信号的电阻。气敏电阻根据加热的方式可分为直热式和旁热式两种，直热式消耗功率大，稳定性较差，故应用逐渐减少。旁热式性能稳定，消耗功率小，其结构上往往加有封压双层的不锈钢丝网防爆，因此安全可靠，广泛应用于各种可燃气体、有害气体及烟雾等方面的检测及自动控制	该图为抽油烟机监控电路，报警器采用半导体气敏元件作为传感器，实现“气－电”转换 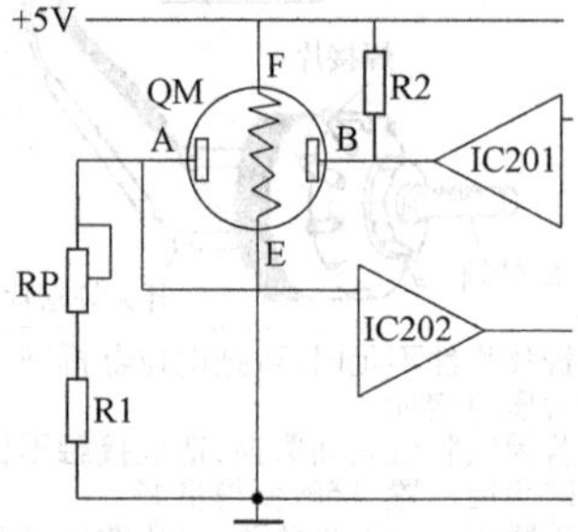
光敏电阻  特性：电阻值随外界光照强度大小而变化 优点：对光敏感。无光照时呈高阻，有光照时阻值随发光强度变小 用途：照明控制、报警、相机自动曝光控制及测量仪器等。常见的型号有 MG41、MG43、MG44、MG45 等系列	该图为一种简单的暗激发继电器开关电路。其工作原理是：当照度下降到设置值时由于光敏电阻的电阻值上升激发 VT1 导通，VT2 的激励电流使继电器工作，常开触点闭合，常闭触点断开，实现对外电路的控制 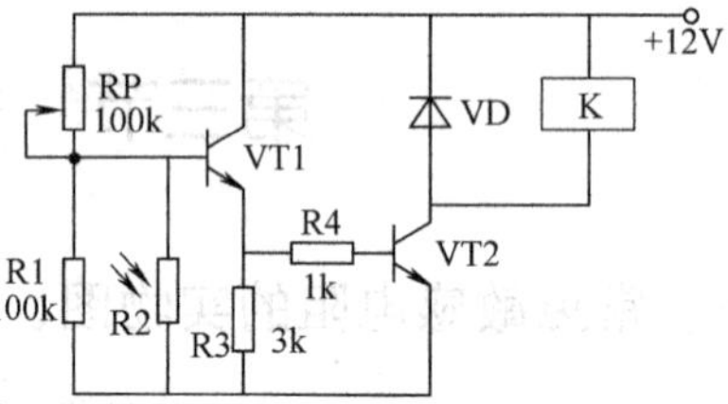
湿敏电阻 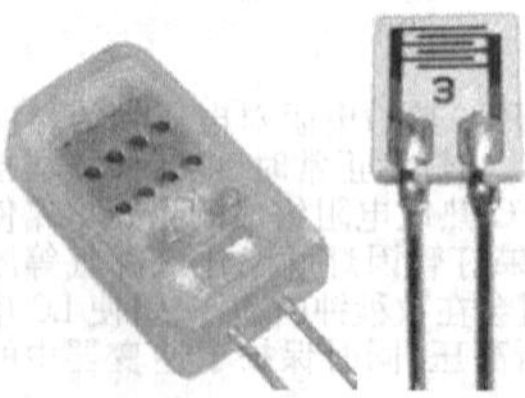 它是利用湿敏材料吸收空气中的水分而导致本身电阻值发生变化这一原理而制成的电阻。常用作传感器，应用于空调器、恒湿机等家电中作湿度环境的检测。常见的型号有 HG-HR201、韩国 SYH-1、CHR01、松下 EYHS 系列、PCHY-SMDZ、CHR-01、WSS-CD4011、法国 HS24LF、JRSHR 等	该图为湿敏原件应用的一种测量电路，图中 R 为湿敏电阻，Rt 为温度补偿用热敏电阻，为了使检测湿度的灵敏度最大，可使 $R=Rt$。这时传感器的输出电压通过跟随器并经整流和滤波后，一方面送入比较器 1 与参考电压 U_1 比较，其输出信号控制某一湿度；另一方面送到比较器 2 与参考电压 U_2 比较，其输出信号控制加热电路，以便按一定时间加热清洗 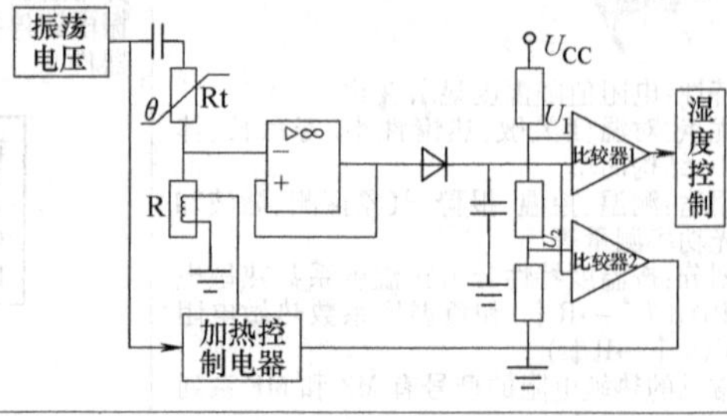

（续）

<table>
<tr><th>常见敏感电阻的实物图、特点</th><th>常见敏感电阻的典型应用电路</th></tr>
<tr><td>

磁敏电阻

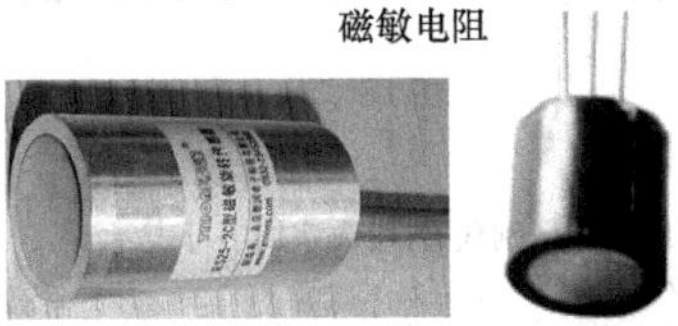

磁敏电阻是利用半导体的磁阻效应制造的电阻。用字母 M 表示其阻值与磁相关。3 根引脚的磁敏电阻内部有两只串联的磁敏电阻，中间引出一根引脚

一般用于磁场强度、漏磁、滞磁的检测；在交流变换器、频率变换器、功率电压变换器、位移电压变换器等电路中作控制元件；还可用于接近开关、磁卡文字识别、磁电编码器、电动机测速等方面或制作磁敏传感器用

</td><td>

在电路中，R3 和 R4 构成对直流工作电压 + UCC 的分压电路，其输出电压通过电阻 R6 加到集成电路 A1 的②引脚，作为基准电压。

当磁场发生改变时，磁敏电阻 R1、R2 分压电路输出电压大小变化，这一变化的电压通过电阻 R5 加到集成电路 A1 的①脚，这样集成电路 A1 的输出端③脚电压大小也随之作相应的变化，这一变化信号经 C1 耦合得到输出信号 U_o。

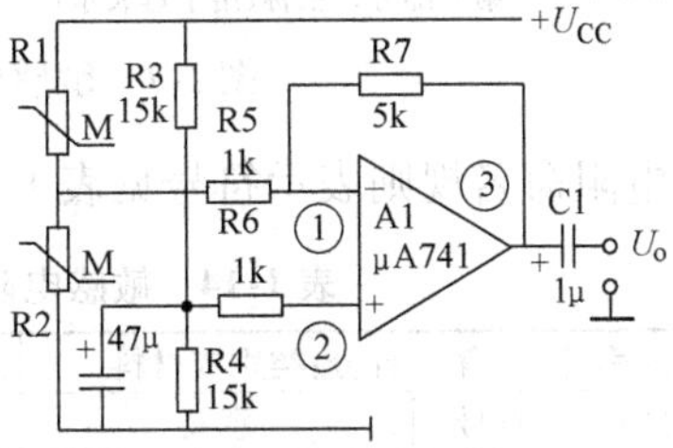

</td></tr>
<tr><td>

压敏电阻

特性：电阻值随电压非线性变化。当两端电压低于标称额定值时，电阻值接近无穷大；当两端电压略高于标称额定值时，压敏电阻被击穿导通，由高阻态变低阻态

用途：过电压保护、防雷、抑制浪涌电流、吸收尖峰脉冲、限幅、高压灭弧、消噪和保护半导体元器件等。常见的型号有 MYG20、MYG3、MYG4、MYH3-212、MYH-208 等系列

</td><td>

应用一（图 a）：压敏电阻在电路中通常并接在被保护电器的输入端，从图中可以看出，压敏电阻器的阻抗与电路总阻抗（包括浪涌阻抗）构成了分压器

应用二（图 b）：R2、R1 防止外线高压侵入，R1 同时有吸收 N1 电磁能量的作用

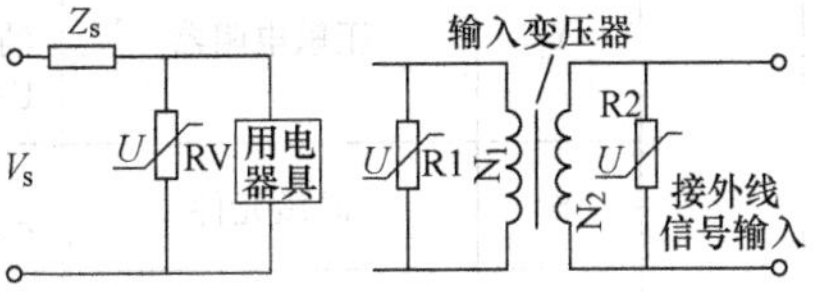

a)　　　　　　b)

</td></tr>
<tr><td>

力敏电阻

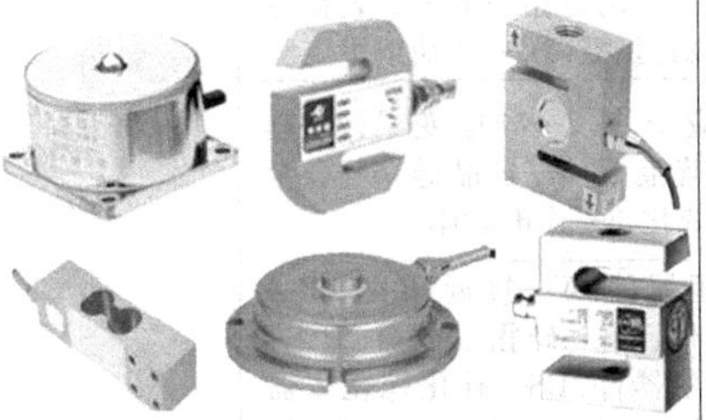

它是一种阻值随压力变化而变化的电阻，国外称为压电电阻器。所谓压力电阻效应即半导体材料的电阻率随机械应力的变化而变化的效应

</td><td>

主要用于各种张力计、转矩计、加速度计、半导体传声器及各种压力传感器中。主要品种有硅力敏电阻器和硒碲合金力敏电阻器

通常电子秤中就有力敏电阻，常用的压力传感器有金属应变片和半导体力敏电阻。力敏电阻一般以桥式连接，受力后就破坏了电桥的平衡，使之输出电信号

片式碳力敏电阻器：片式碳力敏电阻器（也可称为碳压力传感器）广泛地用于各种动态压力测量，它的体积小、重量轻、耐高温、反应快、制作工艺简单，是其他动态压力传感器所不能比的

</td></tr>
</table>

二、敏感电阻的型号

根据标准《敏感元器件及传感器型号命名方法》（SJ/T 11167—1998）的规定，具体命名规则如图 1-7 所示。

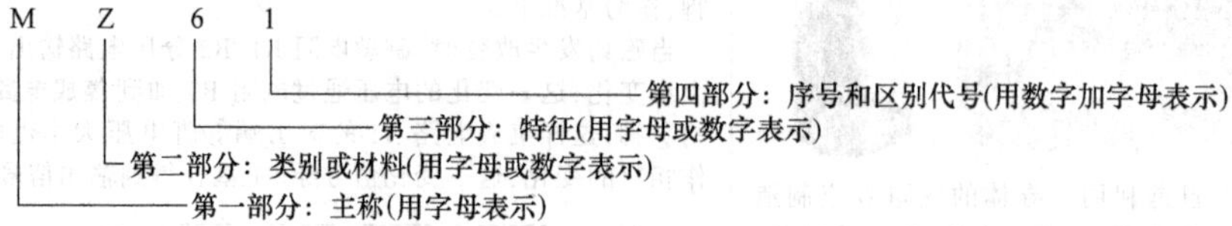

图 1-7　敏感电阻的命名规则

敏感电阻命名规则表示符号见表 1-14。

表 1-14　敏感电阻命名规则表示符号

第一部分:主称		第二部分:类别或材料		第三部分:特征分类	第四部分
符号	意义	符号	意义	数字或符号表示的意义	
M	敏感元器件	Z	直热式正温度系数	1—补偿型,2—限流型,3—启动型,4—加热型,5—测温型,6—控温型,7—消磁型	用数字表示序号
		ZB	铂热敏电阻器		
		ZT	铜热敏电阻器		
		ZN	镍热敏电阻器		
		F	直热式负温度系数	1—补偿型,2—稳压型,3—微波测量型,5—测温型,6—控温型,7—抑制型	
		FP	旁热式负温度系数		
		Y	压敏电阻器	G—过电压保护型,L—防雷型,Z—消噪型,N—高能型,F —复合功能型,U—组合型,S—指示型	
		S	湿敏元件	Z—电阻式,R—电容式,J—阶跃式,G—场效应晶体管式	
		G	光敏元件	1—紫外型,4—可见光型,7—红外型	
		Q	气敏元件	Y—氧化型,Q—氢气型,YT——氧化碳型,ET—二氧化碳型,K—可燃性气体型,J—酒精气体型,EL—二氧化硫型,YD——氧化氮型,ED—二氧化氮型,LQ—硫化氢型,YQ—乙炔或甲烷型	
		L	力敏元件	1—硅应变片,2—硅应变梁,3—硅杯,4—硅蓝宝石,5—多晶硅,6—合金膜,7—集成化,8—压电晶体	
		C	磁敏元件	Z—磁阻元件,W—接近开关,HZ—锗霍尔器件,HG—硅霍尔器件,HY—砷化铟霍尔器件,HS—砷化镓霍尔器件,HL—磷砷铟霍尔器件,HT—锑化铟霍尔器件,HK—霍尔开关器件,HX—霍尔线性器件,WD—温度敏,R—二极管,S—晶体管,M—场效应晶体管,D—差分对管	

三、敏感电阻的检测

敏感电阻的检测见表 1-15。

表 1-15　敏感电阻的检测

<table>
<tr><th>项目</th><th>图　示</th><th>操 作 步 骤</th></tr>
<tr><td>热敏电阻的检测</td><td>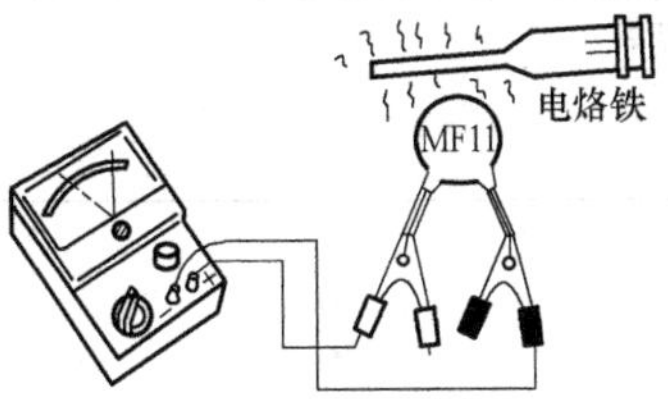

a)
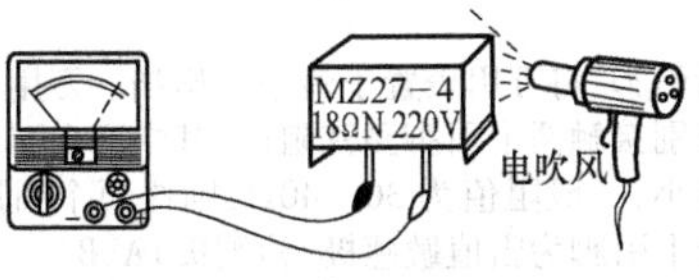

b)</td><td>①测量常温电阻值：将万用表两表笔接触 PTC 热敏电阻的两引脚测出实际阻值，并与标称阻值相比较，两者相差不大即为正常。实际阻值若与标称阻值相差过大，则说明其性能不良或已损坏
②升温或降温检测：用一热源（如电烙铁或电吹风）加热热敏电阻，同时用万用表检测其电阻值是否随温度的升高而增大（PTC）或减小（NTC）。如果是，则说明热敏电阻正常；若加热后，阻值无变化说明其性能不佳，不能再继续使用</td></tr>
<tr><td>光敏电阻的检测</td><td>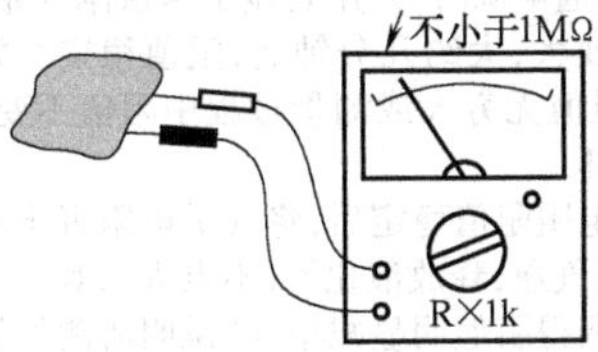

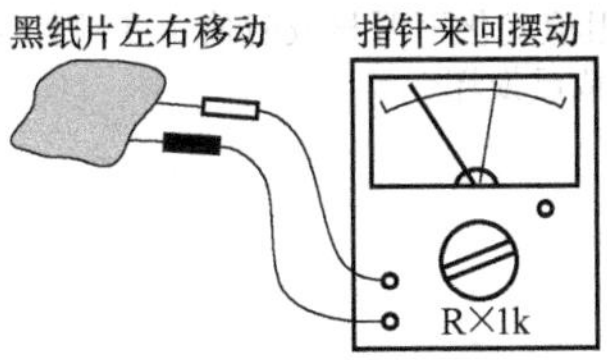
</td><td>①用万用表的 R×1k 挡，用黑纸将照射在光敏电阻器上的光线完全遮住，只露出引脚，测试其电阻值不小于 1MΩ。若测得阻值很小或接近于零，说明光敏电阻内部短路而损坏
②在光照条件下，光敏电阻阻值明显减小，在 20kΩ 左右。若测得值很大甚至无穷大，说明光敏电阻内部开路而损坏
③将黑纸片左右移动，万用表的指针应来回摆动。如果万用表指针始终停在某一位置不随纸片移动而摆动，说明光敏电阻已损坏</td></tr>
<tr><td>压敏电阻的检测</td><td>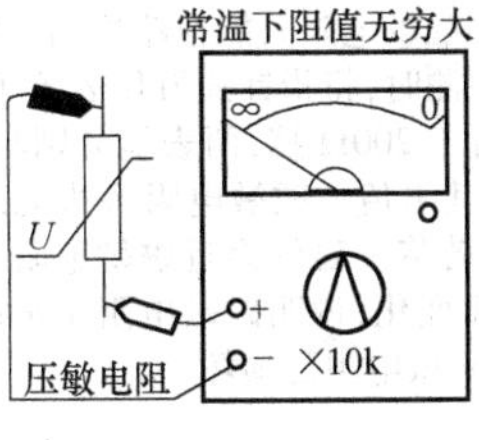
</td><td>检测压敏电阻时，将万用表设置成最大欧姆挡位。常温下测量压敏电阻的两引脚间阻值应为无穷大，若阻值为零或有阻值，说明已被击穿损坏</td></tr>
</table>

（续）

项目	图　示	操作步骤
湿敏电阻的检测	阻值在数分钟后有明显变化 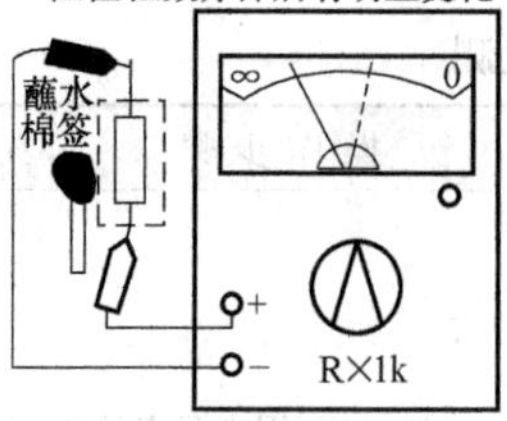	用万用表检测湿敏电阻，应先将万用表置于欧姆挡（具体挡位根据湿敏电阻阻值的大小确定），再用蘸水棉签放在湿敏电阻上，若万用表显示的阻值在数分钟后有明显变化（依湿度特性不同而变大或变小），则说明所测湿敏电阻良好
气敏电阻的检测	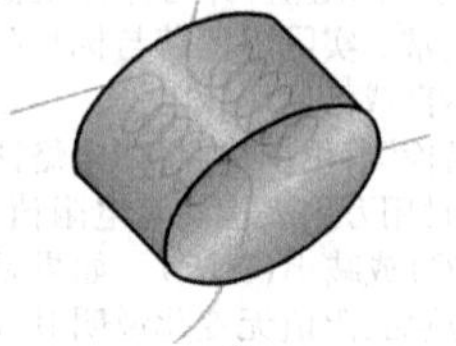 a) 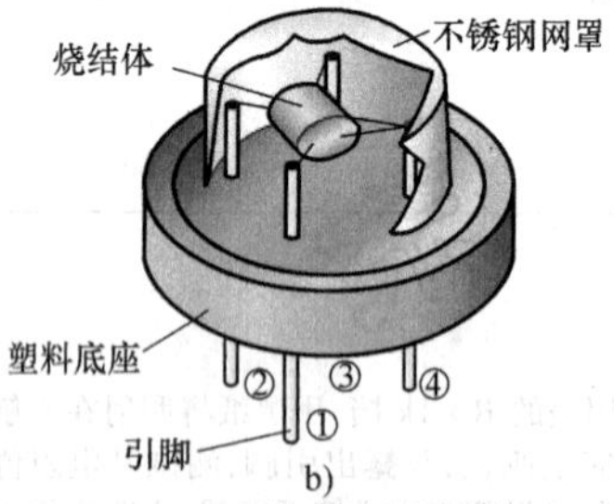 b) MON型气敏电阻的结构 阻值由小变大并稳定 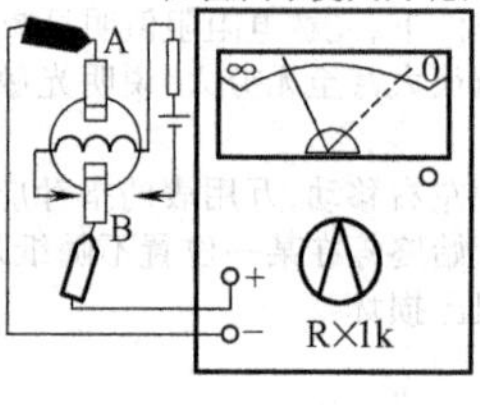 c)	①判断引脚：将万用表置于最小欧姆挡。万用表两表笔任意分别接触两个引脚测其阻值，其中两个引脚之间的阻值较小，一般阻值为 30～40Ω，则这两个引脚为加热极。余下引脚为阻值敏感极（检测极）A、B ②将指针万用表置于 R×1k 挡，红、黑表笔分别接气敏电阻的敏感极。加热极引脚接一限流电阻与电源相连，对气敏元件加热，观察万用表显示阻值变化。在清洁空气中，接通电源时，万用表显示阻值刚开始较小，随后阻值逐渐变大，大约几分钟后，阻值稳定。如果测得阻值为零、阻值无穷大或测量过程中阻值不变，说明气敏电阻已损坏 ③待气敏电阻阻值稳定后，将气敏电阻置于液化气灶上（打开液化气瓶，释放液化气，不点火），观察万用表显示阻值。若测得阻值明显减小，则说明所测气敏电阻为 N 型；若测得阻值明显增大，则说明所测气敏电阻为 P 型；若测得阻值变化不明显或阻值不变，则说明气敏电阻灵敏度差或已损坏
磁敏电阻的检测	磁铁靠近阻值会有明显变化 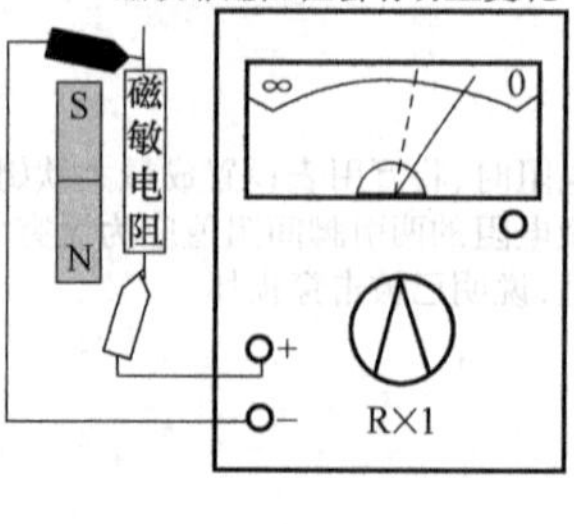	用万用表检测磁敏电阻只能粗略检测好坏，但不能准确测出阻值。检测时，将指针式万用表置于 R×1Ω 挡，数字式万用表置于 200Ω 挡，两表笔分别与磁敏电阻的两引脚相接，测其阻值。磁敏电阻旁边无磁场时，阻值应比较小，此时若将一磁铁靠近磁敏电阻，万用表指示的阻值会有明显变化，说明磁敏电阻正常；若显示的阻值无变化，说明磁敏电阻已损坏

（续）

项目	图　示	操作步骤
力敏电阻的检测	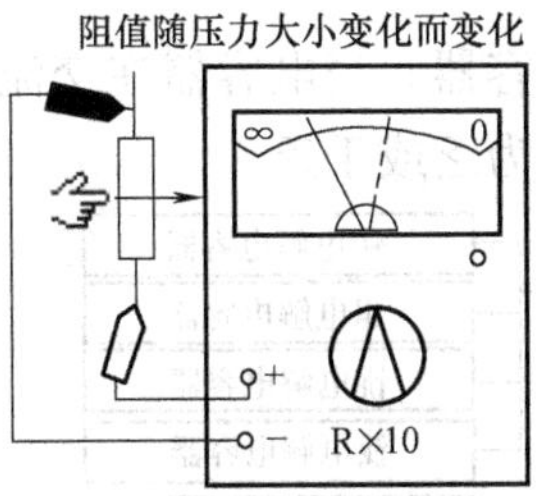	检测力敏电阻时，将指针式万用表置于 R×10Ω 挡，数字式万用表置于 200Ω 挡，两表笔分别与力敏电阻两引脚相接测阻值。对力敏电阻未施加压力时，万用表显示阻值应与标称阻值一致或接近，否则说明力敏电阻已损坏。对力敏电阻施加压力，万用表显示阻值将随外加压力大小变化而变化。若万用表显示阻值无变化，则说明力敏电阻已损坏

第四节　电　容　器

一、电容器概述

1. 电容器的特点

电容器是电子、电力领域中不可缺少的重要元件之一，在电子设备整机中一般占所用电子元件总量的 20% ~30%，通常简称为电容。电容是衡量导体储存电荷能力的物理量，在电路中，常作为滤波、耦合、振荡、旁路、隔直、调谐等。电容器就是储存电能的电子元件。电容器用符号 C 表示。电容器的单位是法拉（F），常用单位还有微法（μF）、纳法（nF）和皮法（pF），换算：$1F=10^6\mu F=10^9 nF=10^{12} pF$。

电容器的基本结构主要由两片相距很近的金属电极（金属薄膜）中间夹层绝缘物质（又称为电介质）和电极引线构成，如图 1-8 所示。

电容器的结构特点决定了它具有“隔直流、通交流”的基本性能。因为直流电的极性和电压大小是一定的，所以不能通过电容器；而交流电的极性和电压的大小是不断变化的，能使电容器不断地交替进行充电和放电，在电路中不停地有电流流动，如图 1-9 所示。所以可以认为交流电通过了电容器。

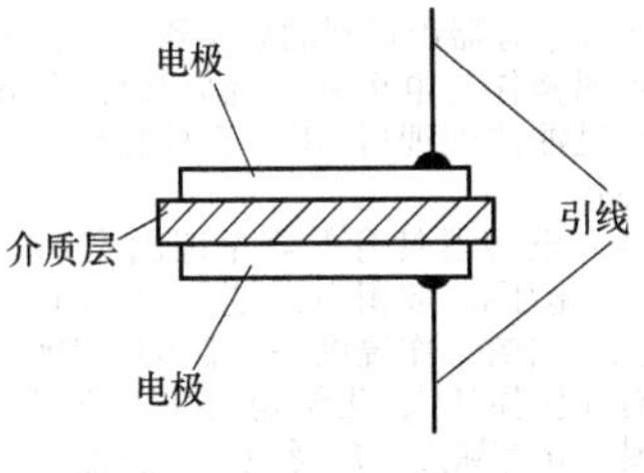

图 1-8　电容器的结构示意图

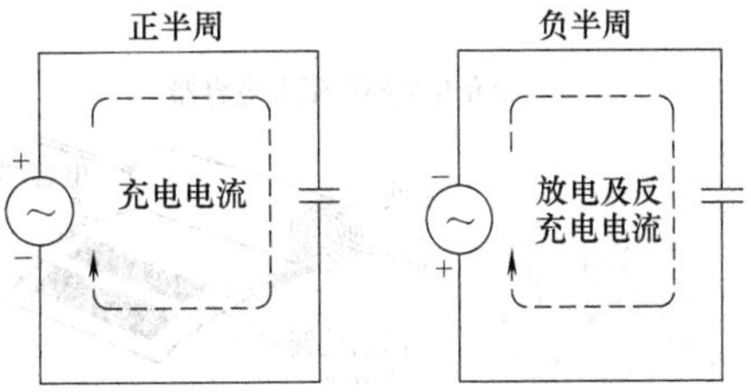

图 1-9　电容器的充电与放电示意图

2. 电容器的种类和电路图形符号

电容器（简称电容）的种类很多，按用途可分为电子电容器和电力电容器。电容器的分类和电路图形符号如图 1-10 所示。

电力电容器是用于电力系统和电工设备的电容器。当电容器在交流电压下使用时，常以其无功功率表示电容器的容量，单位为乏或千乏。

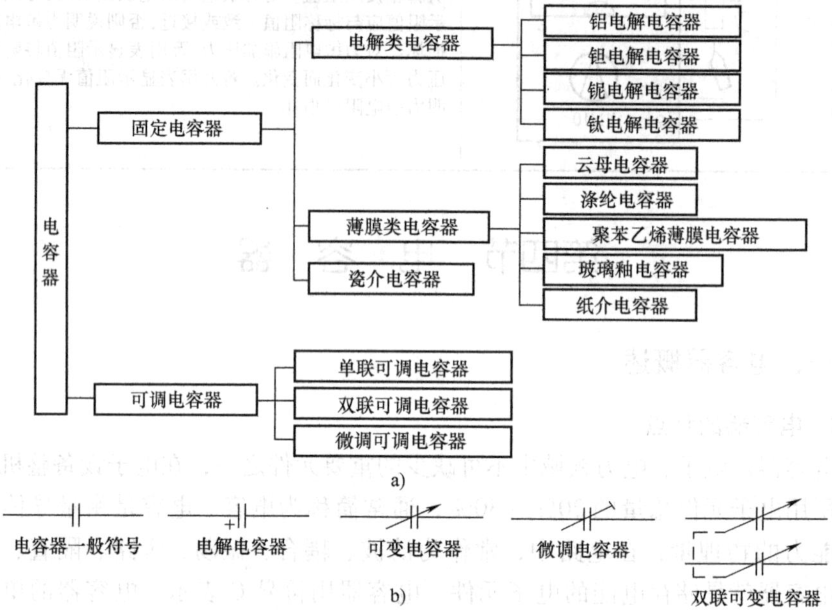

图 1-10　电容器的分类和电路图形符号

a）分类　b）符号

二、常见电容器的实物图、特点及应用

常见电容器（简称电容）的实物图、特点见表 1-16。常见电容典型应用电路见表 1-17。

表 1-16　常见电容实物图、特点

常见电容实物图	特　　点
纸介与金属化纸介电容器 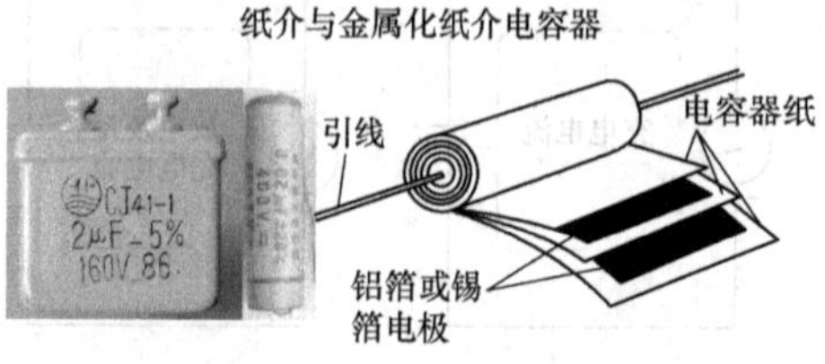	结构：纸介电容器用特制的电容器纸作为介质，铝箔或锡箔作为电极并卷绕成圆柱形，接出引线，经过油渍处理后，用外壳封装或用环氧树脂灌封 特点：纸介电容器具有电容量范围宽（1～20μF）、工作电压高、体积小、工艺简单、生产成本低等优点，它的工作温度一般在 85～100℃以下，但有介质损耗大、化学稳定性和热稳定性差、容易老化等缺点。广泛应用于直流及低频电路中

（续）

常见电容实物图	特　点
聚乙酯电容　聚丙烯电容　聚碳酸酯电容　聚苯乙烯电容 	属于无极性、有机介质电容。薄膜电容是以金属箔或金属化薄膜当电极，以聚乙酯、聚丙烯、聚苯乙烯或聚碳酸酯等塑料薄膜为介质制成。薄膜电容又被分别称为聚乙酯电容（又称为 Mylar 电容），聚丙烯电容（又称为 PP 电容），聚苯乙烯电容（又称为PS 电容）和聚碳酸酯电容
玻璃釉电容 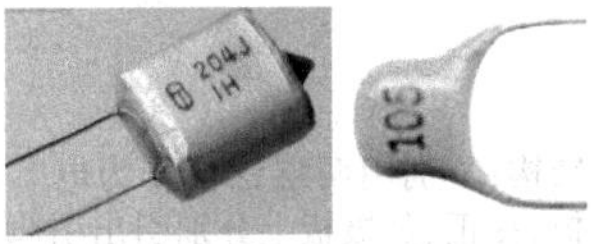	玻璃釉电容属于无极性、无机介质电容，使用的介质一般是玻璃釉粉压制的薄片，通过调整釉粉的比例，可以得到不同性能的电容。玻璃釉电容介电系数大、耐高温、抗潮湿强、损耗低
云母电容 	云母电容属于无极性、无机介质电容，以云母为介质，具有损耗小、绝缘电阻大、温度系数小、电容量精度高、频率特性好等优点，但成本较高、电容量小，适用于高频电路
陶瓷电容(瓷介电容器) 	它是用陶瓷材料作介质，在陶瓷片上涂敷银而制成电极，并焊上引出线。其外层常涂上各种颜色的保护漆，以表示其温度系数。独石电容器是多层陶瓷电容器的别称 特性：耐热性能好，在600℃高温条件下长期工作不老化；稳定性好，耐腐蚀性好；耐酸、碱和盐类的腐蚀；体积小；绝缘性能好，可以制成高压电容器；介质损耗小；温度系数范围宽 缺点：电容量小，机械强度低易碎易裂
涤纶电容 	涤纶电容属于无极性、有机介质电容，以涤纶薄膜为介质，金属箔或金属化薄膜为电极制成的电容。涤纶电容体积小、容量大、成本较低，绝缘性能好、耐热、耐压和耐潮湿的性能都很好，但稳定性较差，适用于稳定性要求不高的电路
无感电容 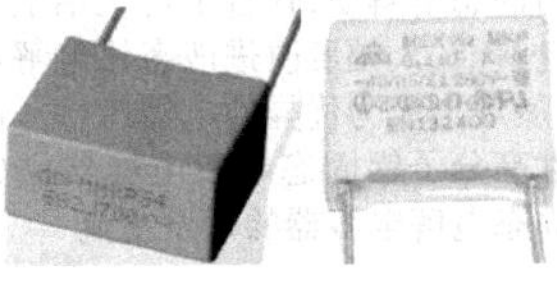	无感电容是用在高频电路的一种电容，此电容无引脚或引脚较短，常用于高频头；一般为pF 级，所谓“无感”就是电容工作是不产生“电感”效应。其实无感电容不是没有电感，而是电感很小

（续）

常见电容实物图	特　点
穿心电容 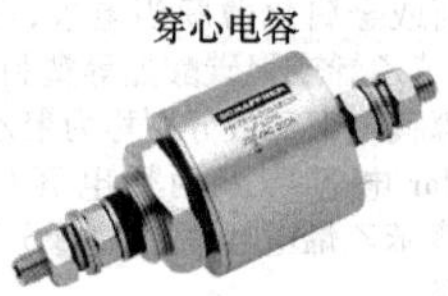	穿心电容是一种三端电容，但与普通的三端电容相比，由于它直接安装在金属面板上，因此它的接地电感更小，几乎没有引线电感的影响，另外，它的输入与输出端被金属板隔离，消除了高频耦合，穿心电容具有接近理想电容的滤波效果。穿心电容的定型产品：RTF-66-001-150GI4
铝电解电容器 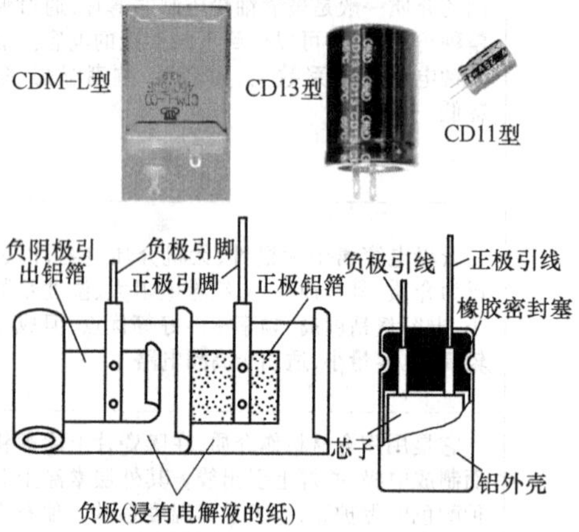 a)　　b)	结构：分别用两层铝箔作为电容器的正、负极板，在正、负极板上分别引出引脚，在两铝箔之间用绝缘纸隔开，使电容器的两极板绝缘，如图 a 所示；将整个铝箔紧紧地卷起来，浸渍电解质，装入外壳中；为了保持电解质溶液不泄漏、不干涸，在铝外壳的口部用橡胶塞进行密封，如图 b 所示 特点：铝电解电容器价格低，常用于电源滤波、低频耦合、去耦合旁路等场合。但不宜长久存放
无极性电解电容器  	无极性电解电容器是电解电容器的一种，又称为双极性电解电容。无极性电解电容器由于采用了双氧化膜结构，使电解电容器的引脚变成了无极性的，同时又保留了电解电容器体积小、电容量大、成本低的优点。音响中分频电路的分频电容就是这种无极性电容
固态电容器 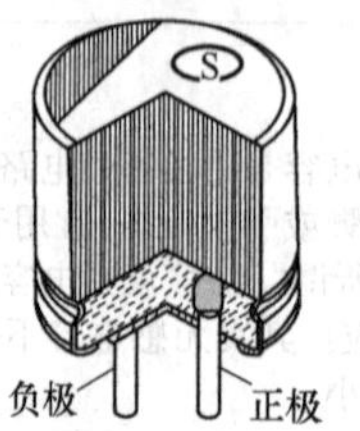 	固态电容已成为尖端先进的电容器。与传统的电解电容器相比，新时代的固体电容器采用具有高电导率、高稳定性的导电高分子材料作为固态电解质，代替了传统铝电解电容器内的电解液，大幅度改进液态铝电解电容器的不足，展现出极为优异的电器特性。高可靠的导电性高分子铝固态电解电容器已成为下一时代固态电解电容器的开发主流

（续）

常见电容实物图	特　点
钽、铌电解电容 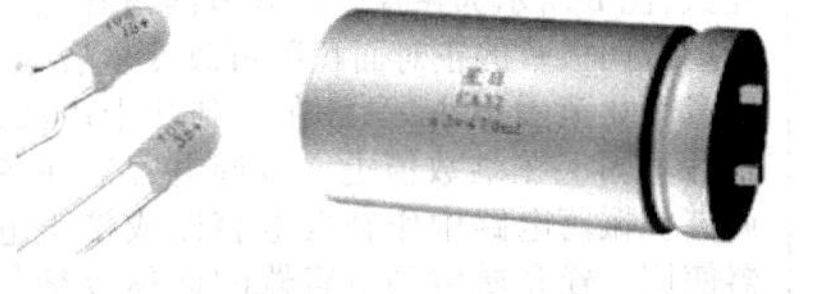	结构：钽、铌电解电容属于有极性电容，以钽金属片为正极，其表面的氧化钽薄膜为介质，二氧化锰电解质为负极制成的电容 特点：体积小、容量大、性能稳定、使用寿命长、绝缘电阻大、温度特性好。广泛应用于通信、航天、军工及家用电器上各种中低频电路和时间常数设置电路。如集成电路电视机的行、场振荡部分的定时电路
非固体钽电解电容 	它是管状半密封、有极性、非固体电解质、烧结阳极钽质电容器。它具有体积小、漏电流小、性能优良、稳定可靠、使用寿命长等优点。它适用于通信宇航等军用及民用电子设备
固体钽电解电容 	它是金属外壳全密封固体电解钽电解电容器。具有体积小、工作温度宽、性能稳定可靠、使用寿命长等优点。它广泛用于军用及民用仪器仪表及其他电子设备
固体介质可变电容器 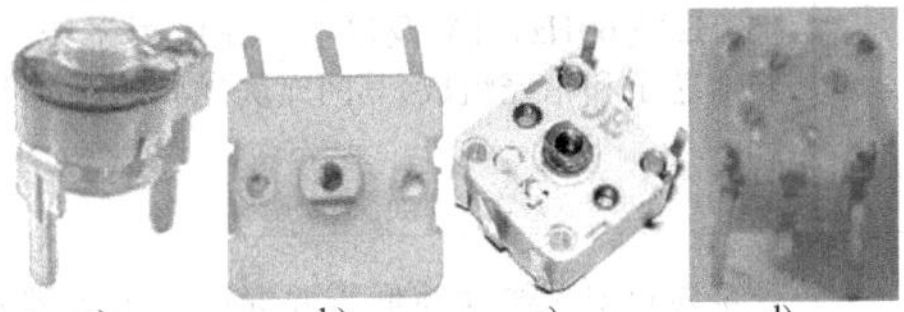 a)　b)　c)　d)	固体介质可变电容器在其动片和定片之间常以云母或塑料薄膜作介质，由于介质厚度通常很薄，这种电容器的动片与定片之间距极近，因而电容器的体积小 图 a 为单联可变电容，内部只有一个可调电容器 图 b 为双联电容器，是由两个可变电容器组合而成的。调节时，两个可变电容的电容量同步调节 图 c 为有机薄膜可变电容，特点是体积小、成本低、容量大、温度特性较差等 图 d 为四联可变电容器，内部包含 4 个可变电容器，它的图形符号为“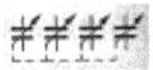”
空气可变电容器 	空气可变电容器由两金属片组成电极，固定不动的一组称为定片，可以旋转的一组称为动片，动片和定片之间的绝缘介质是空气。由于转轴和动片相连，旋转转轴可改变动片与定片之间的角度，从而改变电容量。当动片全部旋入定片时，电容量最大；当动片从定片全部旋出时，电容量最小。电容量的大小取决于两组极片间的距离和两极片正对面积

（续）

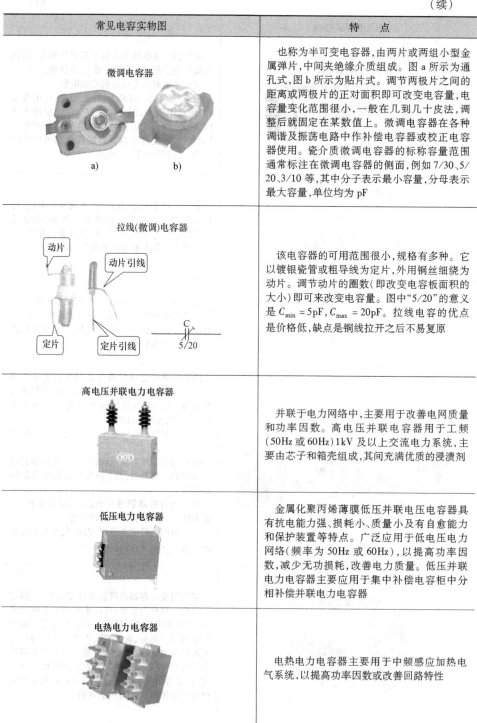

常见电容实物图	特　　点
微调电容器  a)　　b)	也称为半可变电容器，由两片或两组小型金属弹片，中间夹绝缘介质组成。图 a 所示为通孔式，图 b 所示为贴片式。调节两极片之间的距离或两极片的正对面积即可改变电容量，电容量变化范围很小，一般在几到几十皮法，调整后就固定在某数值上。微调电容器在各种调谐及振荡电路中作补偿电容器或校正电容器使用。瓷介质微调电容器的标称容量范围通常标注在微调电容器的侧面，例如 7/30、5/20、3/10 等，其中分子表示最小容量，分母表示最大容量，单位均为 pF
拉线（微调）电容器 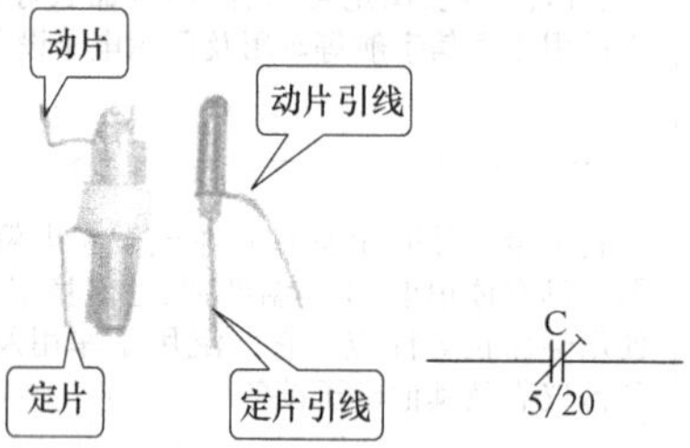	该电容器的可用范围很小，规格有多种。它以镀银瓷管或粗导线为定片，外用铜丝细绕为动片。调节动片的圈数（即改变电容板面积的大小）即可来改变电容量。图中“5/20”的意义是 $C_{min}=5pF$，$C_{max}=20pF$。拉线电容的优点是价格低，缺点是铜线拉开之后不易复原
高电压并联电力电容器 	并联于电力网络中，主要用于改善电网质量和功率因数。高电压并联电容器用于工频（50Hz 或 60Hz）1kV 及以上交流电力系统，主要由芯子和箱壳组成，其间充满优质的浸渍剂
低压电力电容器 	金属化聚丙烯薄膜低压并联电压电容器具有抗电能力强、损耗小、质量小及有自愈能力和保护装置等特点。广泛应用于低电压电力网络（频率为 50Hz 或 60Hz），以提高功率因数，减少无功损耗，改善电力质量。低压并联电力电容器主要应用于集中补偿电容柜中分相补偿并联电力电容器
电热电力电容器 	电热电力电容器主要用于中频感应加热电气系统，以提高功率因数或改善回路特性

（续）

常见电容实物图	特　　点
分相补偿并联电力电容器 	随着无功补偿技术的发展，对于三相不平衡负载，可采用三相分别投切电容器的方式，分相补偿无功功率。这样使补偿精度更高，节电效果更佳
电动机起动电容器 	向电动机的辅助绕组提供超前电流，当电动机起动之后即从线路中切除的电容器。如采用先进的金属化膜作为材料进行生产的CBB60型，CBB65型自愈式交流电容器，广泛应用于电风扇、洗衣机、电冰箱、空调脱排油烟机以及吸尘器等家用电器

表 1-17　常见电容典型应用电路

电 路 说 明	应 用 电 路
电阻可以构成分压电路，电容器也可以构成分压电路，如右图所示	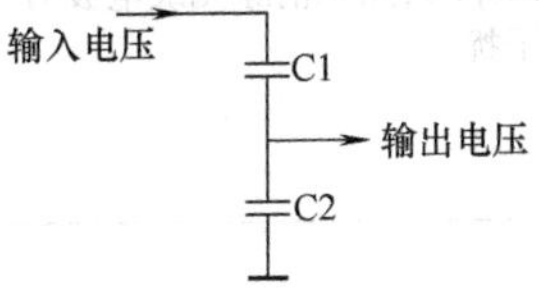
该图为电容滤波电路。电源电路中的滤波电路主要使用大容量的电解电容器	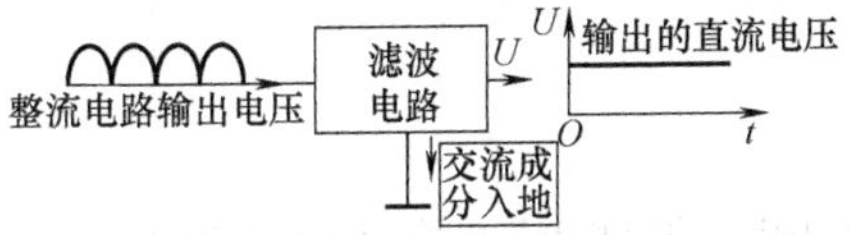
该图是电源滤波电路中的高频滤波电路。一个容量很大的电解电容C1（2200μF）与一个容量很小的电容C2（0.01μF）并联，C2是高频滤波电容，用来进行高频成分的滤波，这种一大一小两个电容相并联的电路在电源电路中十分常见	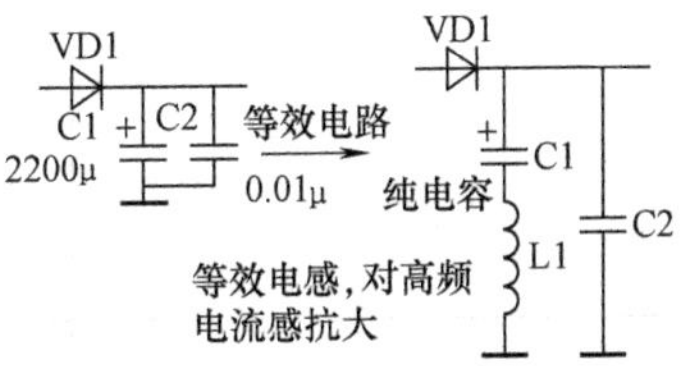
图示为退耦电容电路。多级放大器的两级放大器直流电压供给电路之间加入退耦电容C1后，电路中A点上的正极性信号被C1旁路到地端。而不能通过电阻R1加到VT1基极，这样，多级放大器中不能产生正反馈，也就没有级间的交联现象	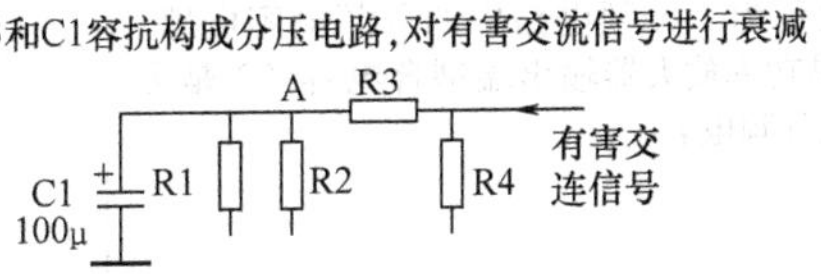

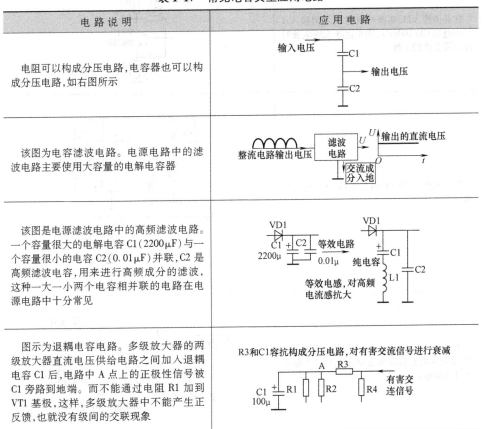

（续）

<table>
<tr><th>电路说明</th><th>应用电路</th></tr>
<tr><td>图示是电容耦合电路。在前后两级电路（或两个单元电路）之间的是耦合电容，如果是在两级放大器之间又可以称为级间耦合电容</td><td>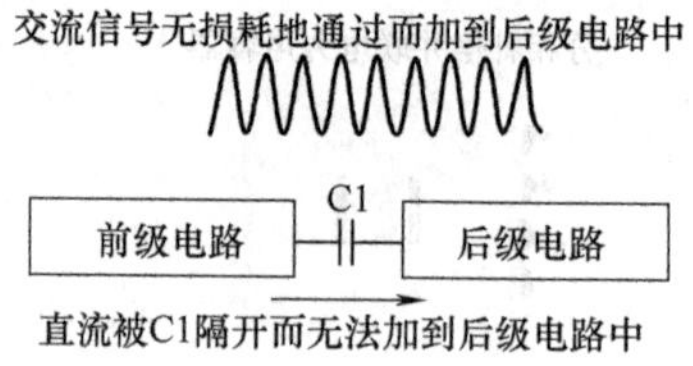
</td></tr>
<tr><td>图示为音频放大器中高频消振电容电路。电路中的 C1 是音频放大器中最常见的高频消振电容，它接在放大管 VT1 集电极与基极之间，容量为几百皮法</td><td>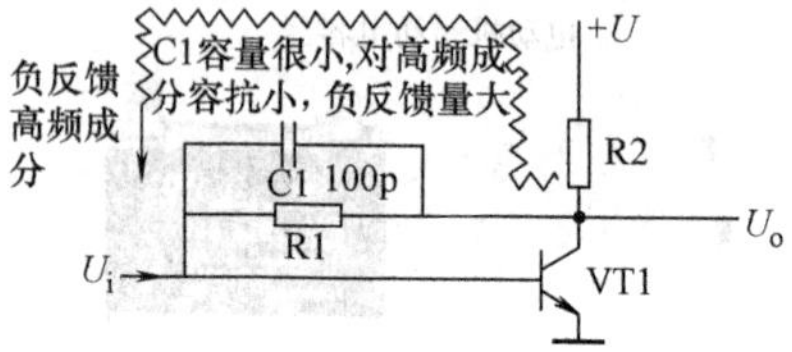
</td></tr>
<tr><td>在晶体管 VT1 基极与发射极之间接入 1 只小电容 C1（100pF），用来消除无线电波对晶体管工作的干扰</td><td>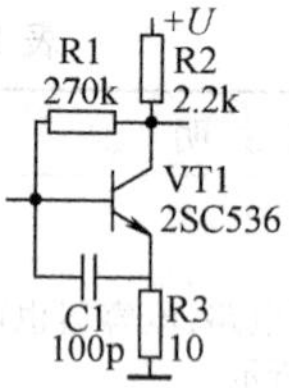
</td></tr>
<tr><td>图示为典型的中和电容电路，C3 称为中和电容</td><td>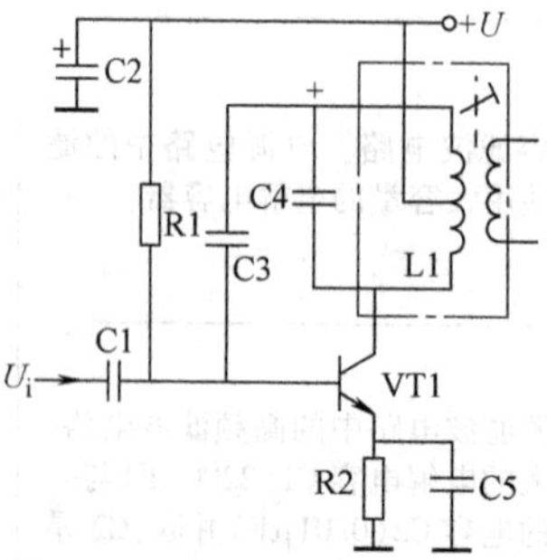
</td></tr>
<tr><td>图示为二分频电路中的分频电容电路。C1 是功率放大器输出端耦合电容，C2 是无极性分频电容</td><td>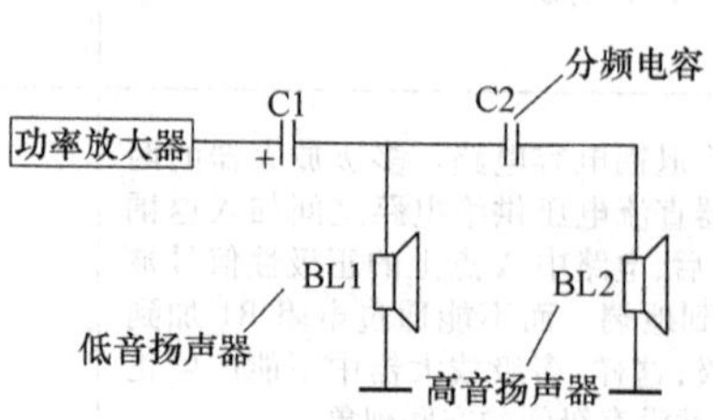
</td></tr>
</table>

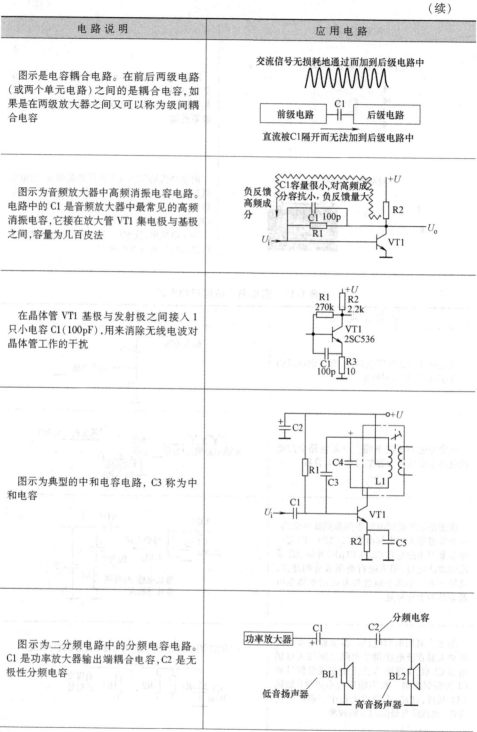

（续）

电路说明	应用电路
通常晶体管发射极回路都要串联一只电阻，当这只电阻上并联一只电容时就构成发射极旁路电容电路，电路中 VT1 构成一级音频放大器，C1 为 VT1 发射极旁路电容	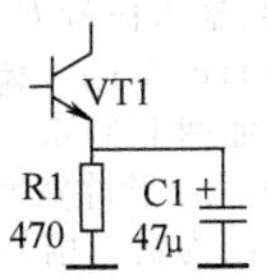
图示为电子音量电位器中的静噪电容电路，C1 是静噪电容，通常这类静噪电容的容量为 47μF，采用有极性电解电容	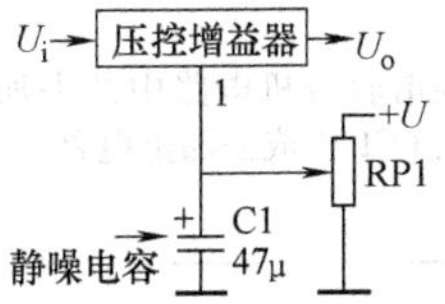
图示为高频头中的穿心电容电路，使用了 3 只穿心电容分别连接 AGC 电压、直流工作电压和混频输出信号	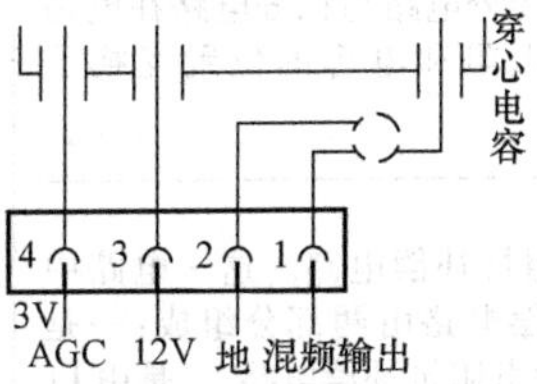
图 a 为收音机套件中的输入调谐电路。B1 为磁棒天线，C1a 为微调电容器，C1a.b 是调谐联。磁棒天线的一次绕组与 C1a.b、C1a 构成 LC 串联谐振电路，用来进行调谐，调谐后的输出信号从二次绕组输出，经耦合电容 C2 加到后级电路中，即加到变频级电路中 图 b 为 RC 消火花电路。+U 是直流工作电压，S1 是电源开关，M 是直流电动机，R1 和 C1 构成 RC 消火花电路	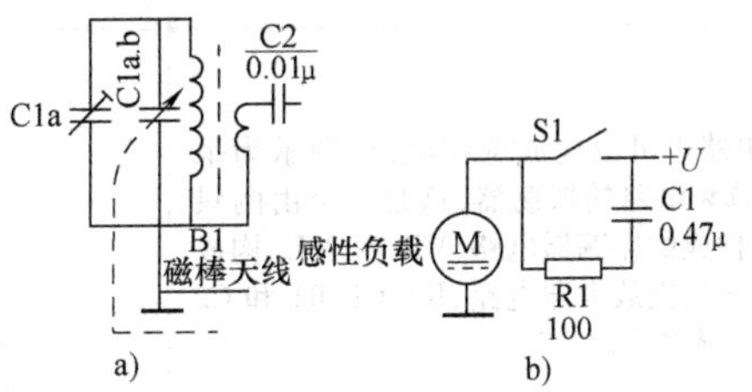
图示为用于石英电子钟的脉冲信号发生器，电路中的 C1 是 5～30pF 可变电容器，改变 C1 容量可以改变这一振荡电路的振荡频率	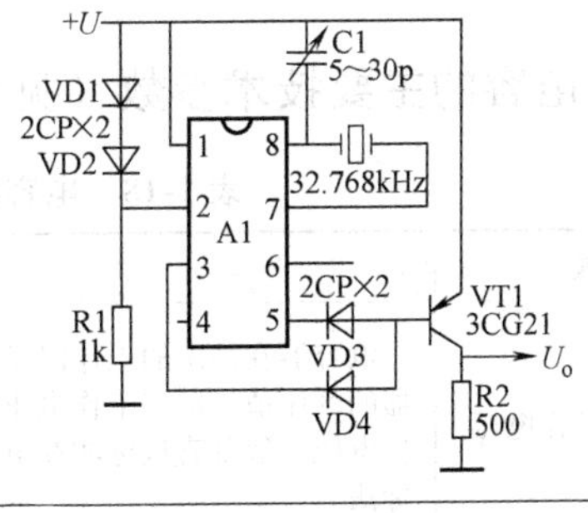
图示为录音机高频补偿电路，它设在录音输出回路中。电路中的 R1 是恒流录音（录音电流大小不与录音信号频率相关）电阻，C1 是录音高频补偿电容	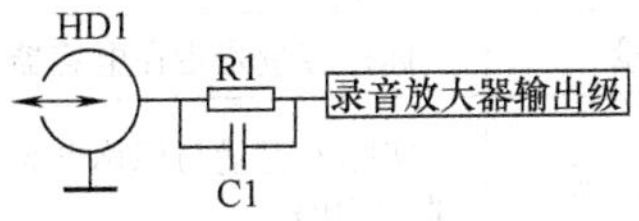

（续）

<table>
<tr><th>电路说明</th><th>应用电路</th></tr>
<tr><td>图 a 所示为积分电路，输入信号 U_i 加到电阻 R1 上，输出信号取自电容 C1。输入信号是矩形脉冲，其波形如图 b 所示。要求 RC 电路中的时间常数远大于脉冲宽度。当脉冲信号没有出现时，因为输入信号电压为零</td><td>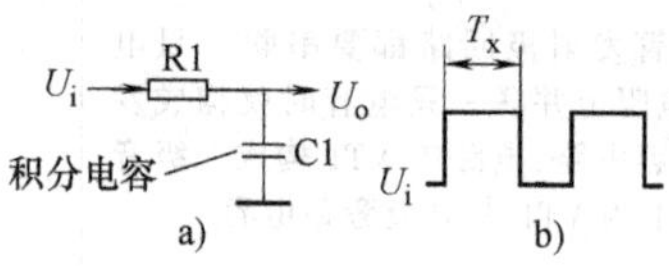
</td></tr>
<tr><td>图示为单声道调谐收音机电路中的去加重电路。图中 R1 和 C1 构成去加重电路</td><td>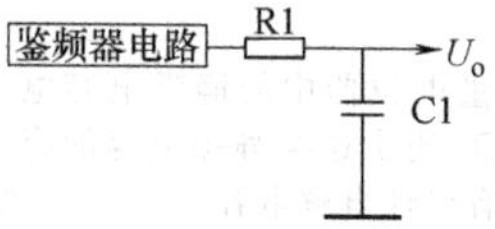
</td></tr>
<tr><td>图示为微分电路及信号波形。从这一电路中可以看出，微分电路与积分电路在电路结构上只是将电阻和电容的位置互换了一下</td><td>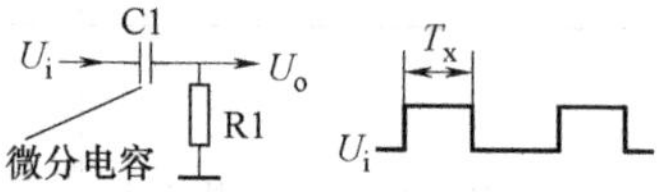
</td></tr>
<tr><td>图示为负载阻抗补偿电路。这一电路中的负载阻抗补偿电路由两部分组成：一是 R1 和 C1 构成负载阻抗补偿电路；二是由 L1 和 R2 构成的补偿电路</td><td>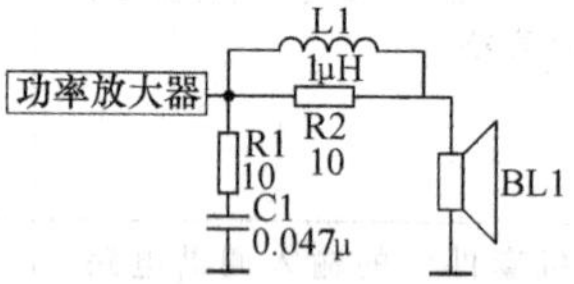
</td></tr>
<tr><td>RC 电路也可以构成选频电路，图示为采用 RC 选频电路的振荡器，这是一个由两只晶体管构成的振荡器电路，VT1 和 VT2 构成两极共发射极放大器电路，R2、C1、R1 和 C2 构成 RC 选频电路</td><td>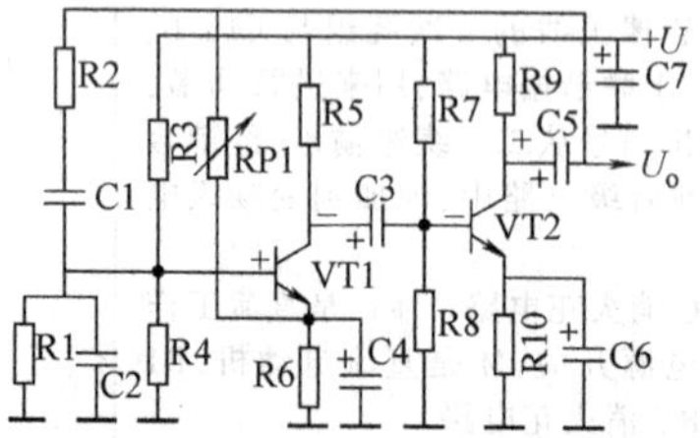
</td></tr>
</table>

三、电容的主要技术参数（见表 1-18）

表 1-18　电容的主要技术参数

参数	定义说明
额定直流工作电压	电容器在规定的工作温度下长期可靠工作时所能承受的最高电压，也称为电容器的耐压值。额定工作电压的大小与介质的种类和厚度有关。电容器的额定工作电压一般都直接标注在电容器表面。部分小型电解电容器额定电压也采用色标法
标称容量	标称容量是指在电容器上标注的电容量
允许误差范围	实际电容量与标称电容量的允许最大偏差范围，分三级 Ⅰ - ±5%，Ⅱ - ±10%，Ⅲ - ±20%

（续）

参数	定义说明
绝缘电阻	绝缘电阻是指加在电容器上的直流电压与通过它的漏电流之比。它是表示电容器绝缘性能好坏的一个重要参数。绝缘电阻越大越好
介质损耗	理想的电容器应该没有能量损耗，但实际上在电容器两端加交流电压时要产生功率损耗，产生损耗的原因是由于电容器绝缘电阻造成的

四、电容的型号命名

国产电容的型号由 4 部分构成，具体命名规则如图 1-11 所示。

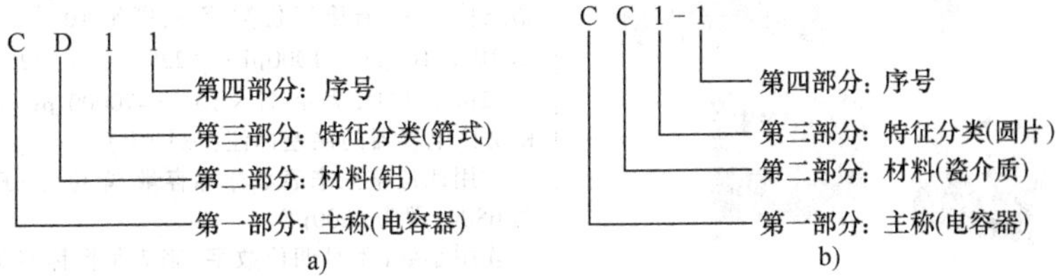

图 1-11　电容的命名规则

a）铝电解电容器　b）瓷介电容器

电容命名规则主要参数符号见表 1-19。

表 1-19　电容命名规则主要参数符号

第一部分:主称		第二部分:材料		第三部分:特征、分类						第四部分:序号
符号	意义	符号	意义	符号	意义：瓷介	云母	玻璃	电解	其他	
C	电容器	C	瓷介	1	圆片	非密封	—	箔式	非密封	对主称、材料相同，仅尺寸、性能指标略有不同，但基本不影响互换使用的产品，给予同一序号；若尺寸性能指标的差别明显，影响互换使用时，则在序号后面用大写字母作为区别代号
		Y	云母	2	管形	非密封	—	箔式	非密封	
		I	玻璃釉	3	迭片	密封	—	烧结粉固体	密封	
		O	玻璃膜	4	独石	密封	—	烧结粉固体	密封	
		Z	纸介	5	穿心	—	—	—	穿心	
		J	金属化纸	6	支柱	—	—	—	—	
		B	聚苯乙烯	7	—	—	—	无极性	—	
		L	涤纶	8	高压	高压	—	—	高压	
		Q	漆膜	9	—	—	—	特殊	特殊	
		S	聚碳酸酯	J	金属膜					
		H	复合介质	W	微调					
		D	(铝)电解							
		A	钽							
		N	铌							
		G	合金							
		T	钛							
		E	其他							

五、电容的标注方法（见表 1-20）

表 1-20 电容的标注方法

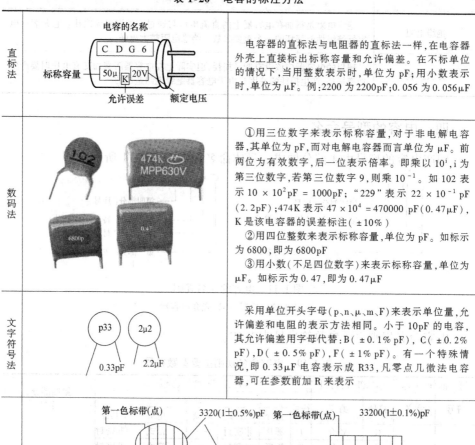

直标法	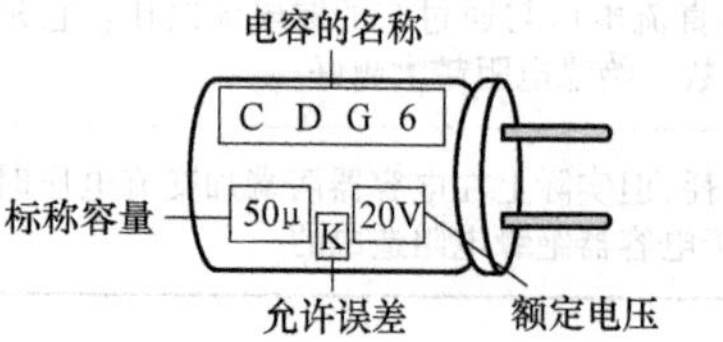	电容器的直标法与电阻器的直标法一样，在电容器外壳上直接标出标称容量和允许偏差。在不标单位的情况下，当用整数表示时，单位为 pF；用小数表示时，单位为 μF。例：2200 为 2200pF；0.056 为 0.056μF
数码法		①用三位数字来表示标称容量，对于非电解电容器，其单位为 pF，而对电解电容器而言单位为 μF。前两位为有效数字，后一位表示倍率。即乘以 10^i，i 为第三位数字，若第三位数字 9，则乘 10^{-1}。如 102 表示 10×10^2pF = 1000pF；“229”表示 22×10^{-1}pF（2.2pF）；474K 表示 47×10^4 = 470000 pF（0.47μF），K 是该电容器的误差标注（±10%） ②用四位整数来表示标称容量，单位为 pF。如标示为 6800，即为 6800pF ③用小数（不足四位数字）来表示标称容量，单位为 μF。如标示为 0.47，即为 0.47μF
文字符号法	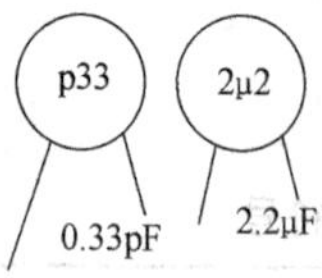	采用单位开头字母（p、n、μ、m、F）来表示单位量，允许偏差和电阻的表示方法相同。小于 10pF 的电容，其允许偏差用字母代替：B（±0.1% pF），C（±0.2% pF），D（±0.5% pF），F（±1% pF）。有一个特殊情况，即 0.33μF 电容表示成 R33，凡零点几微法电容器，可在参数前加 R 来表示

色码表示法

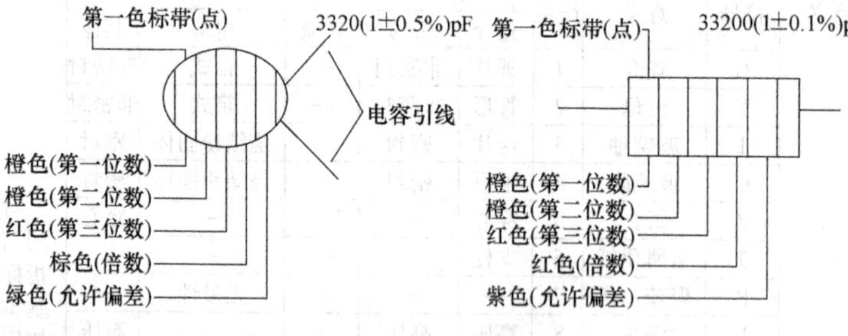

原则上与电阻色标法相同，其单位为 pF。小型电解电容器的工作电压可以用正极根部色点来表示。规则如下：

颜色	黑	棕	红	橙	黄	绿	蓝	紫	灰
工作电压/V	4	5.3	10	16	25	32	42	50	63

电容器耐压的标注也有两种常见方法，一种是把耐压值直接印制在电容器上，另一种是采用一个数字和一个字母组合而成。数字表示 10 的幂指数，字母表示数值，单位是 V（伏）。规则如下：

字母	A	B	C	D	E	F	G	H	J	K	Z
耐压值	1.0	1.25	1.6	2.0	2.5	3.15	4.0	5.0	6.3	8.0	9.0

例：1J 代表 6.3×10V = 63V；2F 代表 3.15×100V = 315V；3A 代表 1.0×1000V = 1000V；1K 代表 8.0×10V = 80V；数字最大为 4，如 4Z 代表 90000V。2A103K 表示 1.0×100V，后面的 K 表示精度

（续）

<table>
<tr><td>国外表示法</td><td>国外电容器表示法除了以伏（V）表示耐压，以微法（μF）表示电容量以外，外国有的电容器在产品上以 WV 或 TV 表示耐压，以 MF 或 MMF 表示电容量
WV 为工作电压 Working Voltage 的缩写，其意义与 V 相同，如 63WV 即为 63V。而 TV 为测试电压 Test Voltage 的缩写，表示此电容可在“瞬间”加上此高压而不会损坏，正常使用必须将 TV 值折半应用，如标有 1200TV 的电容，只能长期工作在 600V 的直流电压下
MF 是 Micro Farad 的缩写，与 μF 相同。MMF 为 Milli Milli Farad 的缩写，与 F 相同</td></tr>
<tr><td>电解电容（铝、钽）的标注方法</td><td>

通孔式(插针式)

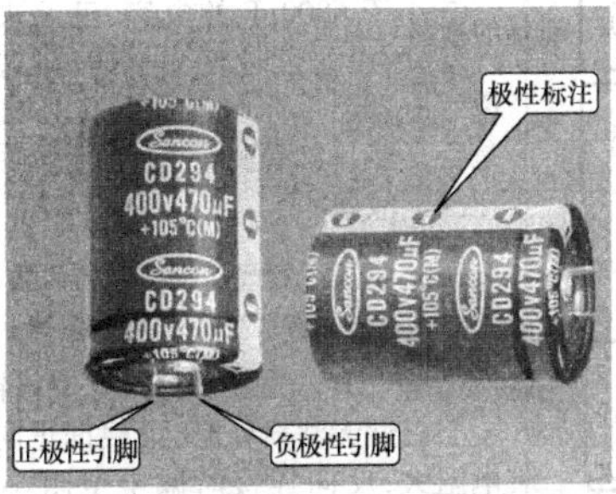

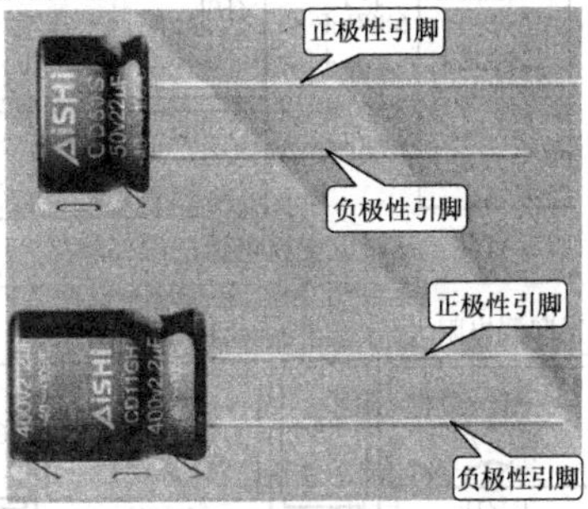

贴片式

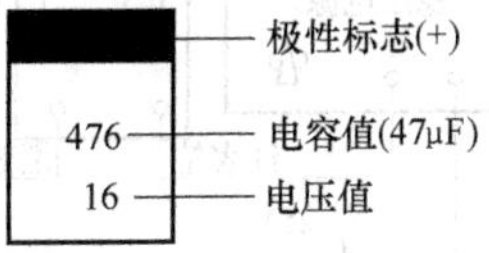

片状钽电解电容器的顶面

</td></tr>
</table>

六、电容的检测与选用（见表 1-21）

表 1-21　电容的检测与选用

<table>
<tr><th>项目</th><th>图　解</th><th>操 作 说 明</th></tr>
<tr><td>电容测试</td><td>

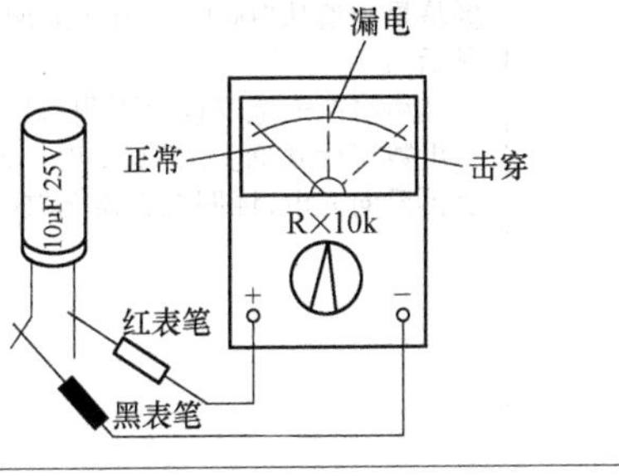

</td><td>①将表笔接触电容的两引线。刚搭上时，表头指针将发生摆动，然后再逐渐返回电阻为无穷大处，这就是电容的充放电现象。指针的摆动越大，容量越大。指针稳定后所指示的值就是漏电电阻值。其值一般为几十到几百兆欧，阻值越大，电容器的绝缘性能越好
②小电容由于容量小，漏电阻非常小，所以测量时使用 R×10k 挡</td></tr>
</table>

（续）

项目	图　解	操作说明
电容测试	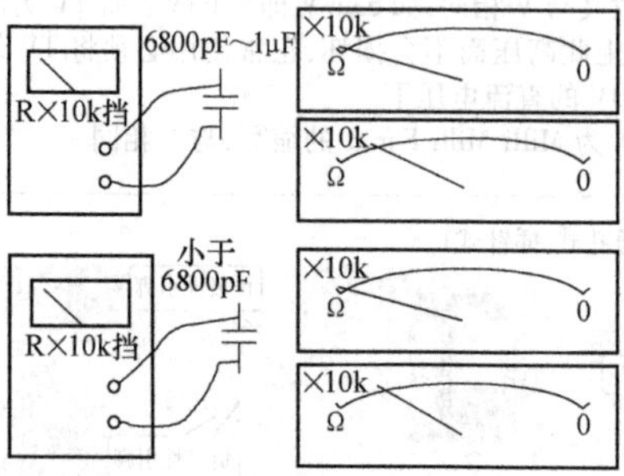	③由于容量小，充电现象不太明显，测量时表针向右偏转的角度不明显。如果第一次测量没有看清楚，可将电容器两引脚短接放电后再次测量 ④检测时，如果表头指针指到或靠近欧姆零点，说明电容器内部短路；若指针不动，说明电容器内部开路或失效 ⑤小于6800pF的电容，已无法看出充放电现象，所以测量时表针不偏转，这时测量只能说明电容器不存在漏电故障，不能说明电容器是否开路。如果测量有电阻，说明该电容器存在漏电故障
电解电容器的极性检测	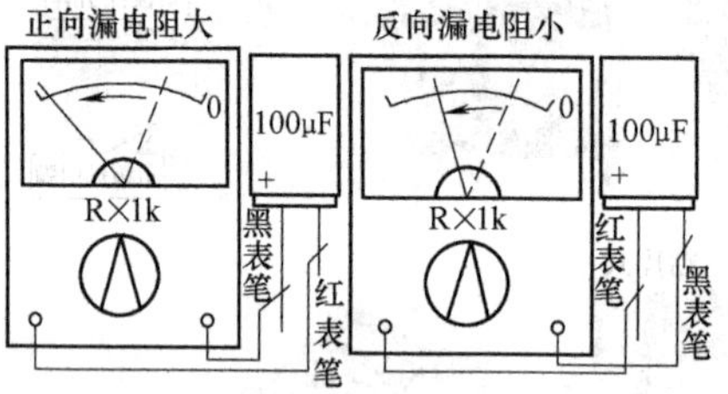	电解电容器的极性是不允许接错的 当极性无法辨认时，可根据正向连接时漏电电阻大，反向连接时漏电电阻小的特点来判断。交换表笔前后两次测量漏电电阻值，测出电阻值大的一次时，黑表笔接触的是正极
电解电容漏电流的测量	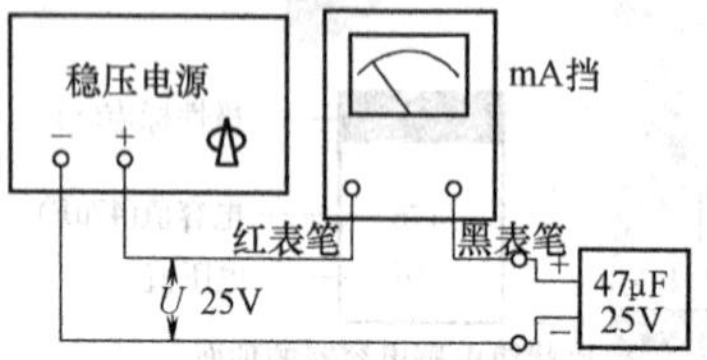	测量电解电容漏电流需要一只稳定电源和一只万用表，下面以测量47μF/25V电解电容为例进行说明：先用万用表500mA挡给电容充电，表头指示值小于5mA时换成5mA挡，再依次换成0.05mA挡，观察表头指示小于10μA时，说明该电容性能良好，可上机试用，否则，说明该电容不良
用数字万用表检测电容器充放电现象	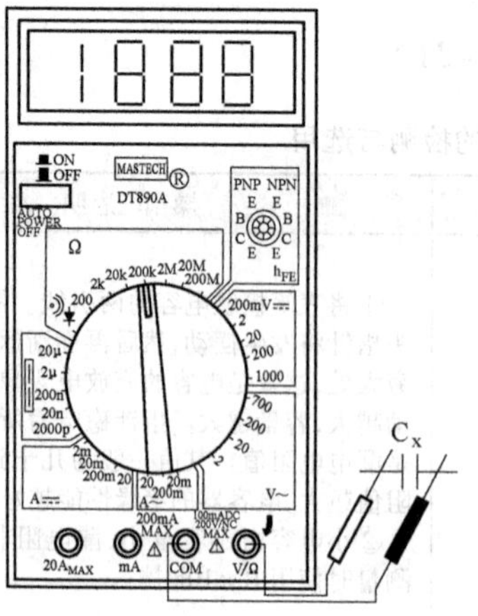	将数字式万用表拨至适当的电阻挡位，万用表表笔分别接在被测电容C的两引脚上，这时屏幕显示值从“000”开始逐渐增加，直至屏幕显示“1” 然后将两表笔交换后再测，显示屏上瞬间显示出数据后立刻变为“1”，此时为电容器放电后再反向充电，证明电容器充放电正常

（续）

<table>
<tr><th>项目</th><th>图 解</th><th>操作说明</th></tr>
<tr><td>可变电容器的检测</td><td>
聚苯乙烯薄膜介质
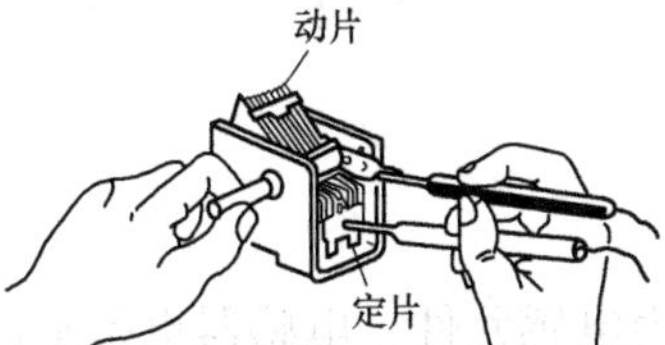
空气介质</td><td>①可变电容器的容量一般很小，用万用表测不出来。主要判断动片和定片间是否发生碰片或漏电。将万用表置于 R×10k 挡，用一只手拿两根表笔（不分正，负）分别与可变电容器的定片和动片引出端相接，另一只手缓慢来回旋动电容器的转轴，看指针是否摆动
②若在来回旋动转轴的过程中，表针在无穷大位置不动，则说明该电容器正常；若在来回旋转转轴的过程中，表针指向零，则说明该电容器的动片和定片之间存在短路现象，给予修复或更换；若当转轴旋转到某一角度时，万用表读数不为无穷大而是出现一定阻值，则说明该电容器的动片与定片之间出现漏电现象
③密封单联电容或双联电容产生漏电电阻变小，很可能是受潮引起的，烘干后如果电阻变大，还可能继续使用</td></tr>
<tr><td>电容容量测试</td><td>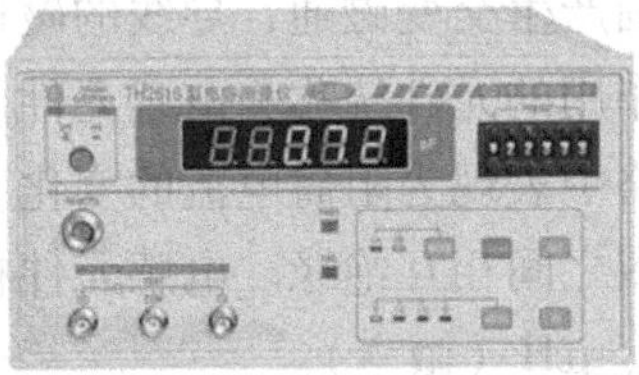</td><td>数字式万用表可测试 20μF 以下的电容。大于 20μF 的电容可用 RLC 测试仪测量</td></tr>
<tr><td>选用电容器的原则</td><td colspan="2">①首先要满足电路对电容器主要参数的要求。一般应根据需要，合理选择标称容量和误差等级。其次选择的电容器的额定工作电压应高于电容器两端实际电压的 1～2 倍。另外，优先选用绝缘电阻大，介质损耗小的电容器。注意在选用高频电路的电容器时，还要考虑电容器的频率特性。一般优先选用高频特性好的云母电容器以及某些瓷介电容器
②根据电路要求选择合适的类型。一般的耦合、旁路，可选用纸介电容器；在电源滤波和退耦合电路中，应选用电解电容器；应用在高压环境下的电容器，则云母电容器、高压瓷介电容器符合其要求
③从电容器的外表面和形状来考虑。不同电容器具有不同的形状。选用时，必须根据安装位置及空间大小来选择电容器的形状</td></tr>
</table>

注：测量电容器，特别是小容量电容器（<0.1μF），最好使用数字式万用表的“测量电容”挡进行。因为指针式万用表是无法准确测量出电容器电容量变化的，而电容器的电容量会随使用时间延长而减小，这种现象常常会导致很多故障的发生。

第二章

电 感 元 件

能够产生自感、互感作用的元件均称为电感元件。电感器也是常用的基本元件之一。与其他电子元器件配合，可构成各种功能的电子电路。

1. 电感元件的特点

导线内通过交流电流时，在导线的周围产生交变磁通，导线的磁通量与产生此磁通的电流之比就是电感；能产生电感作用的元件统称为电感元件。

电感元件有存储电磁能的作用，在电路中表现为阻碍电流的变化。多用漆包线、纱包线绕在铁心、磁心上构成，圈与圈之间相互绝缘。电感元件在电路中用 L 表示，单位有：H（亨利）、mH（毫亨）、μH（微亨）。

电感元件的特性恰恰与电容的特性相反，它具有阻止交流电通过而让直流电通过的特性。它经常和电容器一起工作，构成 LC 滤波器、LC 振荡器等。另外，人们还利用电感元件的特性，制造了阻流圈、变压器、继电器等。通常电感都是

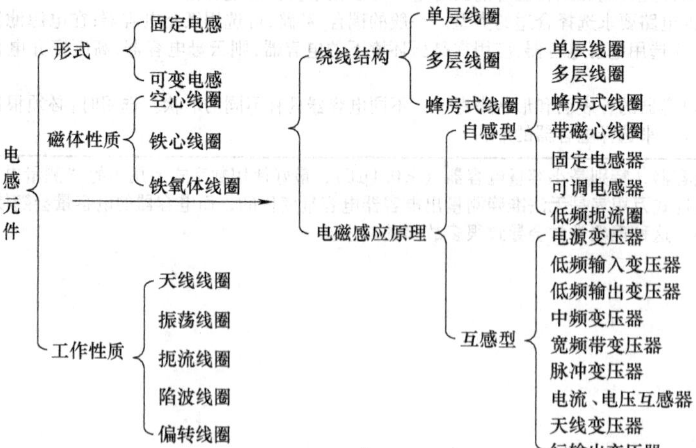

a)

图 2-1　电感元件的种类和电路图形符号

a）种类

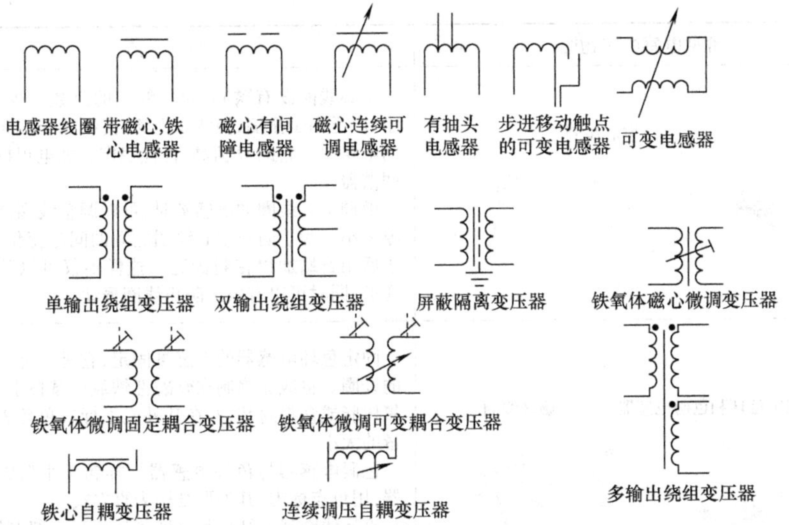

b)

图 2-1　电感元件的种类和电路图形符号（续）

b）符号

由线圈构成，在电子装配中有各种各样的电感和变压器。在交流电路中作阻流、滤波、选频、退耦合等用。

2. 电感元件的种类和电路图形符号

电感元件的分类方法很多，通常把电感元件分为电感器（简称电感）和变压器两大类。电感元件的种类和电路图形符号如图 2-1 所示。

第一节　电　　感

一、常见电感的实物图、特点及应用

常见电感的实物图、特点见表 2-1。常见电感的典型应用电路见表 2-2。

表 2-1　常见电感的实物图、特点

常见电感的实物图	特　点
可变电感线圈　压模电感器　固定电感线圈 	可变电感线圈的基本结构是在磁棒上绕制线匝，通过改变插入线圈中磁心的位置来改变电感量 压模电感器主要用于安全和防盗，遥控玩具和无线电收发产品 小型固定电感线圈外形结构主要有立式和卧式两种，将线圈绕制在软磁铁氧体的基础上，然后再用环氧树脂或塑料封装起来制成

（续）

常见电感的实物图	特　点
空心线圈 	空心线圈没有磁心，通常线圈的匝数较少，电感量小，广泛用于振荡，扼波及扼流，高频发射及无线接收的电路中。它的 Q 值高，性能稳定。如电视机的高频调谐器 微调空心线圈的电感量时，可以调整线圈之间的间隙大小。为了防止空心线圈之间的间隙变化，调整完毕后用石蜡加以密封固定。这样不仅可以防止线圈变形，同时可以有效地防止线圈振动
固定色环和色码电感器  磁环线圈 	固定色环电感器的电感量固定，它是一种具有磁心的线圈。将线圈绕制在软磁性铁氧体基体上，再用环氧树脂或塑料封装，并在其外壳上标以色环表明电感量的大小 色码电感器与色环电感器一样属于小型固定电感器，用色点标志，其外形结构为直立式 磁环线圈基本结构是在铁氧体磁环上绕制线圈，如在磁环上绕制两组或两组以上的线圈可以制成高频变压器。适用于各种电源的降噪、滤波电路
印制电感器 	印制电感器又称为微带线，常用在高频电子设备中，它是由印制电路板上一段特殊形状的铜箔构成阻流圈
阻流圈  a)　b)　c)	又称为扼流圈。分为低频扼流圈（见图 a）和高频扼流圈（见图 b、c）两种。高频扼流圈用来阻止高频分量的通过；低频扼流圈又叫做滤波线圈，一般由铁心和绕组等构成。它可与电容器组成滤波电路
微调电感线圈 	在线圈中间装有可调节的磁帽或磁心，通过旋转磁帽可以调节磁心或磁帽在线圈中的位置，从而改变电感量 微调电感器都有一个可插入的磁心，可用工具调节磁心在线圈中的位置，从而调整电感量的大小。在调整微调电感器的电感量时要使用无感螺钉旋具，即用非铁磁性金属材料制成的螺钉旋具，如用塑料或竹片等材料制成的螺钉旋具

（续）

常见电感的实物图	特　　点
偏转线圈 	偏转线圈是电视机显像管的附属部件，它包括行偏转线圈和场偏转线圈，均套在显像管的管颈（锥体部位）上，用来控制电子束的扫描运动方向。行偏转线圈控制电子束作水平方向扫描，场偏转线圈控制电子束作垂直方向扫描
收音机天线线圈 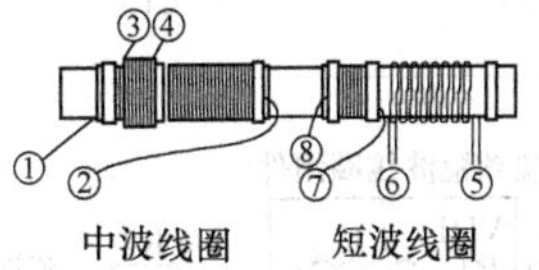	中波天线线圈为了提高线圈的 Q 值要采用多股丝包线 短波天线线圈常采用间绕单层镀银导线绕制
行振荡线圈 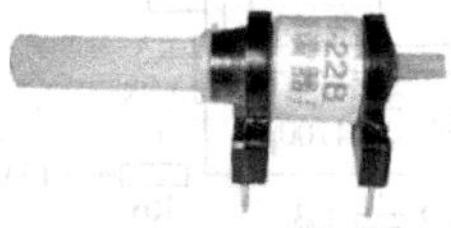	用在早期的黑白电视机中，它与外围的阻容元件及行振荡晶体管等组成自激振荡电路（三点式振荡器或间歇振荡器、多谐振荡器），用来产生频率为 15625Hz 的矩形脉冲电压信号
行线性线圈 	它是一种非线性磁饱和电感线圈（其电感量随着电流的增大而减小），它一般串联在行偏转线圈回路中，利用其磁饱和特性来补偿图像的线性畸变
磁头 	各类磁头也是用电感器制成的，如用来重放信号的放音磁头，用来记录信号的录音磁头，用来抹音的磁头，还有各类控制磁头等

表 2-2　常见电感的典型应用电路

电路说明	应用电路
图示为单 6dB 二分频扬声器电路，它是在低音扬声器回路中接入了电感 L1，通过适当选取 L1 的电感量大小，使之可以让中频和低频段信号通过，但不让高频段信号通过，这样更好地保证了 BL1 工作在中频和低频段	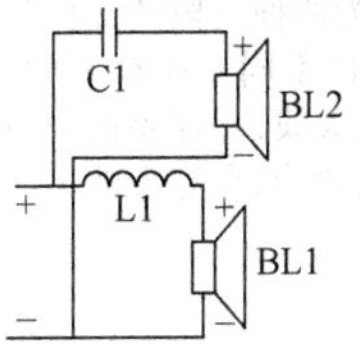

（续）

<table>
<tr><th>电路说明</th><th>应用电路</th></tr>
<tr><td>图示为共模和差模电感器电路，这也是开关电源交流电输入回路中的EMI滤波器，电路中的L1、L2是差模电感器，L3和L4为共模电感器，C1为X电容，C2和C3为Y电容。该电路输入220V交流电，输出电压加到整流电路中</td><td>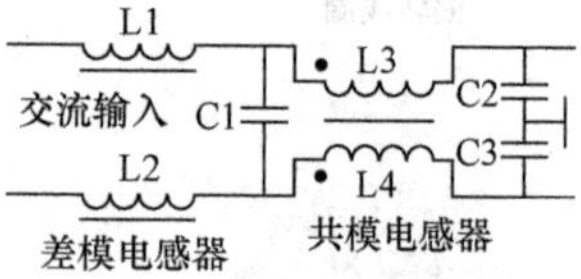
</td></tr>
<tr><td>图示为行线性调节器电路。当流过行线性线圈L1、行偏转线圈LY的行扫描电流较小时，L1的磁心尚未饱和，电感量较大</td><td>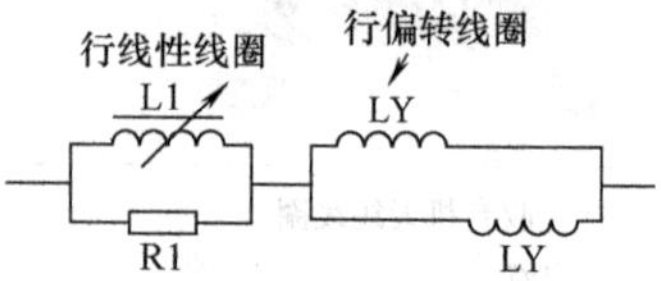
</td></tr>
<tr><td>图示为一个实用视屏检波器电路。电路中，点画线框内的视频检波线圈组件，内含检波二极管和线圈、电容</td><td>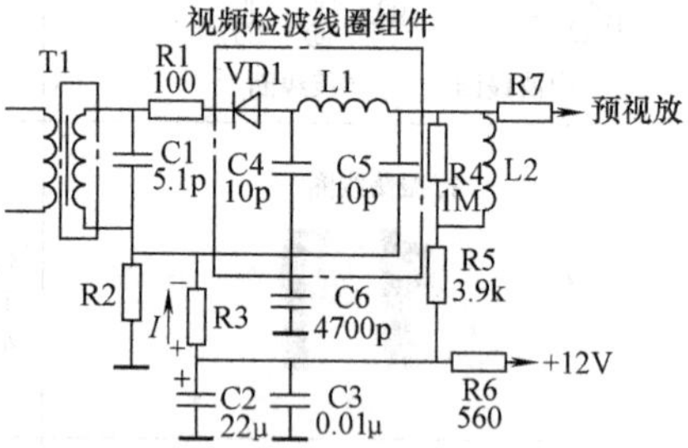
</td></tr>
<tr><td>图示为行振荡线圈电路，主要采用电感三点式脉冲振荡器，又称为变形间歇振荡器。电路中，VT1是行振荡管，L1和L2是带抽头的行振荡线圈</td><td>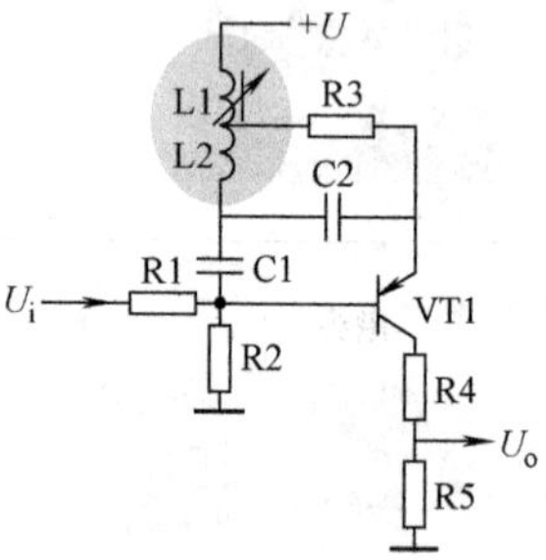
</td></tr>
<tr><td>图示为中波和短波共用一根磁棒的天线绕组实用电路。通常情况下中波和短波不用同一根磁棒，因为两种波段的工作频率不同，所使用的磁棒也不同。还有一种是中、短波在一起的磁性天线，磁棒是由中波磁棒和短波磁棒粘接组成的，在它们的上面分别套有中、短波绕组</td><td>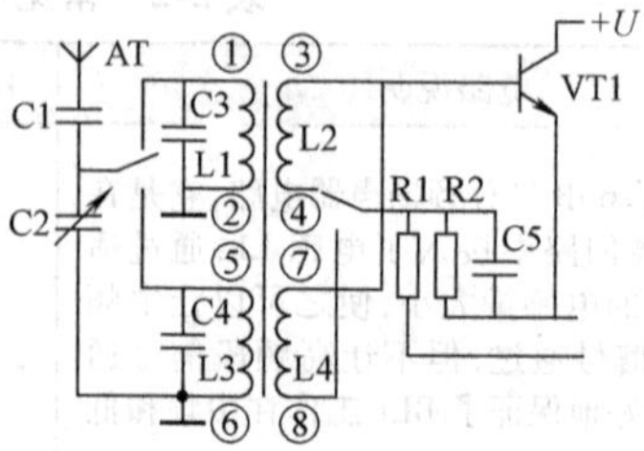
</td></tr>
</table>

（续）

<table>
<tr><th>电路说明</th><th>应用电路</th></tr>
<tr><td>图示为 π 型 LC 滤波电路。C1 和 C3 是滤波电容，C2 是高频滤波电容，L1 是滤波电感</td><td>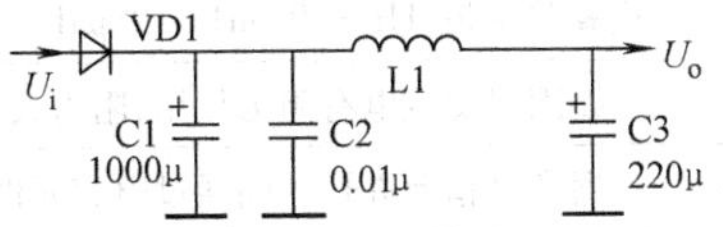
</td></tr>
<tr><td>感应圈是工业生产和实验室中用直流电源获得高压的一种装置。汽油发动机的点火器就是一个感应圈，它所生产的高压放电火花，能把气缸内的混合气体点燃</td><td>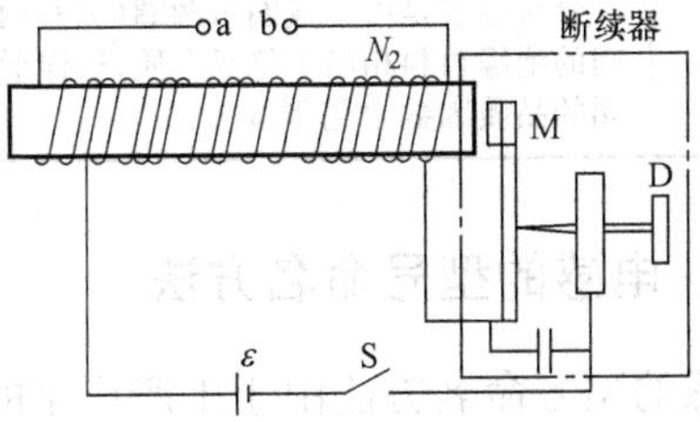
</td></tr>
<tr><td>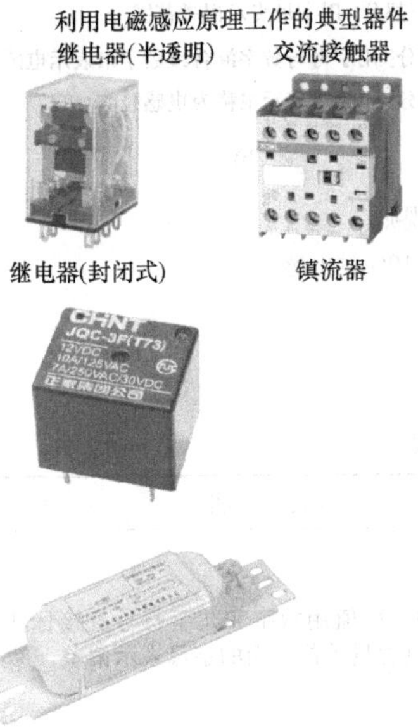
</td><td>继电器适用于自动控制、通信设备、家用电器及机床电器等设备
交流接触器主要用于电力线路，控制交流电动机的正转和反转。它也可以与继电器配合来实现对电路，以及电气系统的保护
继电器（封闭式）适用于自动装置、通信设备、家用电器、无线电遥控和声控玩具等
电感镇流器在荧光灯中的作用有两个。一是击穿荧光灯灯管中的水银蒸汽电路，使灯丝电路导通；二是电感镇流器中的自感电动势阻碍交流电电流的变化，使得流过灯管的电流不致过大</td></tr>
</table>

二、电感元件的主要技术参数

电感元件的主要技术参数见表 2-3。

表 2-3　电感元件的主要技术参数

参数	说　明
电感量 L	表示线圈产生感应电动势大小的能力，基本单位为 H（亨），mH（毫亨）和 μH（微亨），其换算关系是：$1\text{H}=10^3\text{mH}=10^6\mu\text{H}$
感抗 XL	线圈对交流电有阻力作用，阻力大小用感抗来表示
额定电流	通常是指允许长时间通过电感元件的直流电流值
品质因数 Q	Q 是线圈质量的一个重要参数，它表示在某一工作频率下，线圈的感抗对其等效直流电阻的比值
分布电容	分布电容是由于线圈每两圈（或每两层）导线间可以看成是电容器和两块金属片，导线之间的绝缘材料相当于绝缘介质，这样形成一个很小的电容。由于分布电容的存在，将使线圈的品质因数 Q 值下降

三、电感的型号命名方法

电感的型号命名方法由于生产厂家的不同而各不相同，国内比较常见的命名规则如图 2-2 所示。

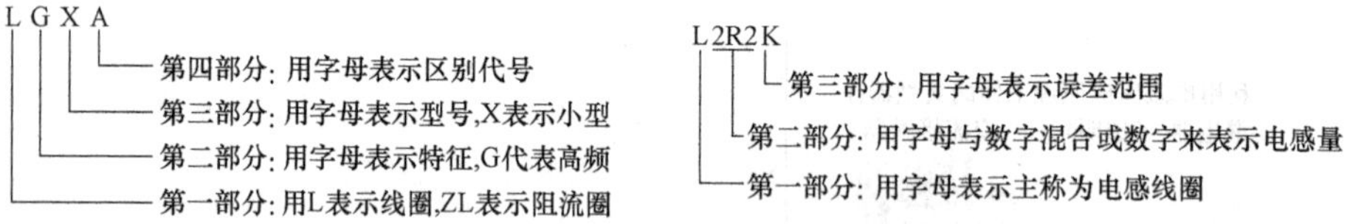

a)　　b)

图 2-2　电感的型号命名规则

a）高频小型电感　b）2.2μH 误差 ±10% 的电感

四、电感的标注方法（见表 2-4）

表 2-4　电感的标注方法

名称	图　示	说　明
直标法	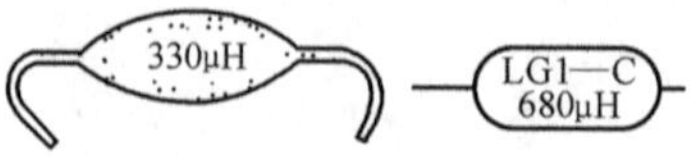	将电感的标称值用数字和文字符号直接标注在电感体上，电感量单位后面的字母表示偏差
文字符号法		将电感的标称值和偏差值用数字和文字符号法按一定的规律组合标注在电感体上。采用文字符号法表示的电感通常是一些小功率电感，单位通常为 nH 或 μH。用 μH 做单位时，“R”表示小数点；用“nH”做单位时，“n”表示小数点

（续）

名称	图　示	说　明
色标法	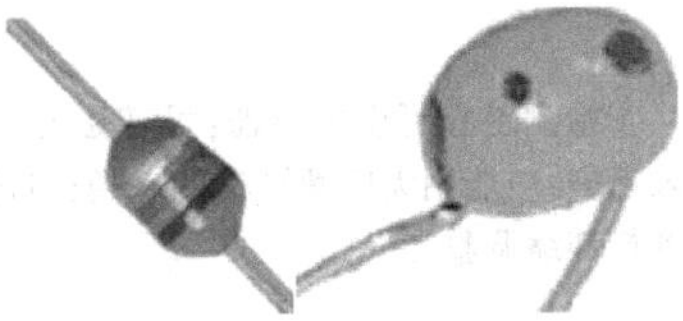	在电感表面涂上不同的色点、色环来代表电感量（读法以及数字与颜色的对应关系和色环电阻的标志法相同），通常用三个或四个色环表示。识别色环时，紧靠电感体一端的色环为第一环，露出电感体本色较多的另一端为末环。默认单位为微亨（μH）。棕、红、红、银，则表示其电感量为 12×10^2μH，允许误差为 ±10%
数码表示法		数码表示法是用三位数字来表示电感量的方法，常用于贴片电感上。三位数字中，从左至右的第一、第二位为有效数字，第三位数字表示有效数字后面所加“0”的个数。默认单位为微亨（μH）。如果电感量中有小数点，则用“R”表示，并占一位有效数字。“470”电感为 $47\times10^0=47$μH，“4R7”电感为 4.7μH

五、电感的测试方法（见表 2-5）

表 2-5　电感的测试方法

项目	图　示	操作步骤
电感的检测	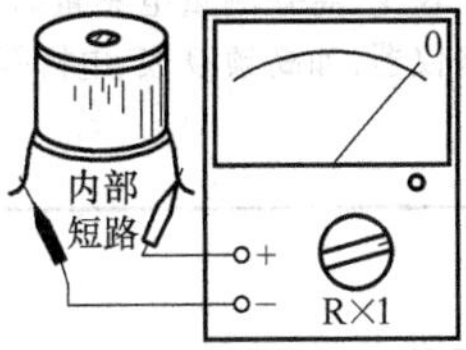 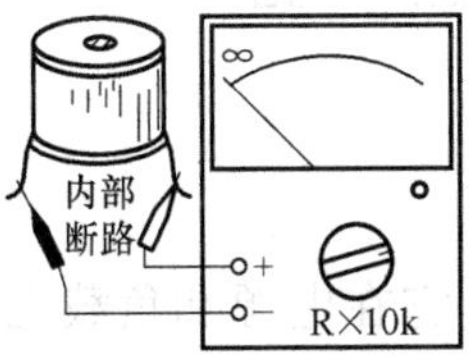	①外观检测：看线圈引线是否断裂 脱焊，绝缘材料是否烧焦和表面是否破损等 ②线圈阻值测量：通过用万用表测量线圈阻值来判断其好坏，即检测电感器是否有短路、断路或绝缘不良等情况。一般电感线圈的直流电阻值很小（为零点几欧至几欧），由于低频扼流圈的电感量大，其线圈圈数相对较多，因此直流电阻相对较大（约为几百至几千欧）。当测得线圈电阻无穷大时，表明线圈内部或引出端已断线。若表针指示为零，则说明电感器内部短路
	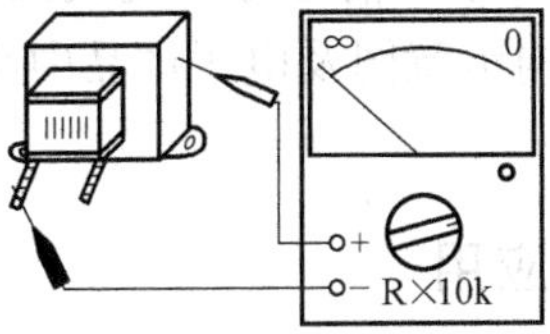	③绝缘检测：对低频阻流圈，应检查线圈和铁心之间的绝缘电阻，即测量线圈引线与铁心或金属罩之间的电阻，阻值应为无穷大，否则说明该电感器绝缘不良

（续）

项目	图　示	操作步骤
电感的检测		④检测磁心可变电感器：可变磁心应不松动，未断裂，应能用无感螺钉旋具（一般用骨头制作）进行伸缩调整
色码电感器的检测	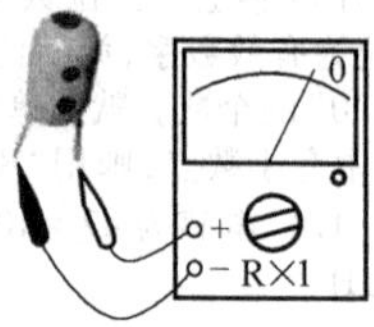	将万用表置于 R×1 挡，并调零。被测色码电感器的直流电阻值的大小与绕制绕圈数有直接的关系，因此测量值有大有小，甚至极小，但是只要能测出电阻值，则可认为被测色码电感器是正常的。测量时，要注意先将万用表调零
测试电感线圈的电感量（高频 Q 表）		首先将万用表功能置于测量电感挡，然后用两根表笔分别接触电感两引脚，读取表内显示数值，即为电感量。目前能直接测量电感量的万用表还较少，需要测量电感量时，一般借助专用的测量仪器，如高频 Q 表、电桥等

第二节　变　压　器

一、变压器的结构

变压器是变换电压、电流和阻抗的器件，它在电源和负载之间进行直流隔离，以最大限度地传输能量。一般变压器主要由铁心和线圈（也称为绕组）两部分构成。线圈有两个或多个绕组，接交流电源（信号源）的线圈为一次线圈，与负载相连的线圈为二次线圈。变压器的结构示意图及电子产品中小型变压器的分类如图 2-3 所示。

二、常见变压器的实物图、特点及应用

常见变压器的实物图、特点见表 2-6，常见变压器的典型应用电路见表 2-7。

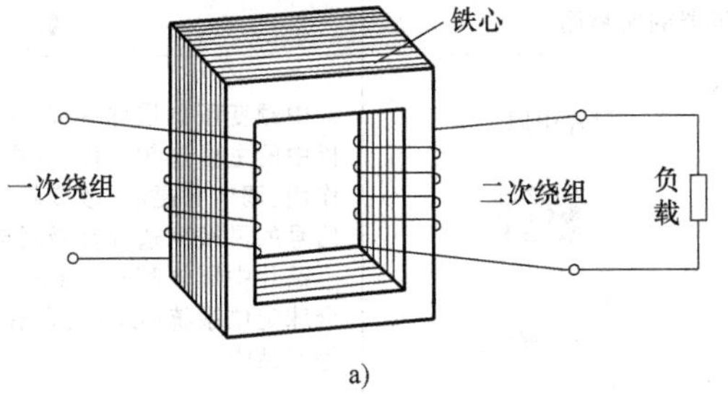

a)

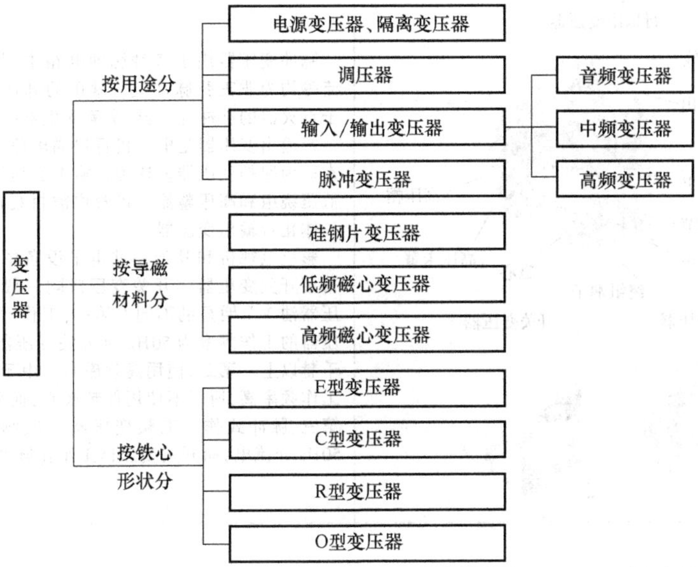

b)

图 2-3 变压器的结构示意图和分类

a）结构示意图 b）分类

表 2-6 常见变压器的实物图、特点

常见变压器的实物图	特　点
电源变压器 环形电源变压器 音频变压器 	低频变压器用来传输信号电压和信号功率，还可实现电路之间的阻抗匹配。电压变压器用作电压的变换，产生各种电路所需的电压；音频变压器又分为级间耦合变压器、输入变压器和输出变压器，外形均与电源变压器相似。主要用来对音频（小于3400Hz）信号进行处理。用作阻抗匹配、耦合、倒相等。一般有两组或两组以上的线圈，输入线圈的阻值较高，输出线圈的阻值较低

（续）

常见变压器的实物图	特　　点
中频变压器 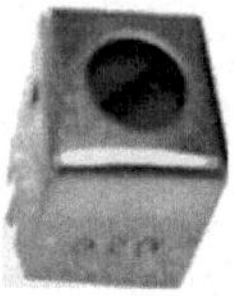 贴片中周 	中频变压器俗称中周，是半导体收音机和黑白电视机中的主要选频元件，在电路中起信号耦合和选频等作用，调节其磁心，改变线圈的电感量，即可改变中频信号的灵敏度选择性及通频带 贴片中周体积小，可调范围大，频率高。主要用于全球定位系统（GPS），车载液晶显示器和便携式 DVD 等产品中
行输出变压器 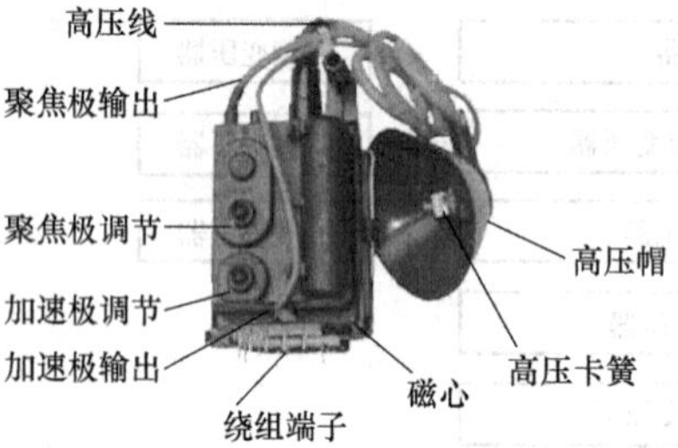 行推动变压器  开关变压器 	脉冲变压器用于各种脉冲电路中，其工作电压、电流等均为非正弦脉冲波。常用的脉冲变压器还有电子点火器的脉冲变压器、臭氧发生器的脉冲变压器等 行输出变压器是电视机行扫描电路的专用变压器，常称为回扫变压器。这种行输出变压器的高压绕组，低压绕组和高压整流二极管均被封装在一起，即称作一体化行输出变压器 彩色电视机和其他一些电子设备中的开关电源常采用开关变压器。开关变压器同一般的工频电源变压器油 3 个明显的不同。第一，工作频率高。工频变压器的工作频率为 50Hz，而开关变压器工作频率在几千赫以上。第二，使用高频磁心。由于开关变压器的工作频率高，所以不使用低频铁心，而采用高频磁心。第三，脉冲式作。工频变压器一次侧输入为 220V、50Hz 交流电，而开关变压器工作在脉冲状态下
固定自耦变压器 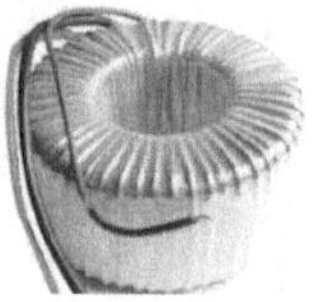 可调自耦变压器 	自耦变压器的绕组为有抽头的一组线圈，其输入端和输出端之间有电的直接联系，不能隔离为两个独立部分；具有波形不失真、结构简单、体积小、质量小、效率高、使用方便和性能可靠等特点
电源隔离变压器  干扰隔离变压器 	主要作用是隔离电源、切断干扰源的耦合通路和传输通道，其一次、二次绕组的匝数比（即电压比）等于 1

（续）

常见变压器的实物图	特　　点
恒压变压器 	恒压变压器是根据铁磁谐振原理制成的一种交流稳压变压器，它具有稳压、抗干扰和自动短路保护等功能。当输入电压在 $-20\% \sim +10\%$ 范围内变化时，其输出电压的变化不超过 $\pm 1\%$。即使恒压变压器输出端出现短路故障时，在 30min 内不会出现任何损坏。恒压变压器在使用时，只要接上整流桥堆和滤波电容，即可构成直流稳压电源，可省去其余的稳压电路
线间变压器 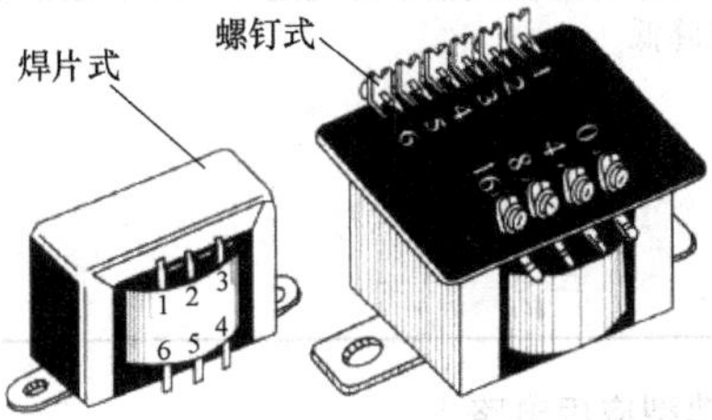	线间变压器主要用于扩音机电路中。它的作用是将扩音机输出的高阻抗（或高电压）变换成低阻抗（或低电压）。以便使扩音机和扬声器的阻抗及耐压相匹配。小功率线间变压器，其输出线端子采用焊片形式，而大功率线间变压器则采用螺钉式
电流互感器 	电流互感器作用是可以把数值较大的一次电流通过一定的电流比转换为数值较小的二次电流，用来进行保护、测量等用途 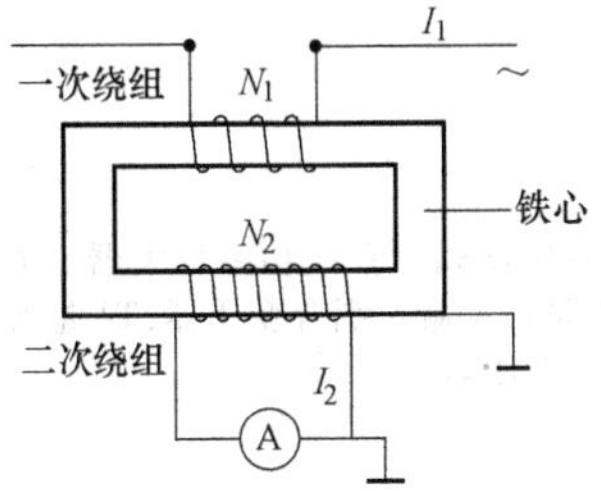

（续）

常见变压器的实物图	特　　点
电压互感器 	实际上是一个降压变压器，常在测量交流高压时与小量程电压表配合使用，在电力系统的应用最为广泛 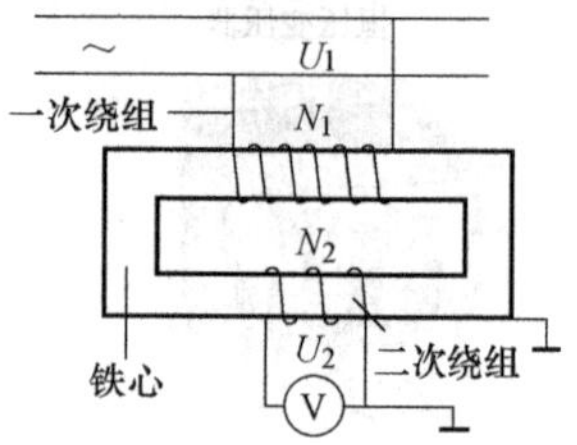
三相电力变压器 	主要用作交流电压变换，即通过变压器将电路电压升高或降低

表 2-7　常见变压器的典型应用电路

电 路 说 明	应 用 电 路
图示电路中的 T1 是电源变压器，它将 220V 交流电压降低到适当程度，供给整流电路	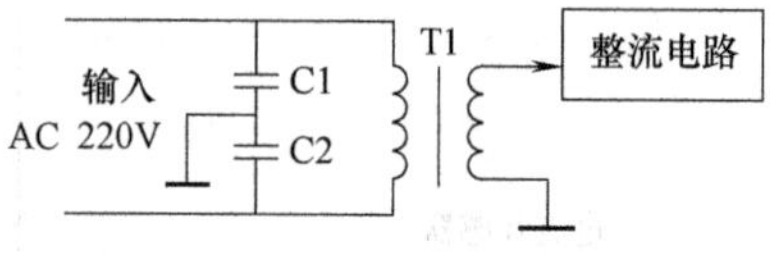
图示为变压器耦合音频功率放大器。电路中的 T1 是音频输入耦合变压器，T2 是音频输出耦合变压器	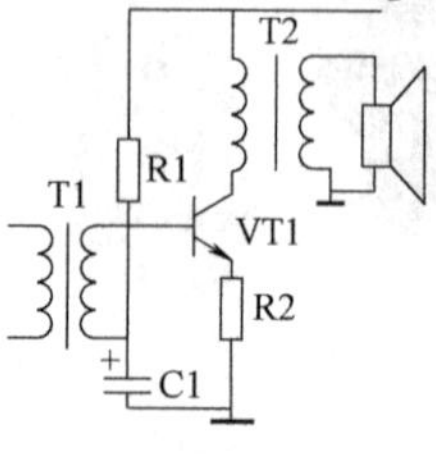

（续）

<table>
<tr><th>电 路 说 明</th><th>应 用 电 路</th></tr>
<tr><td>图示电路中的 T1 是中频变压器，它用于收音机或电视机的中频放大器中，T1 不仅起耦合作用，还能起到调谐作用，T1 的一次绕组与电容 C2 构成一个 LC 并联谐振电路</td><td>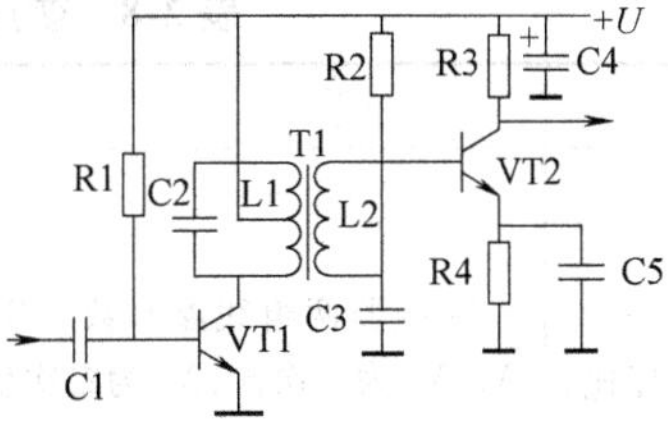
</td></tr>
<tr><td>图示为变压器耦合正弦波振荡器。电路中的 T1 为振荡变压器，它起振荡信号耦合和构成正反馈电路的双重作用</td><td>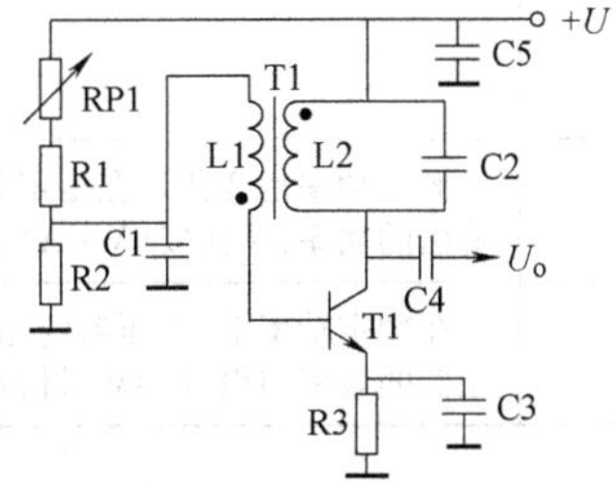
</td></tr>
<tr><td>图示为电视机中的行输出变压器电路。电路中的 T1 为行输出变压器，它是电视机中的一个重要元器件</td><td>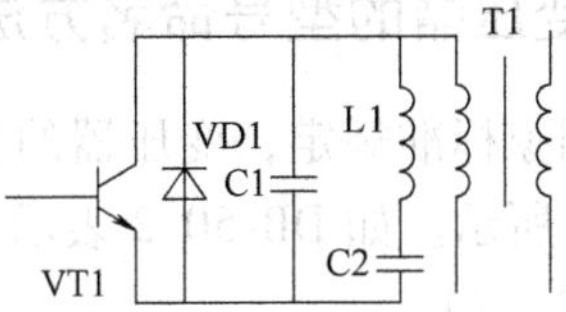
</td></tr>
<tr><td>图示电路中的 T1 是具有降压和隔离作用的电源变压器。电路板上地线，由于变压器的隔离作用，人体接触到这个地时没有触电危险</td><td>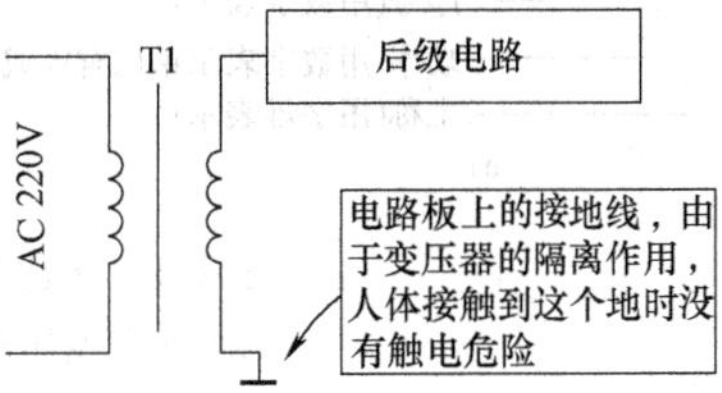
</td></tr>
<tr><td>图示为线间变压器电路，电路中有 3 只线间变压器并联，然后接在输出阻抗为 250Ω 的扩音机上。线间变压器的一次阻抗是 1000Ω，二次阻抗是 8Ω，与 8Ω 扬声器连接，这样扬声器能获得最大功率</td><td>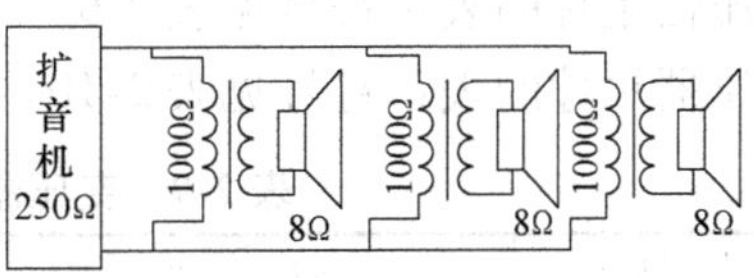
</td></tr>
<tr><td>图示为开关变压器电路。电路中的 T1 为开关变压器，这一变压器由 L1、L2 和 L3 绕组构成。其中 L1 是储能电感，为一次绕组；L2 是二次绕组；L3 是正反馈绕组。VT1 是开关晶体管，VD1 是脉冲整流二极管，C1 是滤波电容，R1 是电源电路的负载电阻</td><td>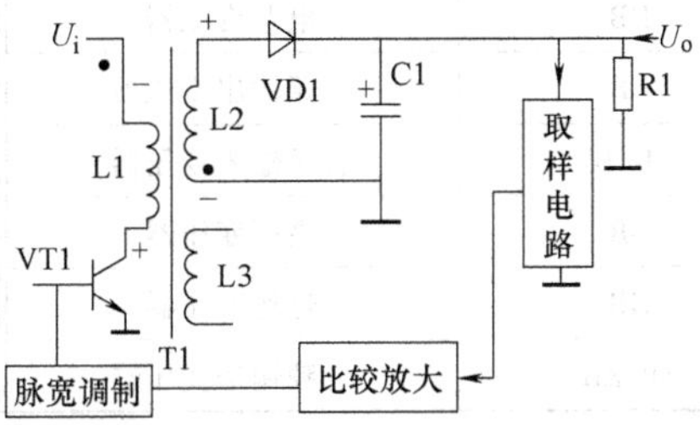
</td></tr>
</table>

三、变压器的主要技术参数（见表 2-8）

表 2-8　变压器的主要技术参数

参数	定义说明
变压器的电压比 n	变压器两组线圈匝数分别为 N_1 和 N_2，N_1 为一次侧，N_2 为二次侧，如图所示。$u_1/u_2=N_1/N_2=n$ 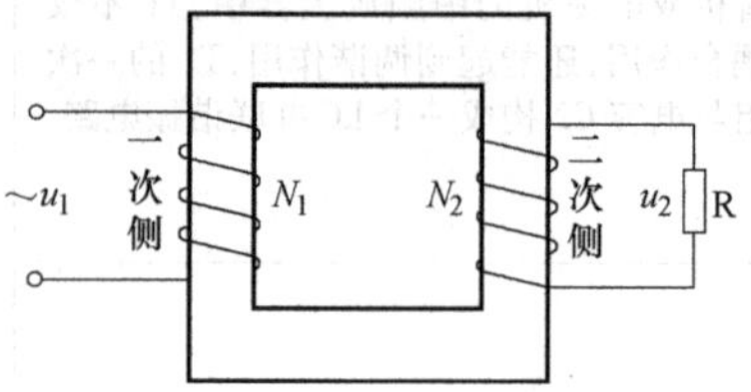
额定功率	额定功率是变压器在指定频率和电压下能长期连续工作，而不超过规定温升时次级输出的功率，用伏安（V·A）表示
效率 η	在额定功率下，变压器的输出功率和输入功率的比值，叫做变压器的效率。一般变压器的效率与设计参数、材料、制造工艺及功率有关

四、变压器的型号命名方法

我国国家标准规定，变压器的型号命名由 3 部分组成。变压器的具体命名规则如图 3-4 所示。如 DB-50-2 表示 50V · A 的电源变压器。

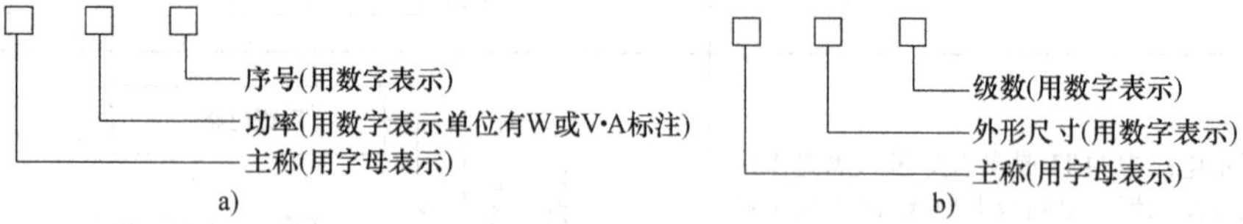

图 2-4　变压器的具体命名规则
a）低频变压器　b）中频变压器

变压器主称的表示符号见表 2-9。

变压器尺寸的表示符号见表 2-10。

表 2-9　变压器主称的表示符号

符　号	意　义	符　号	意　义
DB	电源变压器	T	中频变压器
CB	音频输出变压器	L	线圈或振荡线圈
RB/JB	音频输入变压器	F	调幅收音机用
GB	高压变压器	S	短波段
HB	灯丝变压器	V	图像回路
SB/ZB	音频输送变压器		

表 2-10　变压器尺寸的表示符号

符　　号	意　　义	符　　号	意　　义
1	7mm×7mm×12mm	3	12mm×12mm×16mm
2	10mm×10mm×14mm	4	10mm×25mm×36mm

五、变压器的标注方法

变压器的标注与其他电子元器件（如电阻、电容等）不同。对变压器的标注通常并不关注变压器的具体型号，而是重点看其额定功率、输入电压、输出电压等数值。通常，这些数值都可以在变压器上找到。但由于生产厂商不同或变压器的类型不同，所标注的方法也不尽相同。其标注实例见表 2-11。

表 2-11　变压器的标注实例

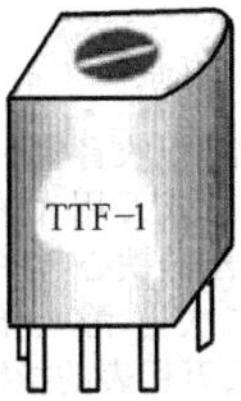

“TTF”表示调幅收音机用中频变压器，“1”表示变压器的尺寸为 7mm×7mm×12mm。由于采用简略标注方式，级数未在中频变压器上标注出来

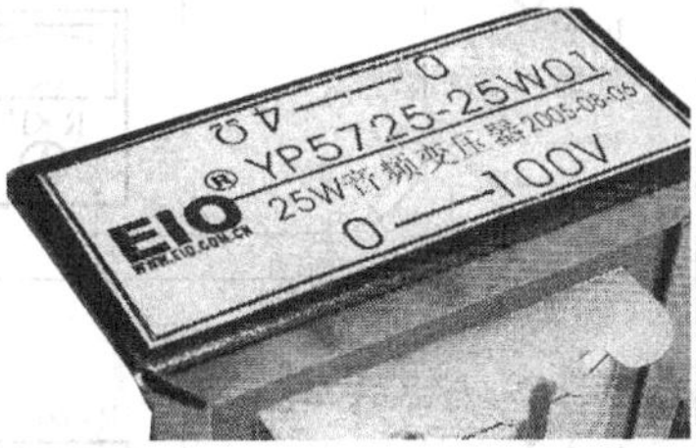

铭牌上标明：额定功率为 25W，输入电压为 100V，输出阻抗为 4Ω

铭牌上标明：额定功率为 60W，输入电压为交流 220V，输出电压为两组 18V（交流）

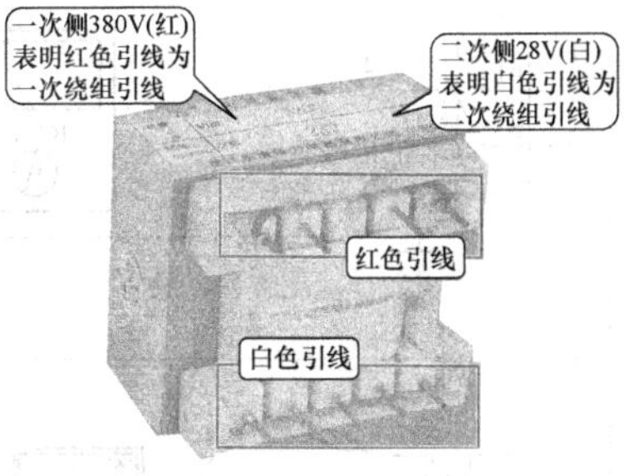

对输出绕组和输入绕组的引线也在铭牌上进行了标注

六、变压器的检测方法（见表 2-12）

表 2-12　变压器的检测方法

项目	图　示	操 作 步 骤
收音机中频变压器检测	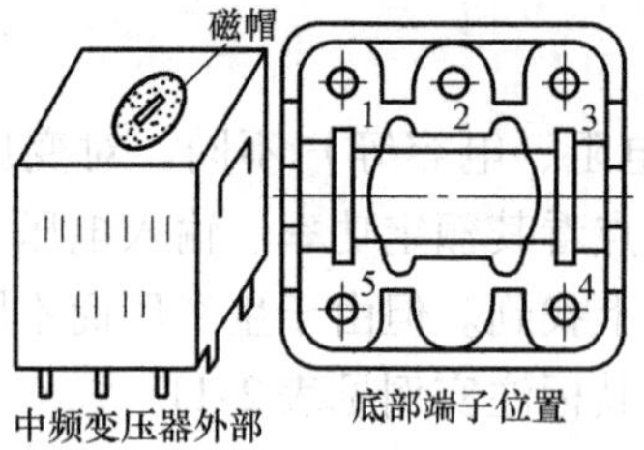	直观检测：观察线圈有无烧坏的痕迹，有无裂缝，可变磁心是否松动或断裂，是否可用无感螺钉旋具进行伸缩调整
	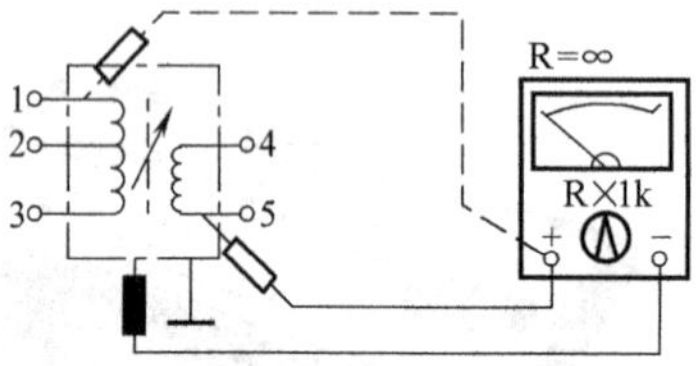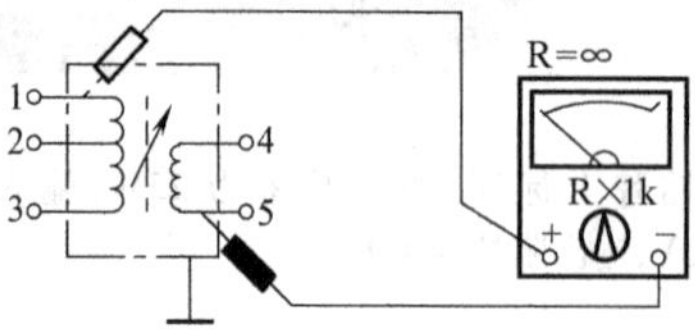	绝缘性能：变压器（以收音机中频变压器为例）绝缘性能检测可用指针式万用表的 R×1k 挡作简易测量。分别测量变压器铁心与一次侧、一次侧与各二次侧、铁心与各二次侧、静电屏蔽层与一次、二次各绕组间的电阻值，万用表的指针应指在无穷大处不动或阻值应大于 100MΩ，否则，说明变压器绝缘性能不良
	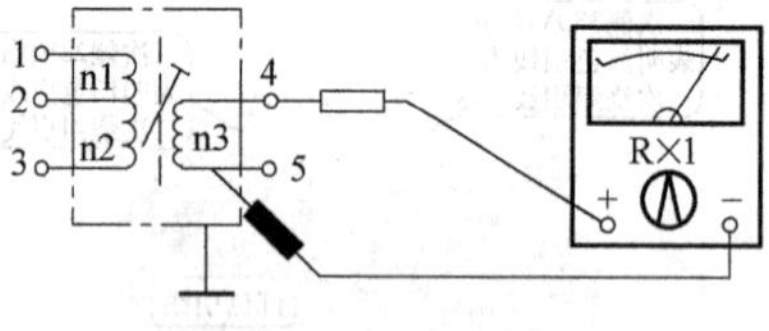	绕组检测：电源变压器绕组的直流电阻很小，用万用表的 R×1Ω 挡检测可判断绕组有无短路或断路情况。一般情况下，电源变压器（降压式）一次绕组的直流电阻多为几十欧至上百欧姆，二次侧直流电阻多为零点几欧至几欧姆 若某个绕组的电阻值为无穷大，则说明该绕组有断路性故障。当变压器短路严重时，短时间通电外壳就会有烫手的感觉
小型电源变压器的检测	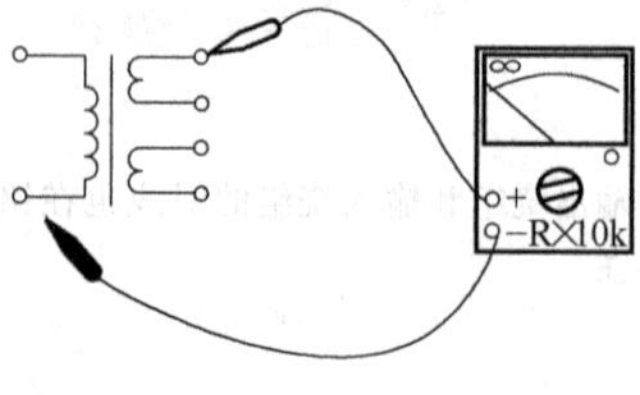	绝缘性能的检测：用万用表 R×10k 挡或用绝缘电阻表分别测量铁心与一次侧、一次侧与各二次侧、铁心与各二次侧、屏蔽层与各级线圈之间的电阻，阻值都应为无穷大，否则不能使用

（续）

<table>
<tr><th>项目</th><th>图 示</th><th>操 作 步 骤</th></tr>
<tr><td rowspan="3">小型电源变压器的检测</td><td>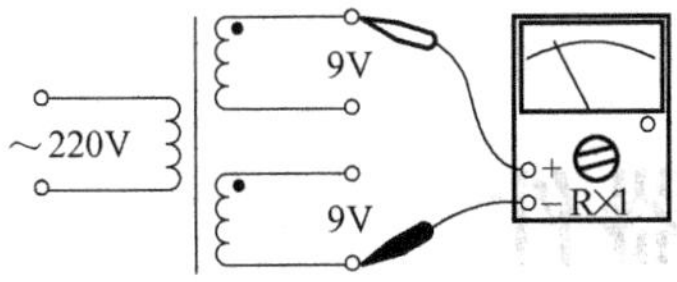
</td><td>检测线圈的通断：用万用表 R×1 挡测量变压器一次侧、二次侧各个绕组线圈的电阻值为一次侧（几十欧到几百欧），二次侧（几欧到几十欧）。若某个线圈电阻阻为无穷大，则说明该线圈短路</td></tr>
<tr><td>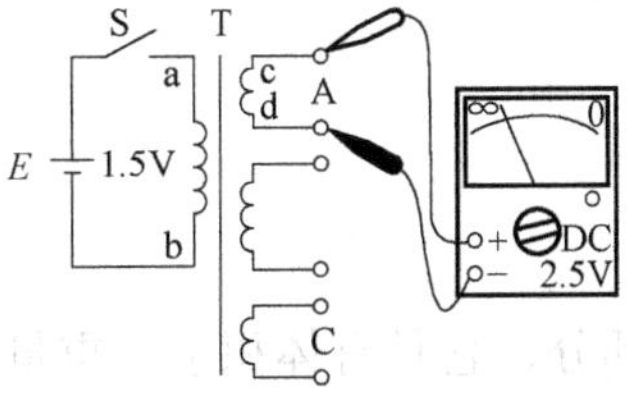
</td><td>各绕组同名端的判断：以测试一次绕组 A 为例，E 为 1 节干电池，电压为 1. 5V，万用表置于 2. 5V 挡。接通 S 的瞬间，表针向右摆动，说明，a、c 为同名端，b、d 为同名端；若表针向左摆动。说明 a、d 为同名端，b、c 为同名端。</td></tr>
<tr><td>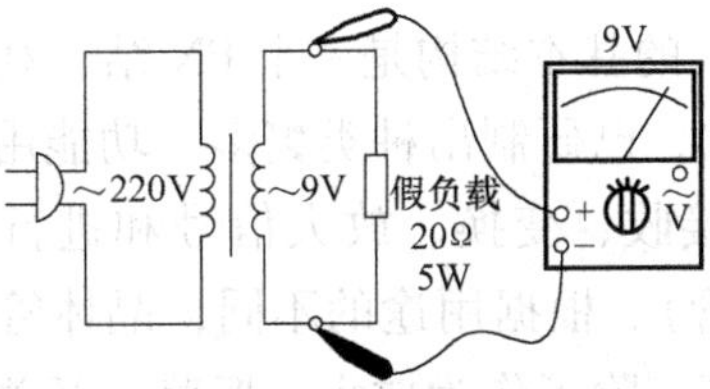
</td><td>按变压器标示的额定功率接上假负载，持续 5min 左右。若测得的电压值为标定值，且变压器不发热，则可判断变压器线圈导线的线径基本合格</td></tr>
<tr><td>用外观观察法检测</td><td colspan="2">电源变压器（降压式）一次侧引脚和二次侧引脚一般都是分别从两侧引出的，并且一次绕组多标有 220V 字样，二次绕组则标出额定电压值，如 12V、15V、24V 等。再根据这些标记进行识别
电源变压器（降压式）一次线圈和二次线圈的线径是不同的。一次线圈是高压侧，线圈匝数多，线径细；二次线圈是低压侧，线圈匝数少，线径粗。因此根据线径的粗细可判别电源变压器的一、二次线圈。具体方法是观察电源变压器的绕组线圈，线径粗的线圈是二次线圈，线径细的线圈是一次线圈
电源变压器有时没有标一、二次侧字样，并且绕组线圈包裹比较严密，无法看到线圈线径粗细，这时就需要通过万用表来判别一、二次线圈。使用万用表测电源变压器线圈的直流电阻可以判别一、二次线圈。一次线圈（高压侧）由于线圈匝数多，直流电阻相对大一些，二次线圈（低压侧）线圈匝数少，直流电阻相对小一些。故而，也可根据其直流电阻值及线径来判断一、二次侧
在严重短路性损坏变压器的情况下，变压器会冒烟，并会放出高温烧绝缘漆、绝缘纸等的气味。因此，只要能闻到绝缘漆烧焦的闻到，就表明变压器正在烧毁或已烧毁
用眼睛或借助放大镜，仔细查看变压器的外观，看其是否引脚断路、接触不良；包装是否损坏，骨架是否良好；铁心是否松动等。往往较为明显的故障，用观察法就可判断出来</td></tr>
</table>

第三章

半导体器件

半导体器件是现代电子技术的重要组成部分，它具有体积小、重量轻、使用寿命长、功率转换效率高等优点，因而得到了广泛应用。

绝大部分二端器件（例如晶体二极管）的基本结构是一个 PN 结。利用不同的半导体材料、采用不同的工艺和几何结构，已研制出种类繁多、功能用途各异的多种晶体二极管，可用来产生、控制、接收、变换、放大信号和进行能量转换。三端器件一般是有源器件（例如晶体管）。根据用途的不同，晶体管可分为功率晶体管、微波晶体管和低噪声晶体管等。除了作为放大、振荡、开关用的一般晶体管外，还有一些特殊用途的晶体管，如光敏晶体管、磁敏晶体管、场效应晶体管等。这些器件既能把一些环境因素的信息转换为电信号，又能通过放大作用得到较大的输出信号。此外，还有一些特殊器件，如单结晶体管可用于产生锯齿波，晶闸管可用于各种大电流的控制电路，电荷耦合器件可用作摄像器件或信息存储器件等。在通信和雷达等军事装备中，主要靠高灵敏度、低噪声的半导体接收器件接收微弱信号。随着微波通信技术的迅速发展，微波半导件低噪声器件发展很快，工作频率不断提高，而噪声系数不断下降。微波半导体器件由于性能优异、体积小、重量轻和功耗低等特性，在防空反导、电子战等系统中已得到广泛的应用。

本章将对常见二极管、晶体管、场效应晶体管、晶闸管等半导体器件的种类、应用及判别分别作一些介绍。

第一节　二　极　管

一、二极管概述

半导体二极管简称二极管。单向导电性是二极管的基本特性。当加上正向电压时二极管导通，阻值很小，接近短路；当加上反向电压时二极管截止，阻值很大，接近开路。二极管是电子设备中经常使用的一种半导体器件，常用于检波、整流、开关、隔离、保护、限幅、稳压、变容、发光和调制电路中。

二极管的种类和电路图形符号如图 3-1 所示。

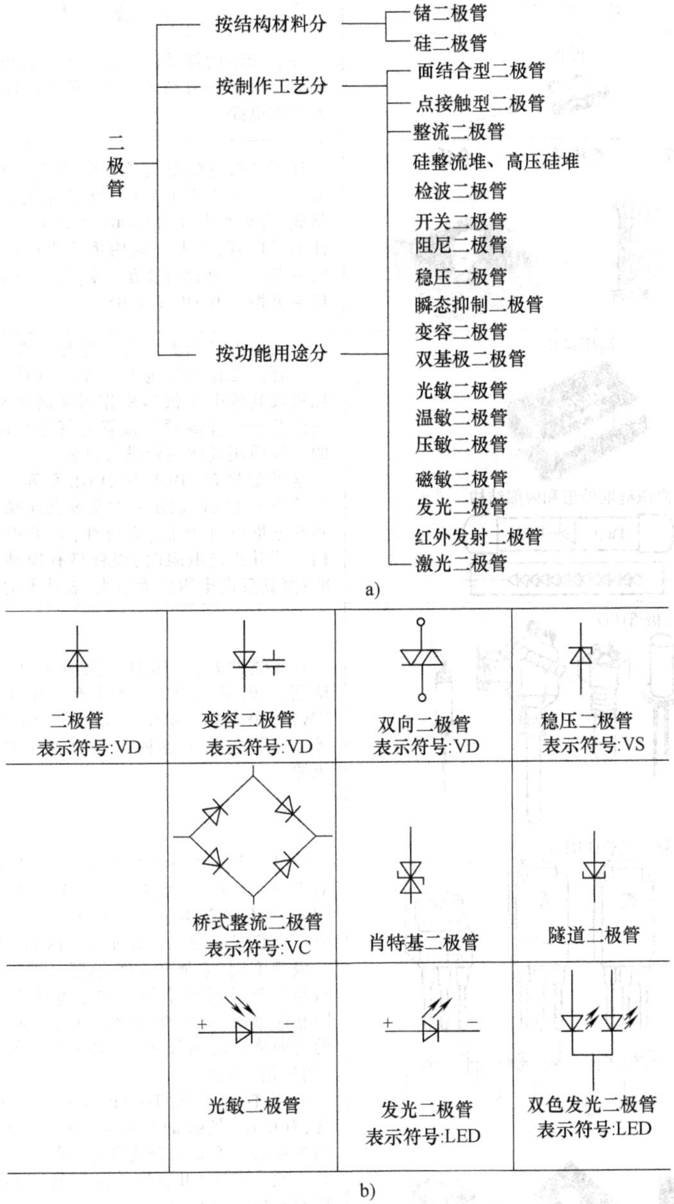

图 3-1　二极管的种类和电路图形符号

a）种类　b）符号

二、常见二极管的实物图、特点及应用

常见二极管的实物图、特点见表 3-1。二极管的典型应用电路见表 3-2。

表 3-1 常见二极管的实物图、特点及应用

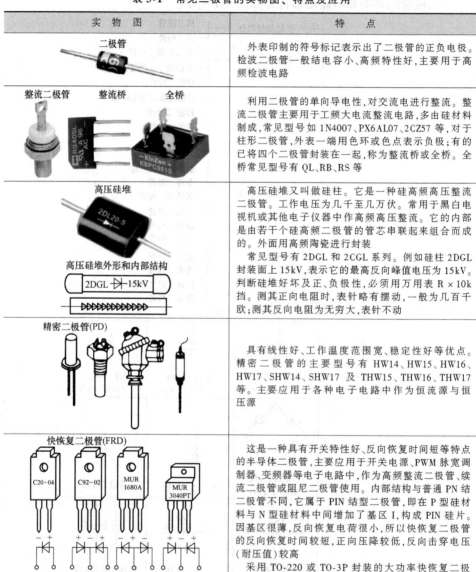

实 物 图	特 点
二极管 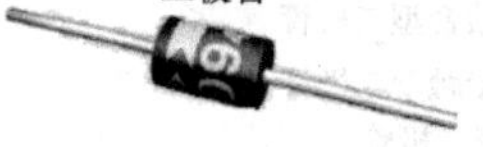	外表印制的符号标记表示出了二极管的正负电极。检波二极管一般结电容小、高频特性好，主要用于高频检波电路
整流二极管 整流桥 全桥 	利用二极管的单向导电性，对交流电进行整流。整流二极管主要用于工频大电流整流电路，多由硅材料制成，常见型号如 1N4007、PX6AL07、2CZ57 等，对于柱形二极管，外表一端用色环或色点表示负极；有的已将四个二极管封装在一起，称为整流桥或全桥。全桥常见型号有 QL、RB、RS 等
高压硅堆  高压硅堆外形和内部结构 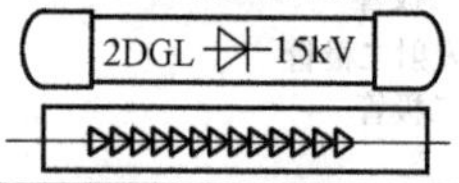	高压硅堆又叫做硅柱。它是一种硅高频高压整流二极管。工作电压为几千至几万伏。常用于黑白电视机或其他电子仪器中作高频高压整流。它的内部是由若干个硅高频二极管的管芯串联起来组合而成的。外面用高频陶瓷进行封装 常见型号有 2DGL 和 2CGL 系列。例如硅柱 2DGL 封装面上 15kV，表示它的最高反向峰值电压为 15kV。判断硅堆好坏及正、负极性，必须用万用表 R×10k 挡。测其正向电阻时，表针略有摆动，一般为几百千欧；测其反向电阻为无穷大，表针不动
精密二极管(PD) 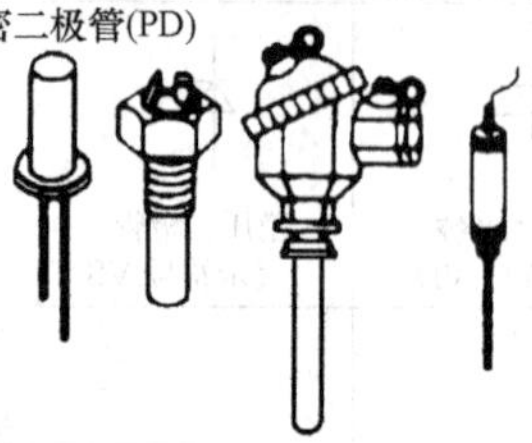	具有线性好、工作温度范围宽、稳定性好等优点。精密二极管的主要型号有 HW14、HW15、HW16、HW17、SHW14、SHW17 及 THW15、THW16、THW17 等。主要应用于各种电子电路中作为恒流源与恒压源
快恢复二极管(FRD) 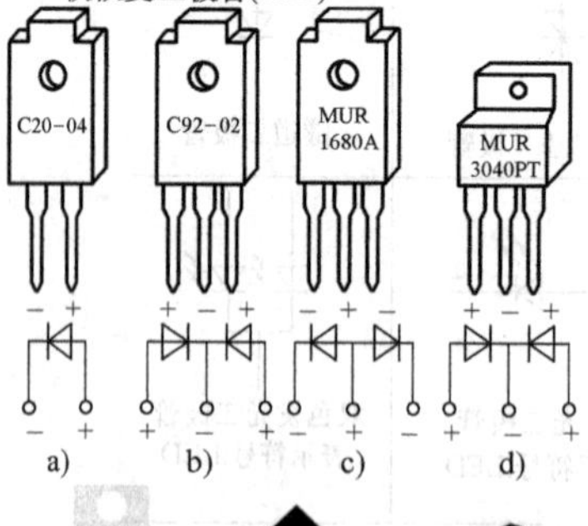  TO-220AE	这是一种具有开关特性好、反向恢复时间短等特点的半导体二极管，主要应用于开关电源、PWM 脉宽调制器、变频器等电子电路中，作为高频整流二极管、续流二极管或阻尼二极管使用。内部结构与普通 PN 结二极管不同，它属于 PIN 结型二极管，即在 P 型硅材料与 N 型硅材料中间增加了基区 I，构成 PIN 硅片。因基区很薄，反向恢复电荷很小，所以快恢复二极管的反向恢复时间较短，正向压降较低，反向击穿电压(耐压值)较高 采用 TO-220 或 TO-3P 封装的大功率快恢复二极管，有单管(见图 a)和双管(见图 b、c、d)之分。双管的管脚引出方式又分为共阳(见图 c)和共阴(见图 b、d)。更大容量(几百安至几千安)的管子则采用螺栓型或平板型封装形式 常用的快恢复二极管由 FR、PFR、RC、MUR、CTL 等系列

（续）

实 物 图	特 点
硅高速开关二极管 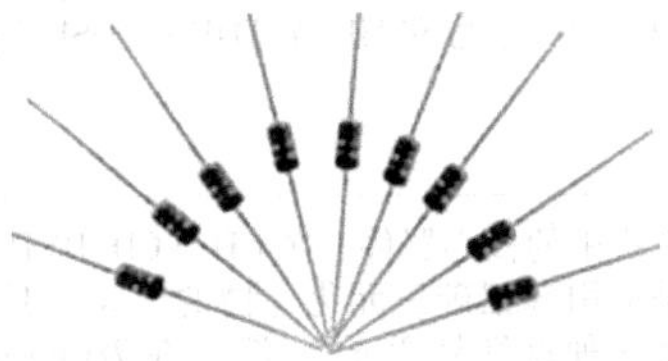	硅高速开关二极管的反向恢复时间极短，开关速度极高。利用开关特性可构成二极管开关电路，如限幅、箝位及二极管门电路。被广泛用于电子计算机、电视机中的开关电路，还被用到控制电路高频电路中 硅高速开关二极管的典型产品有1N4148、1N4448、ISS103、ISS85、MA165、MA167、K130、2CTK 等。1N4148、1N4448 可代替国产2CK43、2CK44、2CK70～2CK73、2CK75、2CK77、2CK83 等型号的开关二极管。但1N4148、1N4448 型硅高速开关二极管仅适用于高频小电流工作条件，不能用到高频大电流的电路（例如开关电源）中
肖特基二极管(SBD) 	它是以其发明人肖特基博士（Schottky）命名的，是利用金属与半导体接触形成的金属－半导体结原理制作的 这是低功耗、大电流、超高速半导体器件。其反向恢复时间极短（可以小到几纳秒），正向导通压降仅0.4V 左右，而整流电流却可达到几千毫安。适合于在低压、大电流输出场合用作高频整流，在非常高的频率下（如 X 波段、C 波段、S 波段和 Ku 波段）用于检波和混频，在高速逻辑电路中用作箝位等 有单管式和对管式两种封装形式。肖特基对管又有共阴（两管的负极相连）、共阳（两管的正极相连）和串联（一只二极管的正极接另一只二极管的负极）三种管脚引出方式
瞬态电压抑制二极管(TVS)  稳压二极管 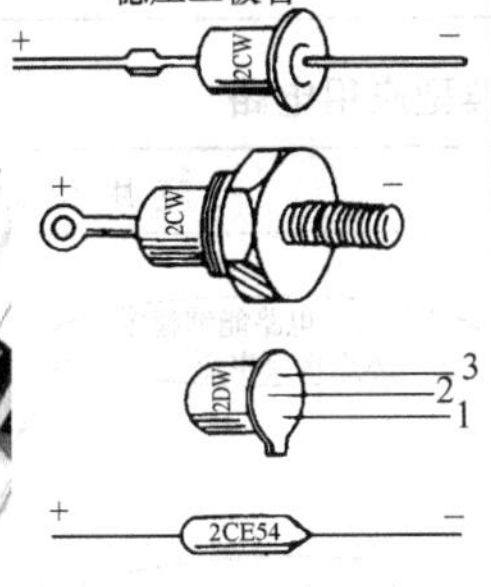	瞬态电压抑制二极管，是一种安全保护器件。这种器件应用在电路系统，例如电话交换机、仪器电源电路中，对电路中瞬间出现的浪涌电压脉冲起到分流、箝位作用，可以有效地降低由于雷电、电路中开关通断时感性元件产生的高压脉冲，避免高压脉冲损坏仪器设备，保障人和财产的安全 稳压二极管也称为齐纳二极管，是一种用于稳压、工作于反向击穿状态的特殊二极管。稳压二极管是以特殊工艺制造的面接触型二极管，它是利用 PN 结反向击穿后，在一定反向电流范围内，反向电压几乎不变的特点进行稳压的。常见型号有2CW、2DW、1N46、1N47、1N52、1N59 系列等
变容二极管  光敏二极管 	变容二极管在电路中能起到可变电容的作用，其结电容随反向电压的增加而减小。变容二极管主要用于高频电路中，如变容二极管调频电路利用 PN 结加不同反向电压时，其结电容改变的特性，可用于收音机、电视机电子调谐回路中作可变电容。常见型号有2AC、2CC、2DC、HVC376B、BB156、AM109、MV2105、ISV149、KV1236 等 光敏二极管可用于光的测量。当制成大面积的光敏二极管时，可作为一种能源，称为光电池。光敏二极管的反向电阻随光的强弱而变化，光越强其阻值越小。在实际应用中，主要是通过接受光源（可见光或红外线）实现光控。常见型号有2CU 型、2DU 型、HPD 型。进口的有夏普 SPD 型、SBC 型、BS 型、PD 型等

（续）

实 物 图	特 点
红外发射接受管 	红外接收二极管又称为红外光敏二极管，是一种特殊的光敏 PIN 结二极管，被广泛应用于家用电器的遥控接收器中。常见型号有 HP 型、TDE 型、OSD 型、J16 型等
激光管 	它是激光头中的核心器件。在 CD、VCD、DVD 中使用的大多是采用镓铝砷三元化合物的半导体激光二极管。它是一种近红外激光管，波长在 780nm（CD/VCD）或 650nm（DVD）左右，这种激光二极管具有体积小、重量轻、轻耗低、驱动电路简单、调制方便、耐机械冲击、抗振动等优点。但对过电压、过电流、静电干扰极为敏感，在使用中不加注意、容易使谐振腔局部受损而受损坏 应用较为广泛的由索尼光头（普通激光二极管）和飞利浦激光头（全息照相复合激光二极管）
双向触发二极管  单结晶体管(UJT) 	双向触发二极管是具有对称性的两端半导体器件，常用来触发双向晶闸管。常见型号有 2CSA、2CSB、2CTS、DB3、DB4 等 双基极二极管又称为单结晶体管，它有一个 PN 结和三个电极（两个基极和一个发射极），双基极二极管具有一种重要的电气性能——负阻特性，可以利用它组成弛张振荡器、自激多谐振荡器、阶梯波发生器以及定时电路等多种脉冲单元电路

表 3-2　二极管的典型应用电路

电 路 说 明	应 用 电 路
图示为由 3 只普通二极管构成的简易直流稳压电路。电路中的 VD1、VD2 和 VD3 是普通二极管，它们串联起来后构成一个简易直流电压稳压电路	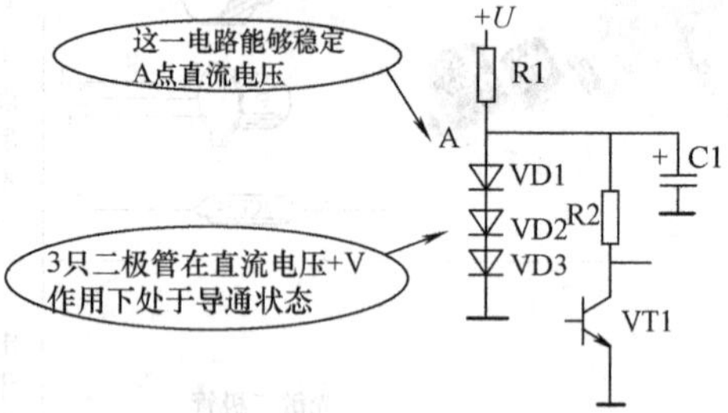
普通二极管主要用于检波、整流，如 2AP9、2AP10、2CP21、1N60 等	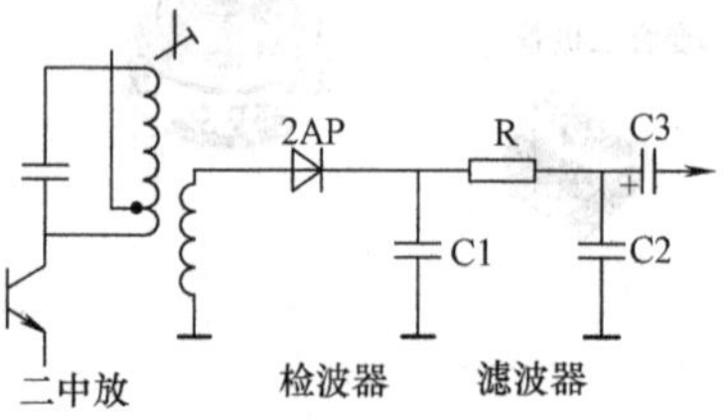

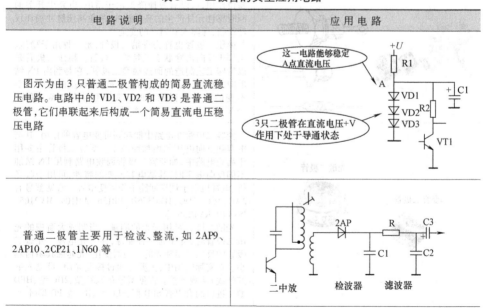

（续）

电路说明	应用电路
图示为二极管限幅电路。在电路中，A1 是集成电路（一种常用元器件），VT1 和 VT2 是晶体管（一种常用元器件），R1 和 R2 是电阻器，VD1 ~ VD6 是二极管	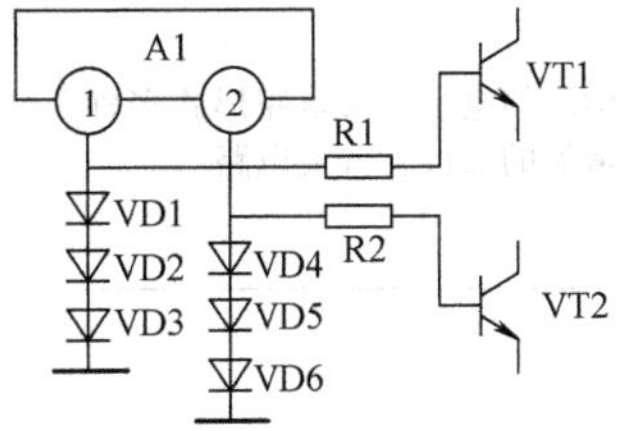
所谓整流，就是利用二极管的单向导电性将交流变成直流。图 a 所示电路为单相半波整流电路，图中 U_i 为输入正弦交流电压，输出电压 U_o 的波形如图 b 所示。由图 a 可知，输入正弦波电压 U_i 的一个周期内，输出电压 U_o 只有半个周期，故称为半波整流电路。图 c 所示是二极管桥式全波整流电路	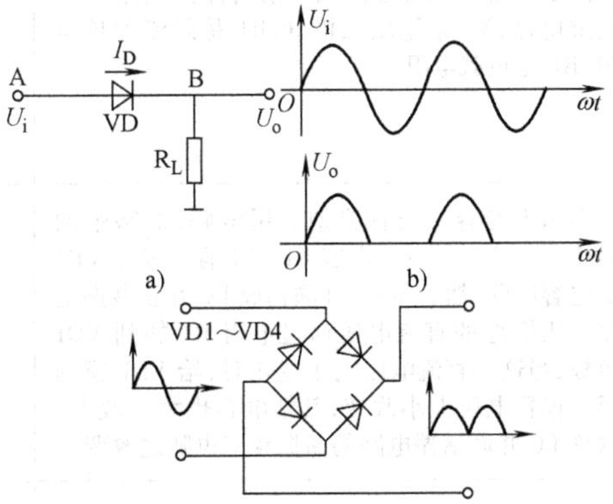a)　b)　c)
图是单极性和双极性瞬态抑制二极管的应用电路。VD1 对电源变压器的输入端部分起保护作用，当输入端有高压浪涌脉冲引入时，不论脉冲方向如何，它能快速进入击穿导通，对输入电压进行箝位。VD2 提供了对变压器输出端之后电路的保护，VD3 直接对负载进行保护，它利用了一个单极性的瞬态电压抑制二极管	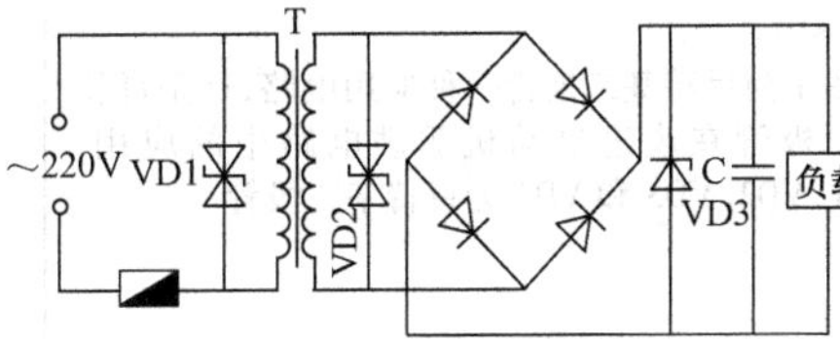
图 a 为双向触发二极管的结构示意图，图 b 为触发双向晶闸管电路	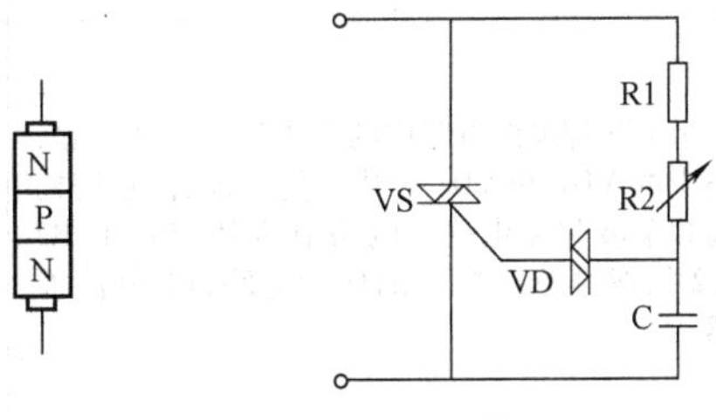a)　b)
图示为利用二极管温度特性构成的温度补偿电路	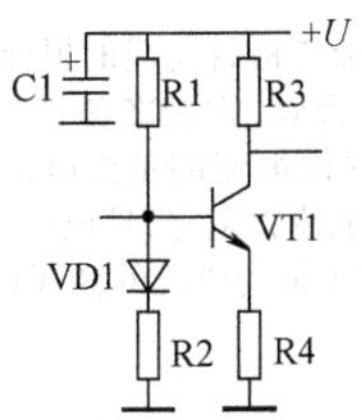

（续）

电路说明	应用电路
二极管构成的电子开关电路形式多种多样，图示为一种常见的二极管开关电路	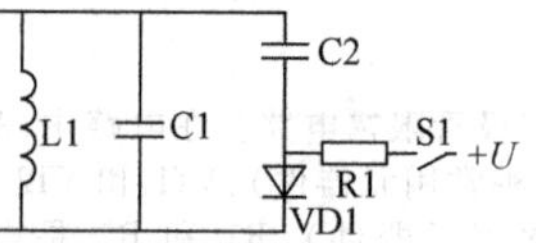
图示为稳压二极管构成的浪涌保护电路。K1是继电器，VS是稳压二极管，R1是限流保护电阻，RL是负载电阻	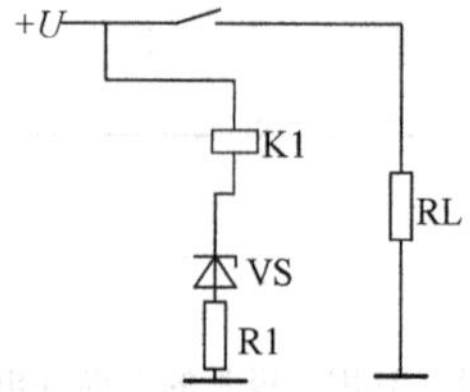
图示为变容二极管典型应用电路，电路中的VD1是变容二极管。电容C1与变容二极管VD1结电容串联，然后与L1并联构成LC并联谐振电路。正极性的直流电压通过电阻R1加到VD1负极，当这一直流电压大小变化时，给VD1家的反向偏置电压大小改变，其结电容也大小改变，这样LC并联谐振电路的谐振频率也随之改变	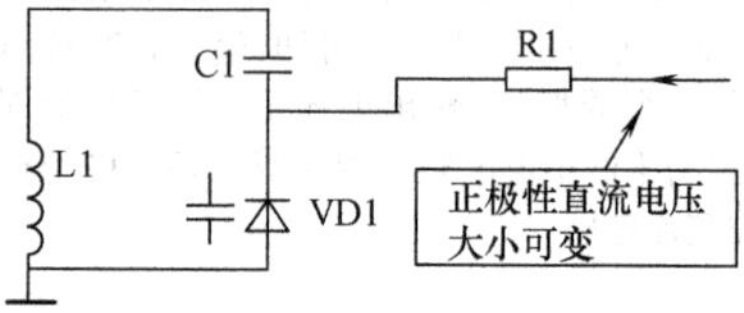
图示为肖特基二极管一种应用电路，这是肖特基二极管在步进电动机驱动电路中的应用，VD1、VD2、VD3和VD4为肖特基二极管	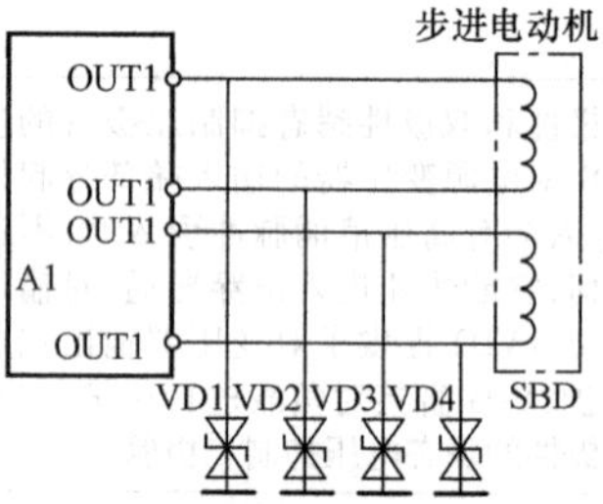
图示为弧焊电源电路中的变压整流滤波电路，电路中的VD1和VD2是快恢复二极管，它们构成高频全波整流电路。电路中的R1和C1、R2和C2构成两只二极管的保护电路，L1是滤波电感	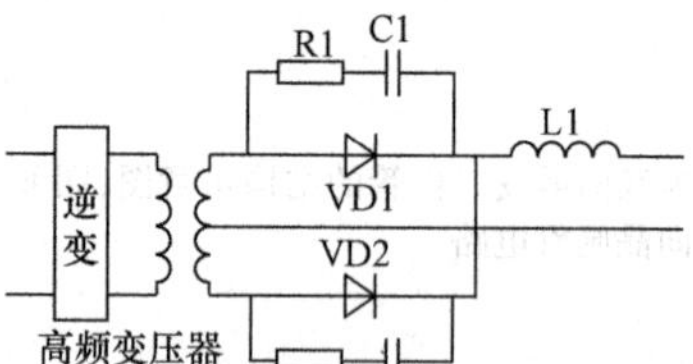
图示为运用恒流二极管构成的恒流电路，电路中VD1是恒流二极管，它接在晶体管VT1基极回路中，为VT1提供恒流的基极电流，这样VT1集电极和发射极电流就恒定，且恒定电流大小等于恒流二极管VD1恒定电流的β（VT1电流放大倍数）倍	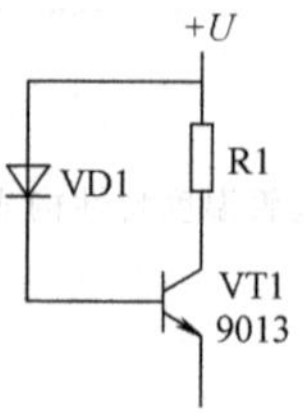

（续）

<table>
<tr><th>电路说明</th><th>应用电路</th></tr>
<tr><td>图示为几种瞬态电压抑制二极管实用电路，电路中的 VD1 为瞬态电压抑制二极管，它们都在电路中起着瞬态电压保护的作用</td><td>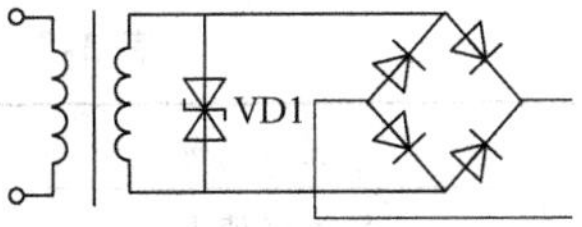
</td></tr>
<tr><td>图示为实用电路中的变阻二极管电路，VD1 是变阻二极管，调节可变电阻器 RP1 阻值可变 VD1 内阻大小</td><td>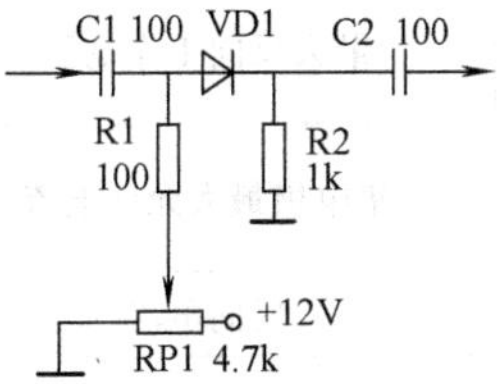
</td></tr>
<tr><td>图 a 为简单稳压二极管（又称为单向击穿二极管）稳压电路。图 b 为电视机里的过电压保护电路：若电视机主供电压 +115V 过高时，VS 导通，晶体管 VT 导通，其集电极电位将由原来的高电平（5V）变为低电平，通过待机控制线的控制使电视机进入待机保护状态</td><td>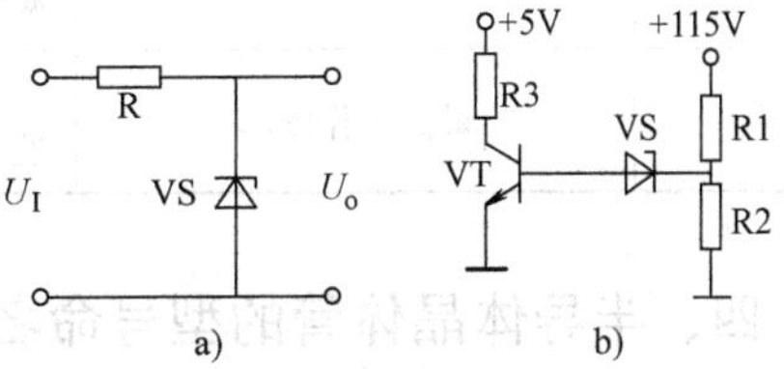

a)　　b)</td></tr>
<tr><td>光敏二极管可用于光的测量。图示为利用光敏二极管构成的简单的光电控制电路</td><td>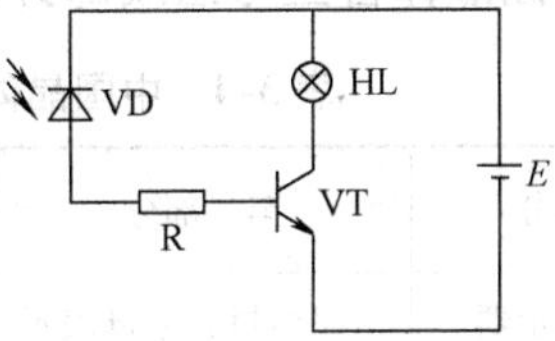
</td></tr>
<tr><td>如图 a 所示，当开关 S 扳向 A 时，二极管导通，相当于开关的接通状态；当开关 S 扳向 B 时，二极管截止，相当于开关的断开状态，这就是二极管的开关特性。如图 b 所示，只要有一条电路输入为低电平时，输出即为低电平，仅当全部输入为高电平时，输出才为高电平。实现逻辑“与”运算
高速开关二极管的反向恢复时间极短，开关速度极高。利用开关特性可构成二极管开关电路，如限幅、箝位及二极管门电路，硅高速开关二极管的典型产品有 1N4148、1N4448 等</td><td>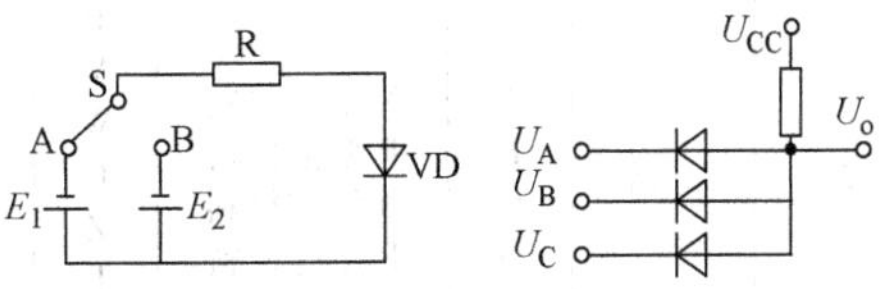

a)　　b)</td></tr>
<tr><td>变流技术是一种电力变换的技术。通常所说的“变流”是指“交流点变直流电，直流电变交流电”
图示为三相半波不可控整流电路，任何时刻只有瞬间阳极电压最高的一相管导通，按电源的相序，每管轮流导通 120°</td><td>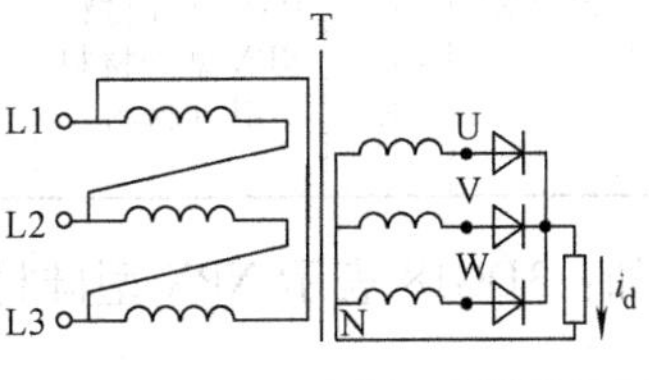
</td></tr>
</table>

三、二极管的主要技术参数（见表3-3）

表3-3　二极管的主要技术参数

参数	名　称	定义说明
I_{FM}	最大峰值电流	指二极管长期运行时允许通过的最大正向直流电流
U_{RM}	最大反向工作电压	指二极管在使用时所允许偏置的最大反向电压，通常取二极管反向击穿电压的1/2作为二极管最高反向电压
I_{CM}	集电极最大允许电流	当集电极电流过大时，β下降，通常取β下降到β2/3所对应的集电极电流
I_R	反向电流	指在室温下，二极管未击穿时的反向电流值
U_F	正向压降	指通过最大整流电流（或某一规定直流电流）时二极管两端正向电压（平均值）
f_M	最高工作频率	二极管的工作频率若超过一定值，就可能失去单向导电性，这一频率称为最高工作频率

四、半导体晶体管的型号命名方法

1. 中国晶体管型号组成部分的符号及其意义（见表3-4）

表3-4　中国晶体管型号组成部分的符号及其意义

第一部分		第二部分		第三部分				第四部分	第五部分
用数字表示器件的电极数目		用汉语拼音字母表示器件的材料和类别		用汉语拼音字母表示器件的类型					
符号	意义	符号	意义	符号	意义	符号	意义		
2	二极管	A B C D	N型锗材料 P型锗材料 N型硅材料 P型硅材料	P V W C Z L X	普通管 微波管 稳压管 参量管 整流管 整流堆 低频小功率管 $f<3MHz, P_c<1W$	S N U K T Y B J	隧道管 阻尼管 光电器件 开关管 晶闸管 体效应管 雪崩管 阶跃恢复管	用数字表示序号	用汉语拼音字母表示规格号
3	晶体管	A B C D E	PNP型锗材料 NPN型锗材料 PNP型硅材料 NPN型硅材料 其他材料	G D A	高频小功率管 $f>3MHz, P_c<1W$ 低频大功率管 $f<3MHz, P_c>1W$ 高频大功率管 $f>3MHz, P_c>1W$	CS BT FH PIN JG	场效应管 特殊器件 复合管 PIN型管 激光器件		

例如：3DG18表示NPN型硅材料高频晶体管，2AP9表示N型锗材料普通二极管。

2. 日本晶体管型号组成部分的符号及其意义（见表3-5）

表3-5　日本晶体管型号组成部分的符号及其意义

第一部分		第二部分		第三部分		第四部分		第五部分	
用数字表示器件的有效电极数目和类型		注册标志		用字母表示器件的使用材料、极性和类型		表示器件在日本电子工业协会的登记号		表示同一型号的改进型产品	
符号	意义	符号	意义	符号	意义	符号	意义	符号	意义
0	光敏二极管或晶体管及组合管	S	表示已在日本电子工业协会JEIA注册登记的半导体分立器件	A	PNP型高频管	多位数字	两位以上的整数从“11”开始，表示在日本电子工业协会JEIA登记的顺序号；不同公司性能相同的器件可以使用同一顺序号；数字越大，越是近期产品	A	表示这一器件是原型号产品的改进产品
1	二极管			B	PNP型低频管			B	
2	晶体管或具有两个PN结的其他器件			C	NPN型高频管			C	
3	具有四个有效电极或具有三个PN结的其他器件			D	NPN型低频管			D	
n－1	具有n个PN结的器件			F	P控制极晶闸管			E	
				G	N控制极晶闸管			F	
				H	N基极单结晶体管				
				J	P沟道场效应晶体管				
				K	沟道场效应晶体管				
				M	双向晶闸管				

例如：2SA733表示PNP型高频晶体管，其中S—JEIA，733—JEIA登记序号注册产品；

2SC4706表示NPN型高频晶体管。

3. 国际电子联合会晶体管型号组成部分的符号及其意义

德国、法国、意大利、荷兰、比利时、匈牙利、罗马尼亚、波兰等国家大都采用国际电子联合会半导体分立器件型号命名方法。这种命名方法由四个部分组成，各组成部分的符号及其意义见表3-6。

表3-6　国际电子联合会晶体管型号组成部分的符号及其意义

第一部分		第二部分				第三部分		第四部分	
用字母表示器件的使用材料		用字母表示器件的类型及主要特征				用数字或字母加数字表示登记号		用字母对同一类型号器件分档	
符号	意义	符号	意义	符号	意义	符号	意义	符号	意义
A	锗材料	A	检波开关混频二极管	M	封闭磁路中的霍尔器件	三位数字	代表通用半导体器件的登记序号	A	表示同一类型号的器件按某一参数进行分档的标志
B	硅材料	B	变容二极管	P	光敏器件			B	
C	砷化镓	C	低频小功率晶体管	Q	发光器件			C	
D	锑化铟	D	低频大功率晶体管	R	小功率晶闸管			D	
E	复合材料及光电池使用的材料	E	隧道二极管	S	小功率开关管	一个字母加二位数字	表示专用半导体器件的登记序号	E	
		F	高频小功率晶体管	T	大功率晶闸管			等	
		G	复合器件及其他器件	U	大功率开关管				
		H	磁敏二极管	X	倍增二极管				
		K	开放磁路中的霍尔器件	Y	整流二极管				
		L	高频大功率晶体管	Z	稳压二极管				

例如：BDX51 表示硅低频大功率晶体管，AF239S 表示 PNP 锗高频小功率晶体管，BU208 表示硅材料大功率开关晶体管，BD132 表示硅材料低频大功率晶体管。

4. 美国晶体管型号组成部分的符号及其意义

美国晶体管或其他半导体器件的命名法较混乱。美国电子工业协会半导体分立器件型号组成部分的符号及其意义见表 3-7。

表 3-7　美国晶体管型号组成部分的符号及其意义

第一部分		第二部分		第三部分		第四部分	第五部分
用符号表示器件的用途类型		用数字表示 PN 结数目		美国电子工业协会(EIA)注册标志		美国电子工业协会登记顺序号	用字母表示器件分档
符号	意义	符号	意义	符号	意义		
JAN 无	军用 非军用	1 2 3 n	二极管 晶体管 3 个 PN 结器件 n 个 PN 结器件	N	该器件已在美国电子工业协会(EIA)注册登记	用多位数字表示该器件在美国电子工业协会(EIA)的登记号	用字母 A、B、C、D 等表示同一型号器件的不同档次

例如：JAN2N3251A（PNP 硅高频小功率开关晶体管）表示 JAN—军用、2—晶体管、N—EIA 注册标志、3251—EIA 登记顺序号、A—2N3251A 档；2N 2907 表示 2—晶体管，2907—ElA 登记号，A—规格号。

说明：俄罗斯（前苏联）生产的晶体管型号用两个俄文字母或一个数字，一个俄文字母开头。常用的硅晶体管型号开头为“k т”或“2т”，而常用锗晶体管用“г т”或“1 т”开头。型号中的数字在一定范围内有其特定含义，例如，晶体管的序列号若在 101 ~ 199 之间。它就是小功率低频管。其他器件序号的具体意义可查阅相关手册。

五、半导体二极管的标注方法（见表 3-8）

表 3-8　半导体二极管的标注方法

名称	图　示
普通二极管的标注与识别	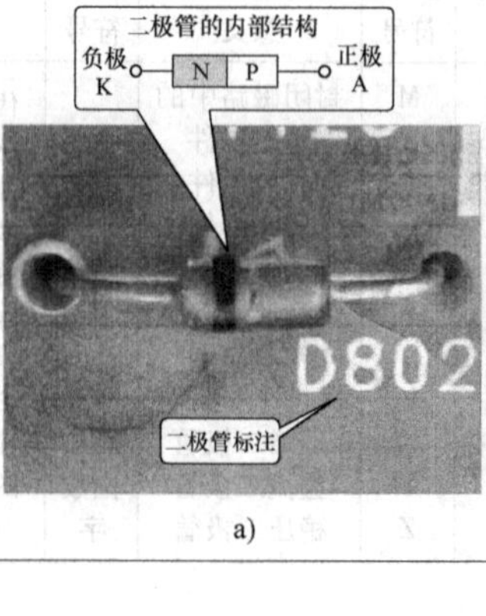 a) 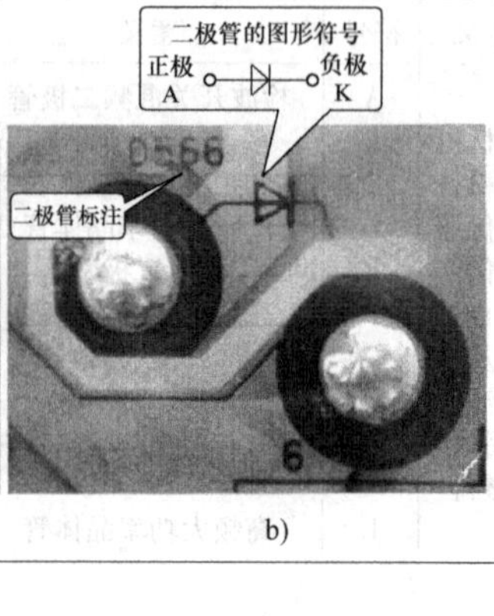 b)

（续）

名称	图　示
普通二极管的标注与识别	普通二极管在电路中常用字母“D”或“VD”以及数字序号进行标注。可以看到，D802 和 D566 即为二极管。由于二极管有极性的区分，对于小功率二极管来说，在二极管的表面靠近左端的引脚处有一个色环标注，这表明该端引脚为二极管的 K 极（负极），另一端即为二极管的正极，如图 a 所示 在电路板上有时也可以通过二极管的图形符号来判别二极管及其引脚极性，如图 b 所示，可以通过“D566”来判别这是一个二极管，而通过“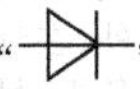”符号标注便可以清楚地知道该二极管的引脚极性
稳压二极管的标注与识别	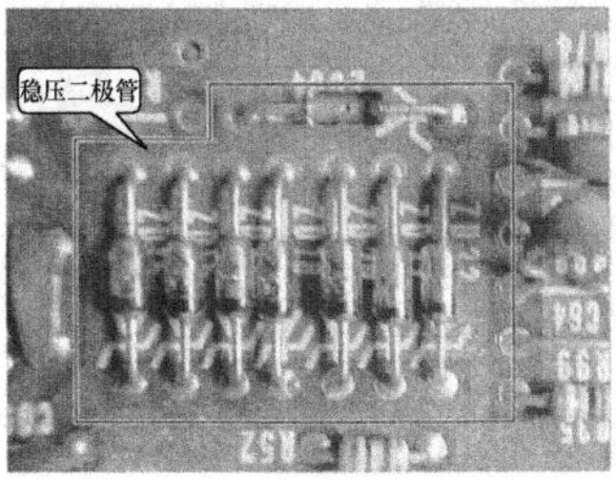 a)  b) 稳压二极管在电路中常用字母“ZD（或 VS）”和数字序号进行标注。图 a 所示为实际电路中的稳压二极管。由图 b 可以看到，稳压二极管的极性也是通过其封装外壳上的色环标注来识别的，即带有色环标注可以清楚地知道稳压二极管两端的极性 从外形上看，金属封装稳压二极管管体的正极一端为平面形，负极一端为半圆面形。塑封稳压二极管管体上印制有彩色标记的一端为负极，另一端为正极
整流二极管的标注与识别	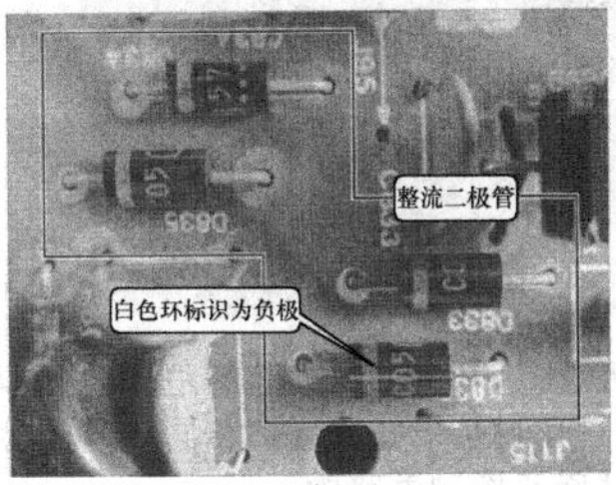 a)  b) 整流二极管与普通二极管的图形符号和标注方法基本一致。在整流电路中，整流二极管的应用非常普遍，其中以塑料外壳封装的形式最为常见。图 a 为实际电路中的整流二极管。可以看到，在黑色的外壳上有白色环标志的一端即为整流二极管的 K 极（负极），另一端为整流二极管的 A 极（正极），图 b 为螺栓型整流二极管，对于螺栓型的，螺栓的一端是正极
发光二极管的标注与识别	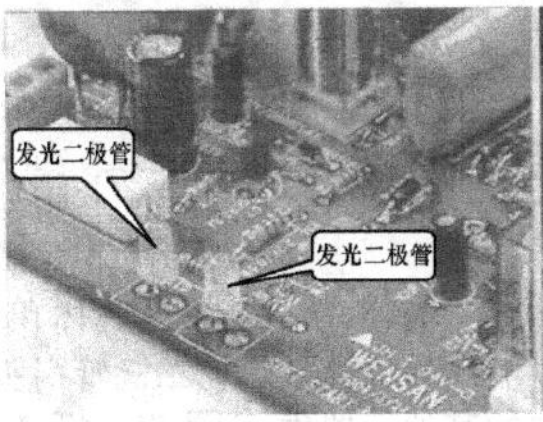 a) 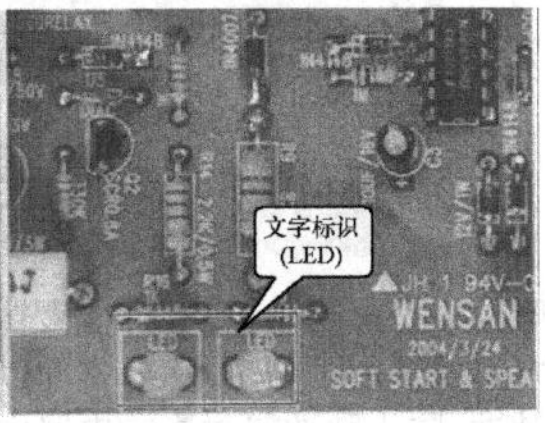 b) 

（续）

<table>
<tr><th>名称</th><th>图　示</th></tr>
<tr><td>发光二极管的标注与识别</td><td>发光二极管从外形上很好辨认，它可作为发光器件，常用于电子产品中的操作显示电路中。图 a 所示为实际电路中的发光二极管（发光二极管在电路中常用字母“D”或“LED”标志）。在通常情况下，可以通过引脚的长短来判别发光二极管的极性，如图 b 所示。相对较长的引脚为发光二极管的 A 极（正极），较短的引脚为发光二极管的 K 极（负极）
常见的红外接收二极管外观颜色呈黑色。识别引脚时，面对受光窗口，从左至右，分别为正极和负极。另外，在红外接收二极管的管体顶端有一个小斜切平面，通常带有此斜切平面一端的引脚为负极，另一端为正极</td></tr>
<tr><td>双向二极管的标注与识别</td><td>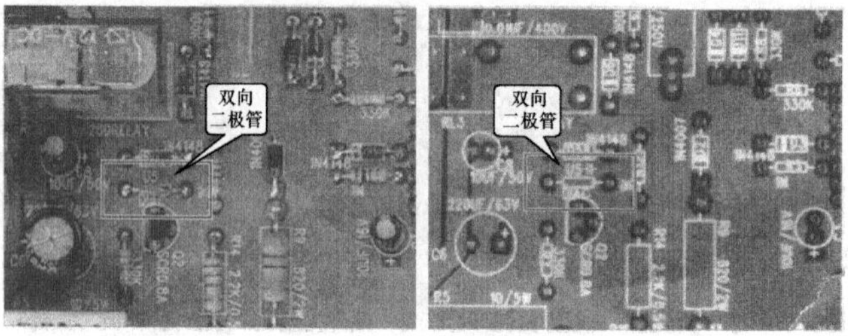

双向二极管在电路板常以英文字母“DIAC”或图形符号进行标注，具体标注形式如图所示</td></tr>
<tr><td>检波二极管的标注与识别</td><td>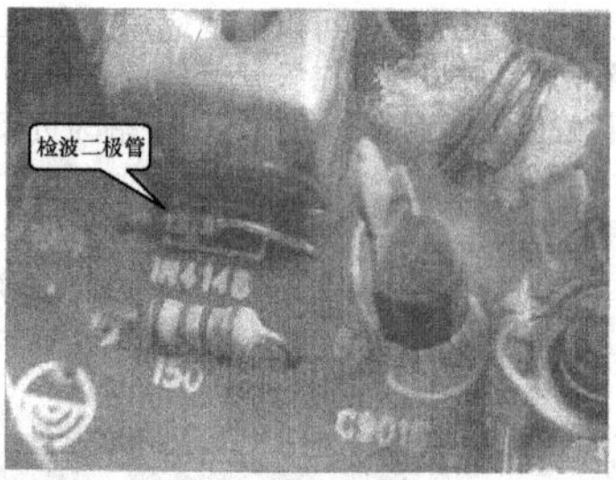

如图所示为电路板上的检波二极管，从其表面风封装的色环标志即可判断该二极管的极性。从外形上看，许多二极管的体积和封装形式都大体相同。通常检波二极管主要应用在收音机的检波电路或收录机的自动增益控制电路中</td></tr>
<tr><td>大功率二极管的标注与识别</td><td>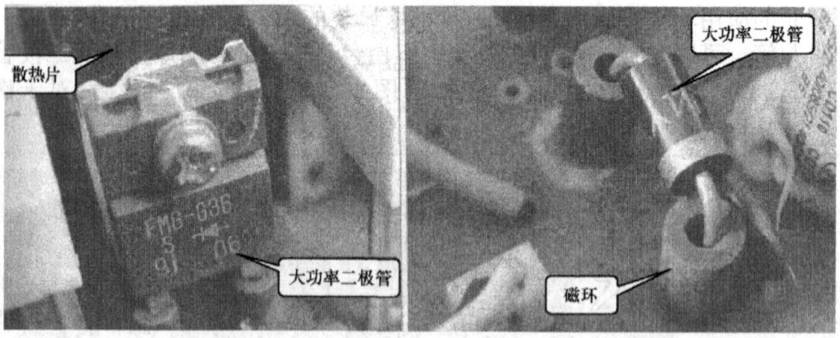

在实际的电子电路中，还有许多大功率二极管，从外形上看其体积较大，主要应用于电源或保护电路中。由于功率很高，常配以散热片加强散热。二极管引脚上的磁环主要用于吸收干扰脉冲，防止脉冲辐射影响电路中的其他元器件，大功率二极管的外形如图所示</td></tr>
</table>

六、二极管的测试方法（见表3-9）

表 3-9 二极管的测试方法

项目	图示	操作步骤
使用指针式万用表测试情况	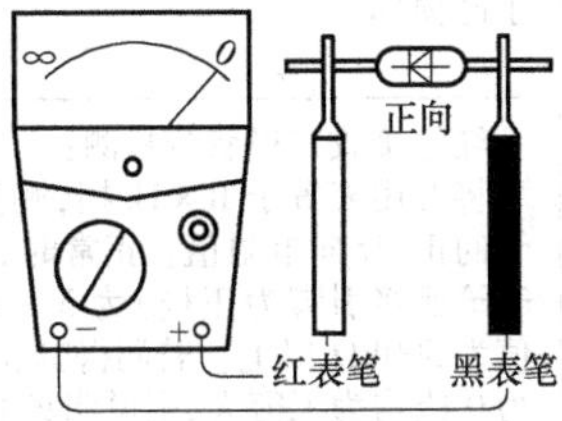	正向检测：对于小功率锗管，若测得正向电阻为100～1000Ω，硅管为几百到几千欧姆之间；表明管子正向特性是好的。若表针在左端不动，则表明管子内部已经断路
	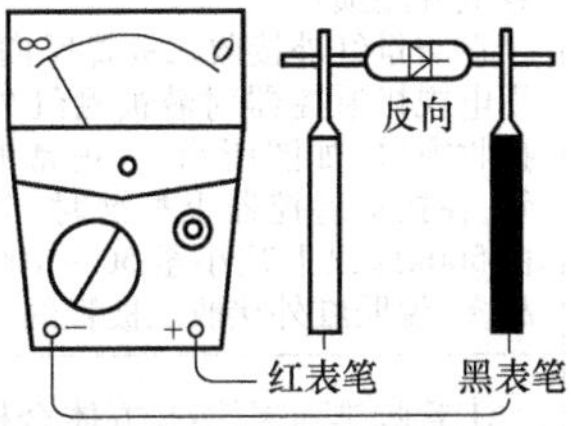	反向检测：不论硅管还是锗管，阻值在几百千欧之上，说明二极管的性能是正常的。若表指在0位，则表明管子内部已短路
使用数字式万用表	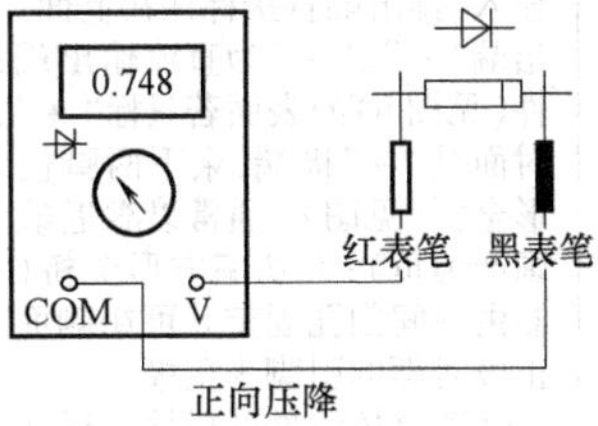	正向检测：将数字万用表拨至二极管挡 红笔接正极，黑笔接负极；可显示二极管的正向压降。正常应显示；硅管0.500～0.800V，锗管0.150～0.300V。肖特基二极管的压降是0.2V左右，普通硅整流管（1N4000、1N5400系列等）约为0.7V，发光二极管为1.8～2.3V
	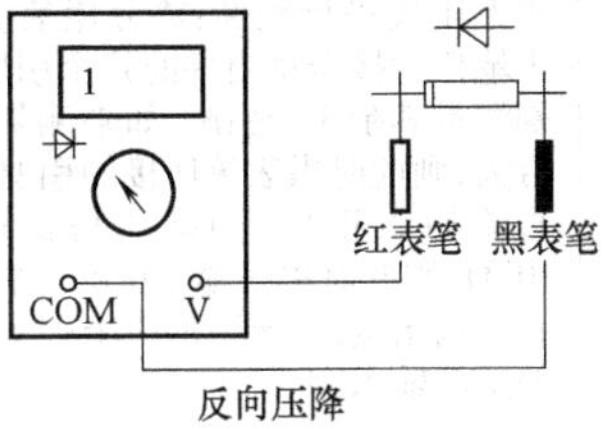	反向检测：将数字式万用表拨至二极管挡 显示屏显示“1”则为正常，因为二极管的反向电阻很大，否则此管已被击穿。正测、反测均为0或者为1，表明此管损坏
光敏二极管的检测	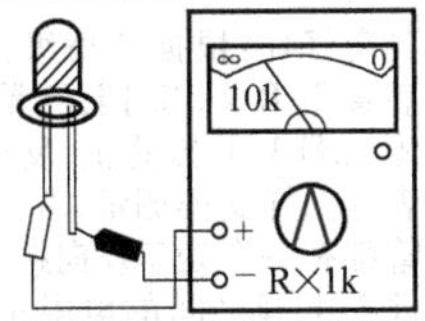	万用表置于“R×10”挡或“R×1k”挡，测量光敏二极管的正向电阻，正常情况下约为10kΩ
	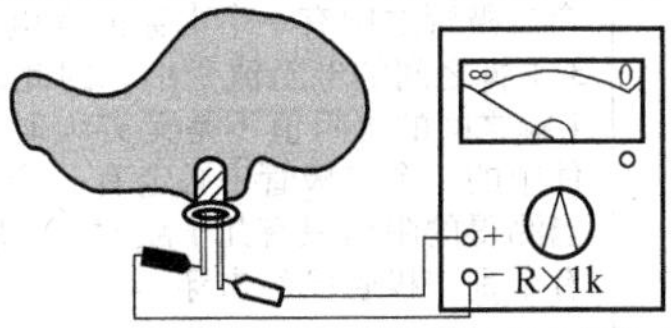	对调两表笔，使光敏二极管工作在反偏状态，用一块黑布将光敏二极管的透明窗口遮住，这时测得的电阻应接进与无穷大

（续）

项目	图　示	操作步骤
光敏二极管的检测	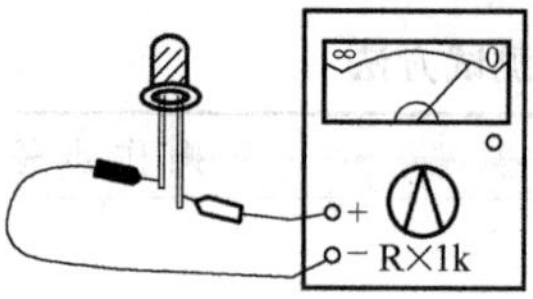	移去遮光用的黑布，如果管子是好的，这时表针应向右偏转至几千欧处。光线越强，电阻应越小。若正反向电阻都是无穷或零，说明管子已损坏
	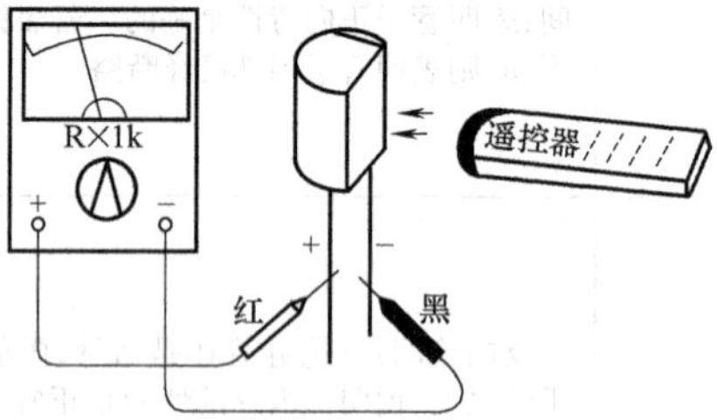	红外接收二极管的检测： 将万用表置于 R×1k 挡，测量红外光敏二极管的正、反向电阻值。正常时，正向电阻值（黑表笔所接引脚为正极）为 3～10kΩ，反向电阻值为 500kΩ 以上。若测得其正、反向电阻值均为 0 或均为无穷大，则说明该接收二极管已击穿或开路损坏 在测量红外接收二极管反向电阻值的同时，用电视机遥控器对着被测红外光敏二极管的接收窗口（如图所示）。正常的红外接收二极管，在按动遥控器上按键时，其反向电阻值会由 500kΩ 以上减小至 50～100kΩ。阻值下降越多，说明红外接收二极管的灵敏度越高
全桥组件的检测方法	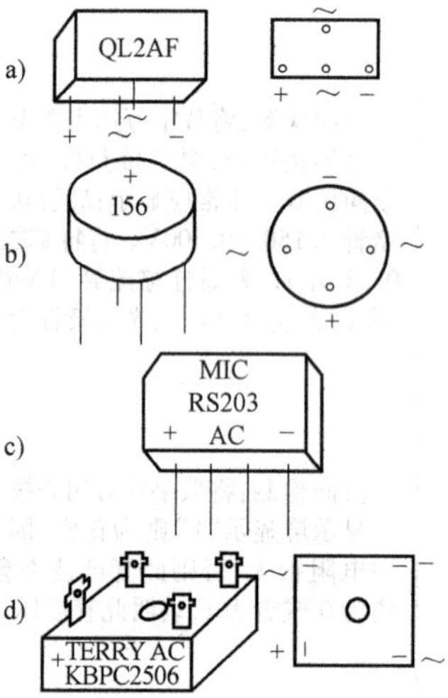	①管脚排列规律：长方体全桥组件（见图 a）输入、排出端直接标注在上面。“～”为交流输出端“＋”、“－”为直流输出端；圆柱体全桥组件（见图 b）的表面若只标“＋”，那么在“＋”的对面是“－”极端，余下两脚便是交流入端；扁形全桥（见图 c）通常以靠近缺角处为正（部分国产为负）；大功率方形全桥（见图 d）的散热器由中间圆孔固定。可在侧面寻找正极标记，正极对面的引脚为负极 ②若全桥组件的极性未标注或标记不清，可用万用表进行判断：将万用表置于 R×1k，黑表笔任意接全桥组件的某个引脚，用万用表分别测量其余 3 个引脚，如果测量的阻值都为无穷大，则此时黑表笔所接的引脚为全桥组件的直流输出正极；如果测得的阻值都为 4～10kΩ，则此时黑表笔所接的引脚为全桥组件的直流输出负极，剩下的两个引脚就是全桥组件的交流输入脚
	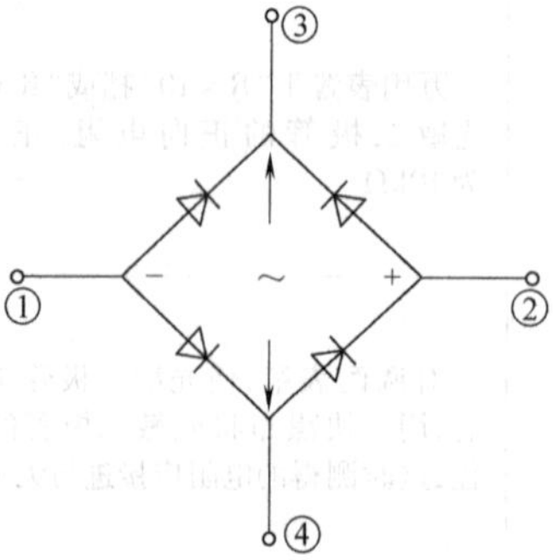	判定好坏：根据全桥组件的内部结构，将万用表置于 R×10k 挡，测量一下全桥组件交流电源入端 3、4 脚的正、反向电阻值。无论红、黑表笔怎样交换测量，由于左右每边的两个二极管都有一个处于反向接法，所以良好的全桥组件 3、4 脚之间的电阻都应为无穷大。当 4 个二极管之中有一个击穿或漏电时，都会导致 3、4 脚之间的电阻值变小。因此，当测量的 3、4 脚之间的电阻值不是无穷大时，说名全桥组件中的 4 个二极管中必定有一个或多个漏电。当测得的阻值只有几千欧时，说明全桥组件中有个别二极管已经击穿

（续）

项目	图 示	操 作 步 骤
稳压二极管的检测	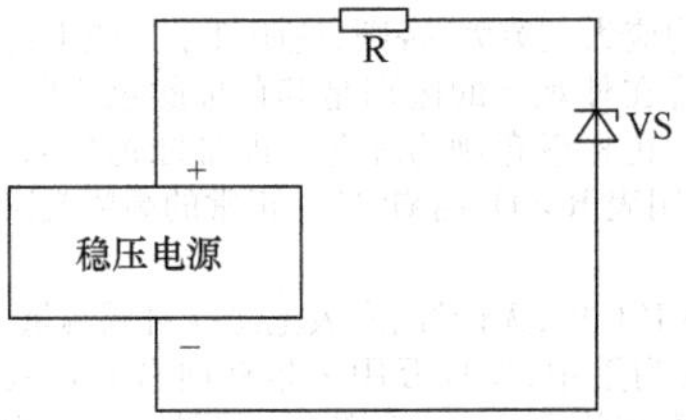 a) 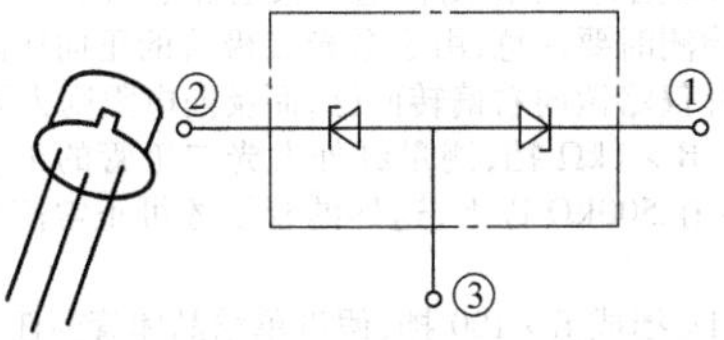 b)	①正、负电极的判别：从外形上看，金属封装稳压二极管管体的正极一端为平面形，负极一端为半圆面形。塑封稳压二极管管体上印有彩色标记的一端为负极，另一端为正极。对标志不清楚的稳压二极管，测量的方法与普通二极管相同 ②稳压值简易测试法：将万用表置于 R×10 挡，并准确调零。红表笔接被测稳压二极管的正极，黑表笔接被测管的负极，待指针摆到一定位置时，从万用表直流 10V 电压刻度上读出其稳定的数据。然后用下列公式计算：被测稳压值=（10V－读数值）×1.5。适用于测出稳压值为 15V 以下的稳压二极管 ③稳压值外接电源测试法：用一台 0～30V 稳压电源与一个 1.5kΩ 电阻，按图 a 连接。测量时，先将稳压电源的输出电压调在 15V，用万用表电压挡直接测量 VS 两端电压值，读数即为稳压二极管稳压值。若测得的数值为 15V，则可能该二极管并未反向击穿，这时可将稳定电源的输出电压调高到 20V 以上，再按上述方法测量 ④三个管脚稳压二极管与晶体管的鉴别：部分稳压二极管有三个电极，如国产的 2DW7 稳压管，外形和内部结构如图 b 所示 将万用表首先置于 R×10 或 R×100 挡，黑表笔接管子的任意一个电极，用红表笔依次接触其余的两个电极，如果所测得的电阻值均为几百欧且比较对称，则可初步断定被测管为稳压二极管。反之，若用 R×10 挡或 R×100 挡测出 1、2 脚对 3 脚虽然有较小的正向电阻，但很不对称，而且用 R×10k 挡复测时也无击穿（阻值变小）的现象，则说明被测管为晶体管。需注意的是，由于有些晶体管发射结的反向击穿比较低，一般不允许用 R×10k 挡进行测量。否则，容易将管子击穿
肖特基二极管的检测	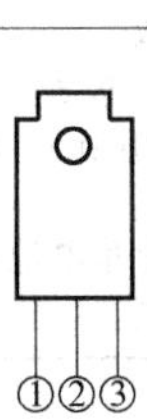 a) 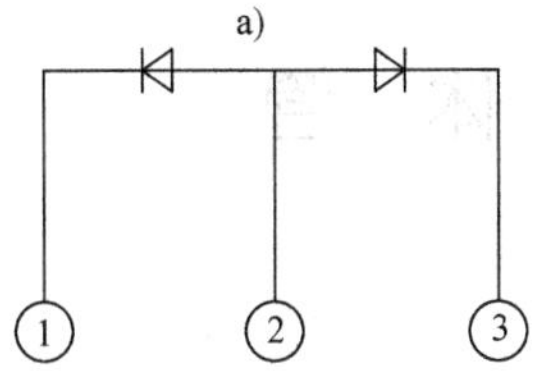 b)	图 a 是一只待测的肖特基二极管，测试时，将万用表置于 R×1 挡 ①测量 1、3 脚正反向电阻值均为无穷大，说明这两个电极无单向导电性 ②黑表笔接 1 脚，红表笔接 2 脚，测得的阻值为无穷大；红、黑表笔对调后测得的阻值为几欧，说明 2、1 两脚具有单向导电特性，且 2 脚为正，1 脚为负 ③将黑表笔接 3 脚，红表笔接 2 脚，测得的阻值为无穷大，调换红、黑表笔后测得的阻值为几欧，说明 2、3 两脚具有单向导电特性，且 2 脚为正，3 脚为负 ④根据上述三步测量结果，可知被测管内部结构如图 b 所示。可见，该管为一只共阳极对管，2 脚为公共阳极，1、3 脚为两个阴极

（续）

项目	图 示	操 作 步 骤
其他二极管测试方法	①检测玻封硅高速开关二极管：用 R×1k 电阻挡测量，一般正向电阻值为 5～10kΩ，反向电阻值为无穷大 ②检测快恢复、超快恢复二极管：即先用 R×1k 挡检测一下其单向导电性，一般正向电阻为 4～5kΩ，反向电阻为无穷大；再用 R×1 挡复测一次，一般正向电阻为几欧，反向电阻仍为无穷大 ③检测双向触发二极管：将万用表置于 R×1k 挡，测双向触发二极管的正、反向电阻值都应为无穷大。若交换表笔进行测量，万用表指针向右摆动，说明被测管有漏电性故障 ④瞬态电压抑制二极管（TVS）的检测：对于单极型的 TVS，按照测量普通二极管的方法，可测出其正、反向电阻，一般正向电阻为 4kΩ 左右，反向电阻为无穷大。对于双向极型的 TVS，任意调换红、黑表笔测量其两引脚间的电阻值均应为无穷大，否则，说明管子性能不良或已经损坏 ⑤高频变阻二极管的检测：与普通二极管在外观上的区别是其色标颜色不同，普通二极管的色标颜色一般为黑色，而高频变阻二极管的色标颜色则为绿色。即带绿色环的一端为负极，不带绿色环的一端为正极。当使用 500 型万用表 R×1k 挡测量时，正常的高频变阻二极管的正向电阻为 5～5.5kΩ，反向电阻为无穷大 ⑥变容二极管的检测：将万用表置于 R×10k 挡，无论红、黑表笔怎样对调测量，变容二极管的两引脚间的电阻值均应为无穷大。如果在测量中，发现万用表指针向右有轻微摆动或阻值为零，说明被测变容二极管有漏电故障或已经击穿损坏。对于变容二极管容量消失或内部的开路性故障，用万用表是无法检测判别的。必要时，可用替换法进行检查判断 ⑦激光二极管的检测：将万用表置于 R×1k 挡，按照检测普通二极管正、反向电阻的方法，即可将激光二极管的管脚排列顺序确定。但检测时要注意，由于激光二极管的正向压降比普通二极管要大，所以检测正向电阻时，万用表指针仅略微向右偏转而已，而反向电阻则为无穷大 ⑧红外发光二极管的检测：将万用表置于 R×1kΩ 挡，测量红外发光二极管的正、反向电阻，通常，正向电阻应在 30kΩ 左右，反向电阻要在 500kΩ 以上，这样的管子才可正常使用。要求反向电阻越大越好 ⑨单结晶体管的检测：将万用表置于 R×1k 挡或 R×100 挡，假设单结晶体管的任一管脚为发射极 E，黑表笔接假设发射极，红表笔分别接触另外两管脚测其阻值。当出现两次低电阻时，黑表笔所接的就是单结晶体管的发射极；将万用表置于 R×1k 挡或 R×100 挡，黑表笔接发射极，红表笔分别接另外两管脚测阻值，两次测量中，电阻大的一次，红表笔接的就是 B1 极	
注意事项	①小功率二极管测试不能用 R×10、R×1 挡，以防过电流损坏二极管。不能用 R×10k 挡，以防过电压击穿二极管 ②根据二极管的功率大小和种类的不同，选择不同倍率的电阻挡。小功率二极管用 R×1k、R×100 挡，中大功率二极管一般选用 R×10 挡或 R×1 挡 ③同一只二极管选用不同型号万用表或同一万用表选用不同挡位所测得电阻值会有所不同，这是由于万用表的内电压、内电阻不同及二极管的非线性所致 ④万用表的黑表笔其实是接表内电池的“+”极，而红表笔是接表内电池的“-”极 ⑤测量时不要用手指捏着管脚和表笔，这样人体的电阻就相当于与二极管并联，会影响测量的准确度 ⑥当数字式万用表的电池电量即将耗尽时，液晶显示器左上角电池电量低提示。会有电池符号显示，此时电量不足，若仍进行测量，测量值会比实际值偏高	

第二节 晶 体 管

一、晶体管概述

晶体管是具有两个 PN 结的三极半导体器件，主要有 NPN 型和 PNP 型两大类。它的三个电极分别称为发射极、基极和集电极，用字母 E、B 和 C 表示。它的工作状态有三种：放大、饱和、截止，因此，晶体管是放大电路的核心器件——具有电流放大能力，同时又是理想的无触点开关器件。

晶体管具有电流放大作用，其实质是晶体管能以基极电流微小的变化量来控制集电极电流较大的变化量。这是晶体管最基本的和最重要的特性。晶体管是电子电路的核心器件，它最主要的作用是电流放大和开关作用。

晶体管的结构示意图、电路符号及分类如图 3-2 所示。电路符号中带有箭头的是发射极，箭头方向表示发射结正向偏置时的电流方向。

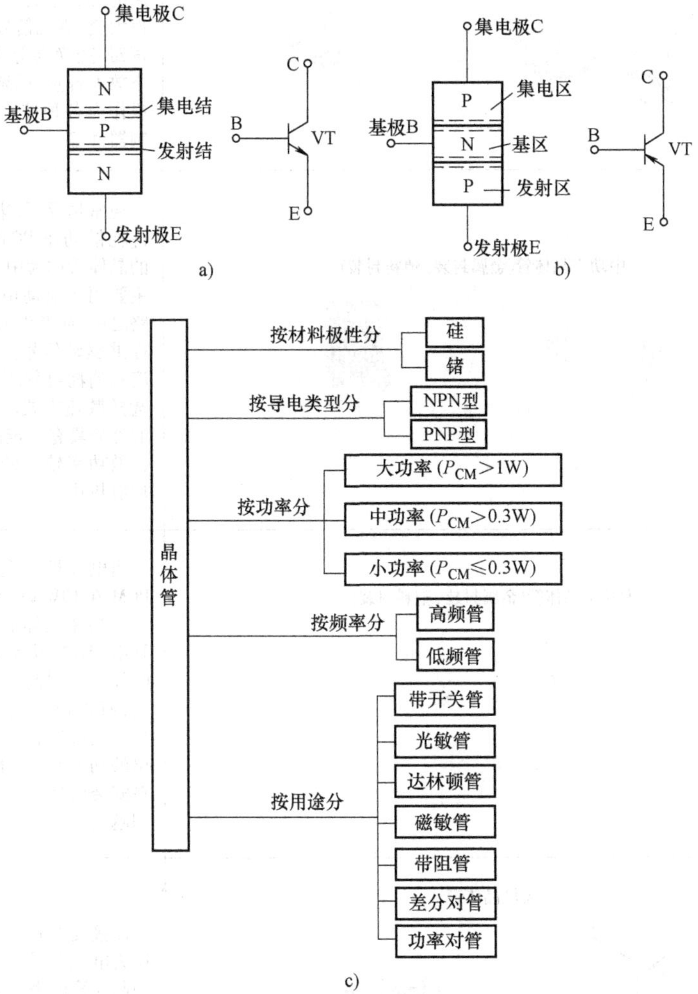

图 3-2 晶体管的结构示意图、电路符号及分类

a）结构示意图 b）电路符号 c）分类

二、常见晶体管的实物图、特点及应用

常见晶体管的实物图、特点见表 3-10，晶体管的典型应用电路见表 3-11。

表 3-10　晶体管的实物图、特点

实　物　图	特　　点
小功率晶体管(金属封装、塑料封装) 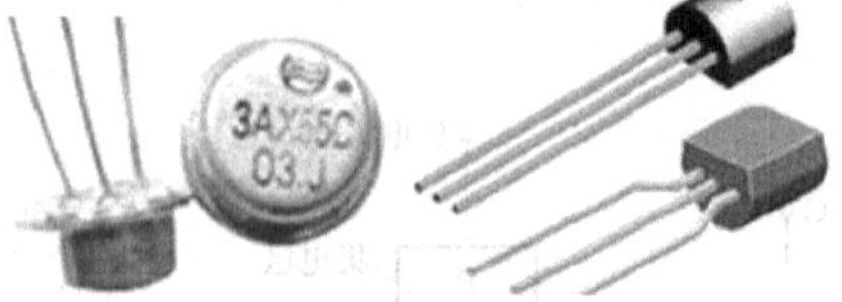	通常情况下，把集电极最大允许耗散功率 PCM 在 1W 以下的晶体管称为小功率晶体管。它是电子电路中用得最多的晶体管之一。主要用来放大交、直流信号或运用在振荡器、变换器等电路中，如用来放大音频、视频的电压信号或作为各种控制电路中的控制器件等
中功率晶体管(金属封装、塑料封装) 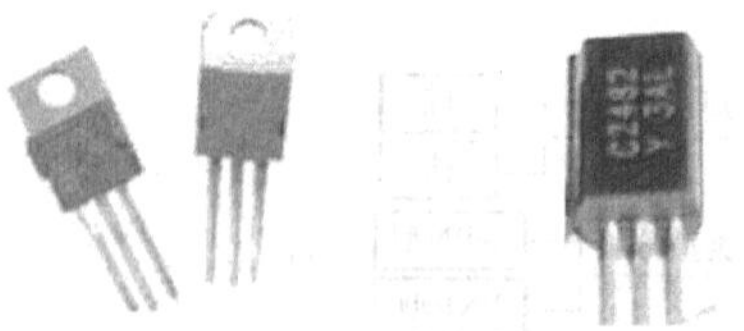	通常情况下，集电极最大允许耗散功率 PCM 在 1 ~ 10W 的晶体管称为中功率晶体管。主要用于驱动电路和激励电路之中，或者为大功率放大器提供驱动信号。根据工作电流和消耗功率，应采用适当的选择散热方式。有的晶体管的外壳具有一定的散热功能，耗散功率较大的就要另外附加散热片
大功率晶体管(金属封装、塑料封装) 	集电极最大允许耗散功率 PCM 在 10W 以上的晶体管称为大功率晶体管。这种晶体管由于耗散功率比较大，工作时往往会引起芯片内温度过高，所以通常需要安装散热片。在通常情况下，晶体管输出的功率越大，其体积越大，在安装时所需要的散热片面积越大
光敏晶体管 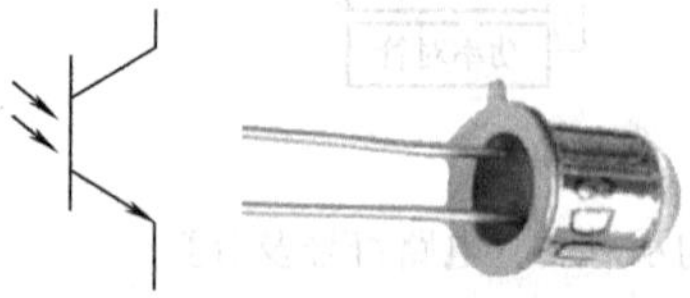	以接受光的信号而将其变换为电气信号为目的而制成的晶体管称为光敏晶体管，如 3DU 系列

（续）

实　物　图	特　　点
带阻尼晶体管 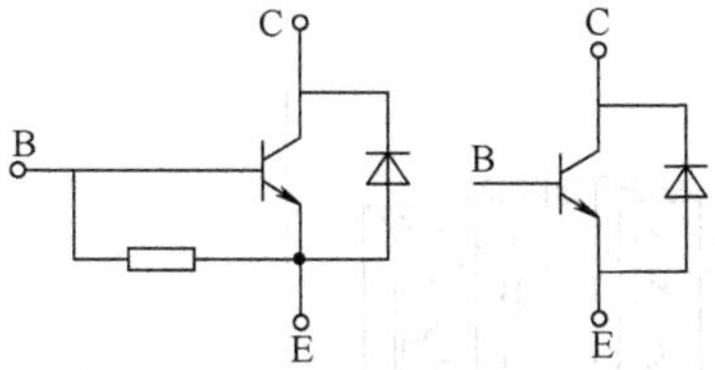	带阻尼晶体管是将晶体管与阻尼二极管、保护电阻封装为一体构成的特殊晶体管，常用于彩色电视机和计算机显示器的行扫描电路中。如BU508A、2S1427、2SD1887、BU2508、C4769、D1887等
差分对管 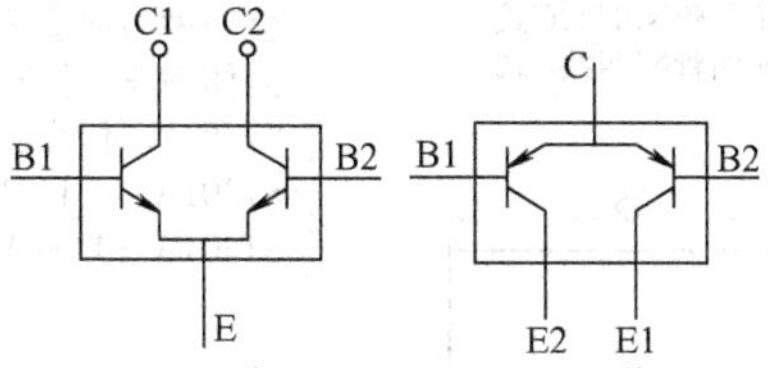 NPN型　PNP型 差分对管电路符号	将两只性能参数相同的晶体管封装在一起构成的电子器件，一般用在音频放大器或仪器、仪表的输入电路作为差分放大管 典型产品有3CSG3、ECM1A、3DG06A-06D、A1015和C1815、2N5401和2N5551、A1301和C3280等
带阻晶体管QR 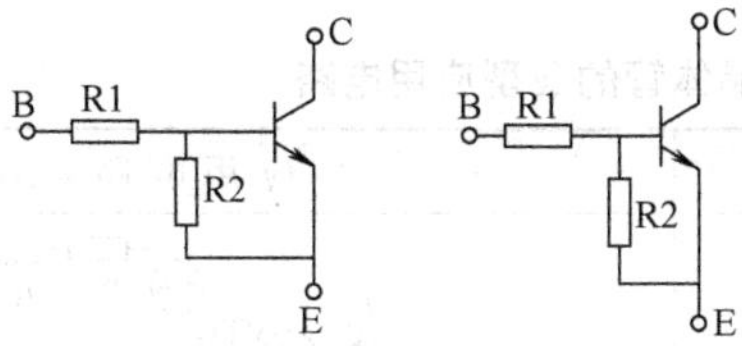	带阻晶体管又叫状态晶体管，是一种内含一个或数个电阻的晶体管，其外形往往与同类普通晶体管没什么区别，但在电路中大部分不能互换，而且盲目代换往往会烧坏管子或引起电路故障。近年来，带阻晶体管的应用已十分普及，在彩电、录放像机中均有较多的应用 带阻晶体管主要品种是小功率管，通常以塑封及片状形式为多见，在家用电器和其他电子装置中主要用作电子开关及反相器
达林顿管 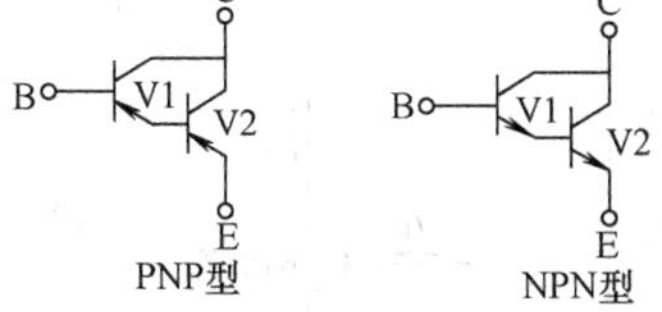 PNP型　NPN型 普通型达林顿管的内部结构 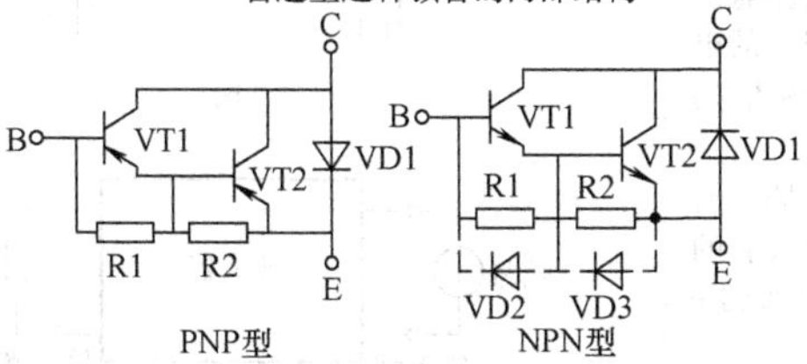 PNP型　NPN型 大功率达林顿管的内部结构	它是复合管的一种连接形式。常用的达林顿管有：TIP122、MJ1102、MG10015 大功率达林顿管中的保护元件VD1以及泄放电阻R1、R2，均全部集成在管芯上，再用塑料或金属外壳进行封装，并引出相应电极

（续）

<table>
<tr><th>实 物 图</th><th>特 点</th></tr>
<tr><td>
晶体管阵列器件

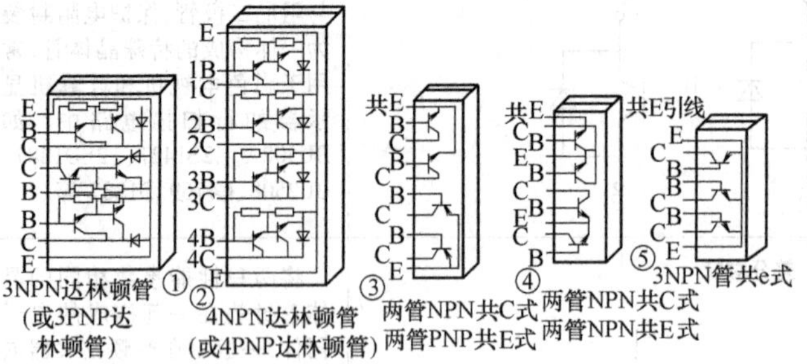

晶体管阵列的结构

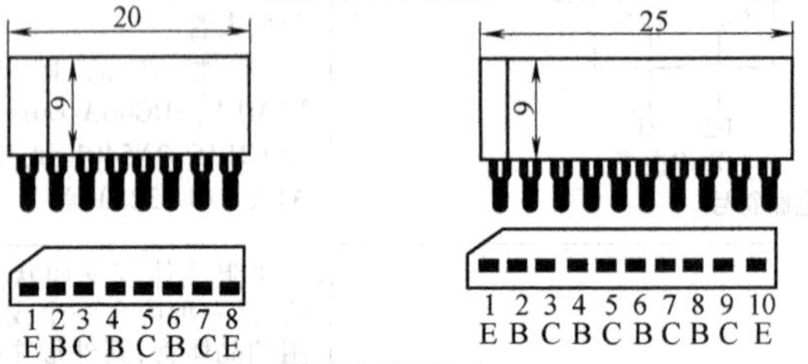

晶体管阵列的外形
</td><td>把几只晶体管封装在一起，外形像一块集成电路的器件就叫做晶体管阵列器件，简称晶体管阵列或阵列晶体管。常见晶体管阵列器件有：ST301A、ST441C、ST342M、ST404A、ST431A等</td></tr>
</table>

表3-11 常见晶体管的典型应用电路

<table>
<tr><th>电 路 说 明</th><th>应 用 电 路</th></tr>
<tr><td>
半导体晶体管的电流放大作用

晶体管的主要功能是放大电信号，要使晶体管对微小信号起到放大作用，则必须保证发射结正向偏置，集电结反向偏置。这里以NPN管为例说明它的电流分配关系和电流放大作用

晶体管各极电流测量电路如图a所示，满足发射结正偏、集电结反偏的要求。电路接通后，就有三路电流流过晶体管：基极电流 I_B，集电极电流 I_C 和发射极电流 I_E。通过实验，可得到如下结论：

发射极电流恒等于基极电流和集电极电流之和，电流方向如图b所示

如果把基极回路看成输入回路，集电极回路看成输出回路，则输出回路的电流变化比输入回路的电流变化大了几十倍。这种小电流 I_B 对大电流 I_C 的控制作用，称为晶体管的电流放大作用

晶体管的主要用途之一是用来构成放大器。所谓放大器是利用晶体管的电流放大作用把微弱的电信号放大到所要求的数值。放大器框图如图c所示
</td><td>
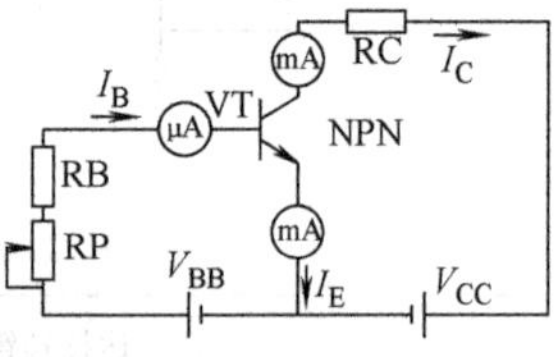

a)

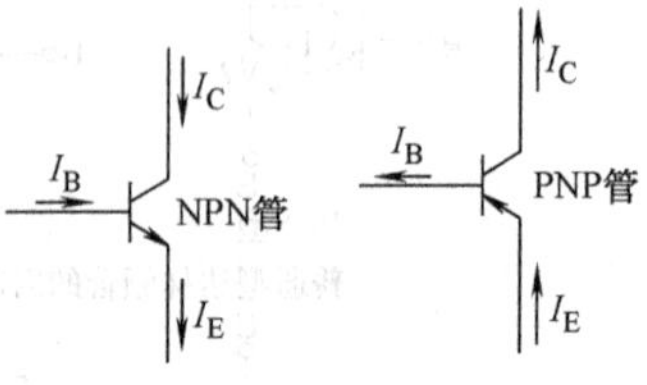

b)

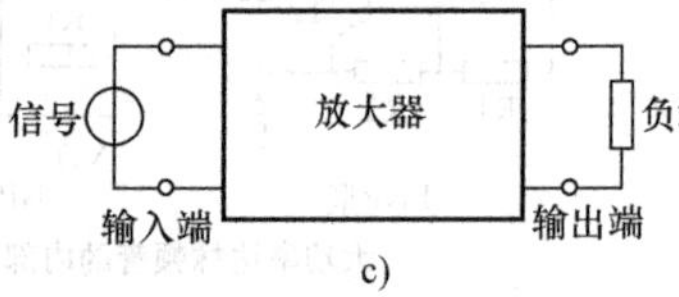

c)
</td></tr>
</table>

（续）

电路说明	应用电路
晶体管有三种基本的放大电路，即共发射极放大器、共集电极放大器和共基极放大器，它还可以组成多级放大器等许多放大电路 电路中的VT1构成共发射极放大器，VT1是放大管	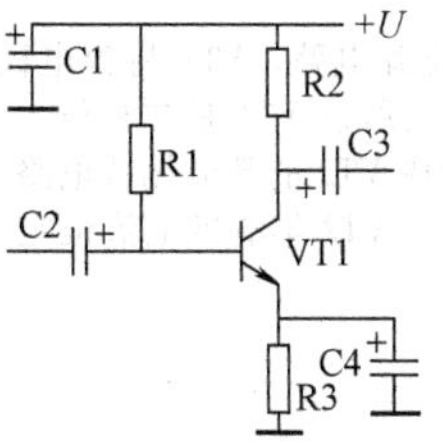
正弦波振荡电路：正弦波振荡电路及其他各种振荡器都需要晶体管参与，且为电路中的主要元器件 电路中的VT1是RC振荡器中的振荡管	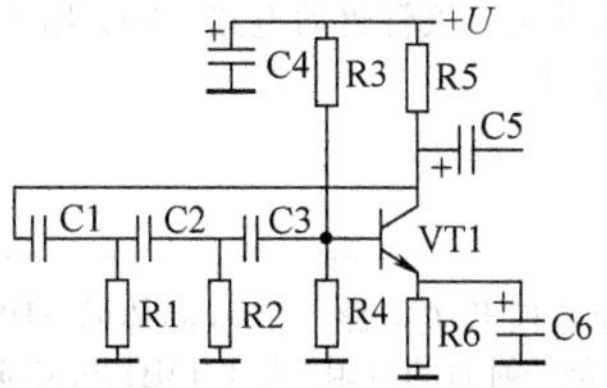
电子开关电路中的VT2是电子开关管，它用来控制VT1是否进入工作状态	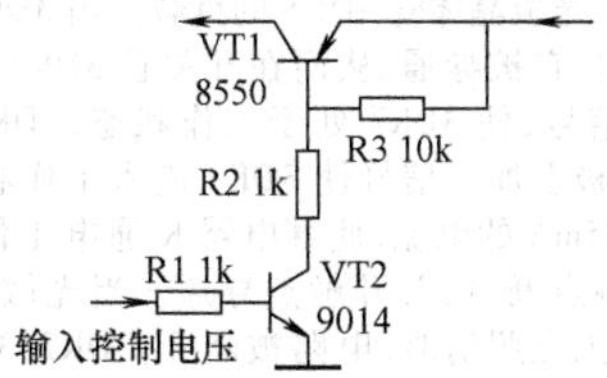
控制电路中晶体管是各种控制电路中的主要元器件。电路中的VT1是控制管	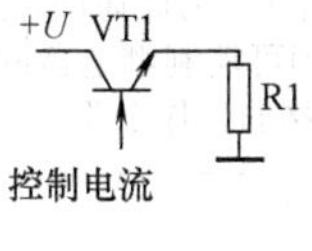
图示为晶体管反相器。当无输入信号时，VT1截止，这时VT1相当于开关断开的情况。当输入端加上信号（例如为6V）时，VT1处于饱和状态，这时相当于开关接通的情况 VT1输入端状态和输出端状态刚好相反：输入为高电位时输出为低电位，输入为低电位时输出为高电位，所以可称之为反相器。又因为它相当于一个没有机械触点的开关，所以属于无触点开关	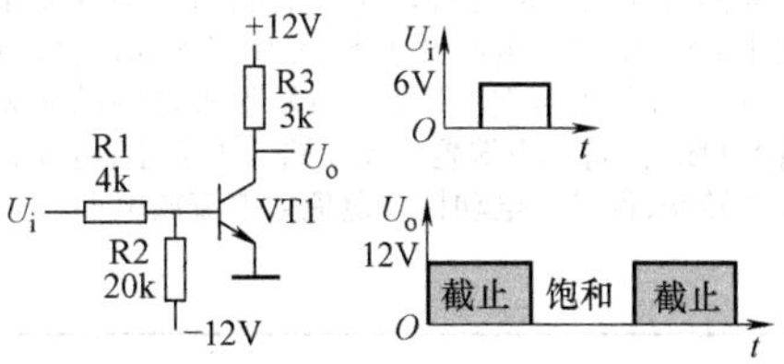
图示为恒压源电路。这是电阻分压器构成的恒压源电路，R1、R2、R3和二极管VD1构成分压电路，分别给VT1、VT2提供正向偏置电压，这样输出电压恒定。电路中的VT1和VT2是恒压管	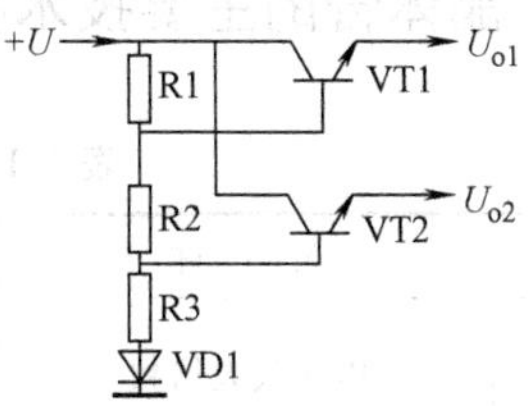

（续）

电路说明	应用电路
图示为恒流源电路。VT1将集电极与基极短接后接成二极管，所以VT1是二极管。电路中，电阻R1和VT1构成VT2的基极偏置电路，使VT2基极电压恒定，这样VT2集电极电流恒定，所以VT2为恒流管	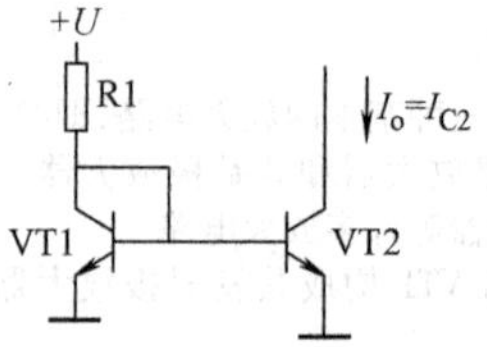
图示为发光二极管驱动电路。VT1用来驱动发光二极管VD1	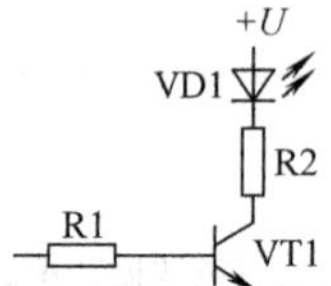
图示为光控开关电路。光敏晶体管3DU5的暗电阻（无光照射时的电阻）大于1MΩ，光电阻（有光照射时的电阻）约为2kΩ。开关管3DK7和3DK9共同作为光敏晶体管3DU5的负载。当3DU5上有光照射时，它被导通，从而在开关管3DK7的基极上产生信号，使3DK7处于工作状态；3DK7则给3DK9基极上加一信号使3DK9进入工作状态，并输出约25mA的电流，使继电器K通电工作，即它的常闭触点断开，常开触点导通。当光敏晶体管3DU5上无光照射时，电路被断开，3DK7、3DK9均不工作，也无电流输出，继电器不动作，即常闭触点导通，常开触点断开。因此通过有无光照射到光敏晶体管3DU5上即可控制继电器的工作状态，从而控制与继电器连接的工作电路	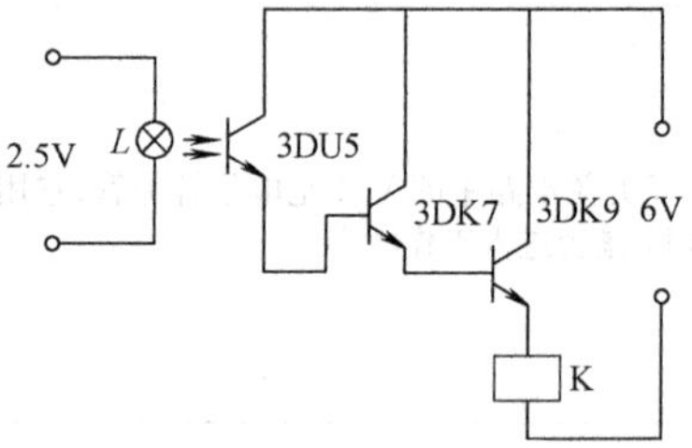
晶体管开关电路在自动停车的磁力自动控制电路中的应用：开启电源开关S，玩具车起动，行驶到接进磁铁时，安装在VT基极与发射极之间的干簧管SQ闭合，将基极偏置电流短路，VT截止，电动机停止转动，保护了电动机及避免大电流放电	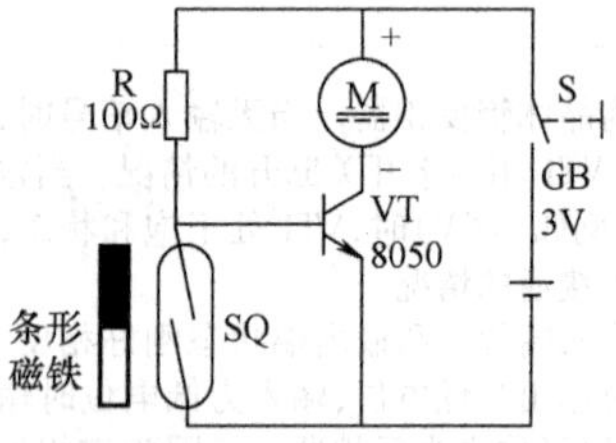

三、晶体管的主要技术参数（见表3-12）

表3-12　晶体管的主要技术参数

参数	名　称	定义说明
β、$\bar{\beta}$	电流放大倍数	$\bar{\beta}$反映静态（直流工作状态）时集电极电流与基极电流之比，β则是反映动态（交流工作状态）时的电流放大作用

（续）

参数	名　称	定义说明
I_{CEO}	集电极-发射极反向饱和电流	指基极开路时，流过集电极和发射极之间的电流。它反映PN结的反向电流
I_{CM}	集电极最大允许电流	当集电极电流过大时，β下降。通常取β下降1/3时所对应的集电极电流
$V_{(BR)CEO}$	集-射反向击穿电压	当基极开路时，加在集电极、发射极间的最大允许工作电压
P_{CM}	集电极最大允许功耗	这个参数决定于晶体管的温升。若超过此值，将使晶体管的性能变差或烧毁
f	共射极截止频率	由于晶体管内PN结结电容的影响，使晶体管的电流放大倍数β随频率的升高而降低，当β降到0.707β时所对应的频率
f_T	特征频率	当β降到等于1时所对应的频率称为特征频率

四、晶体管的标注方法（见表3-13）

表3-13　晶体管的标注方法

方法	图　示	说　明
直接标注	 a)  b)  c)	晶体管主要采用直接标注的方法。从外形上来看，图a所示晶体管采用的是F型金属封装，在管子的外面标注有“3AD50C”。根据晶体管的命名规则可知，该晶体管为国产晶体管，“A”表示该晶体管为锗材料制造的PNP型晶体管，“D”表示该晶体管属于低频大功率管，“50C”则为该管子的产品编号。因此，该晶体管为低频大功率PNP型锗晶体管 如图b所示，该晶体管也采用F型封装结构，该管子的标注为“2N3773”。“2N”表示该晶体管属于美国生产的晶体管，“3773”为该晶体管的产品编号。虽然没有明确标注管子的具体类型，但根据封装规则可知，F型封装形式主要用于低频大功率晶体管。在这个标注中，因为“2”后面是“N”，所以即可断定该晶体管采用的是美国的命名规则 如图c所示，晶体管采用塑料封装形式，管子上标注有“2SC5200”，其下方印有“JAPAN”字样，表示该晶体管为日本产晶体管，根据命名规则可知。“2SC”表示该晶体管为NPN型高频晶体管
缩写标注		晶体管采用塑料封装形式，其标注为“D2499”它是“2SD2499”的简写，也属于日本产晶体管。根据命名规则，“D”表示该晶体管为NPN型低频晶体管，后面“2499”为该晶体管的编号。另外，一些小功率晶体管的封装管面较小，厂家为了打印型号方便，往往将型号中公用字符进行省略。例如，日本产的2SA562，2SD820A等型塑料封装管就将“2S”省略，在管壳上只打印出简化型号A562. D820A。日本产的塑料小功率晶体管，如果型号后面标有字母“R”则说明其管脚排列与普通管子正好相反。另外，有些常用集成电路仅有3个引脚，例如固定三端集成稳压78L05、LM7812等，它们的封装外形与晶体管是一样的不要误认为是国外生产的晶体管

五、晶体管引脚识别及性能简易测试（见表 3-14）

表 3-14　晶体管引脚识别及性能简易测试

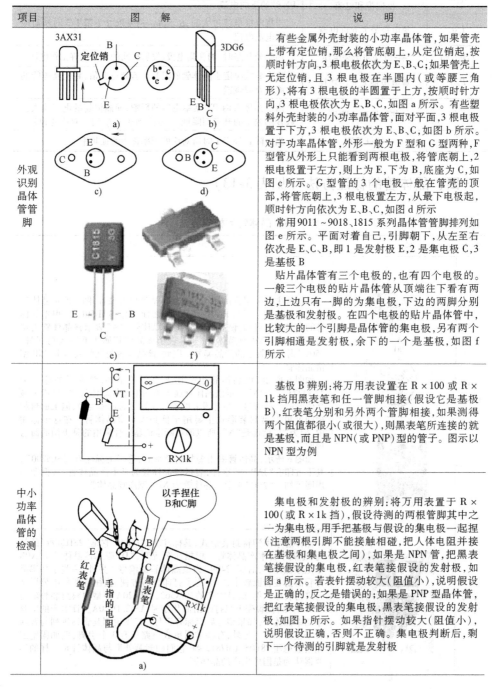

项目	图　　解	说　　明
外观识别晶体管管脚	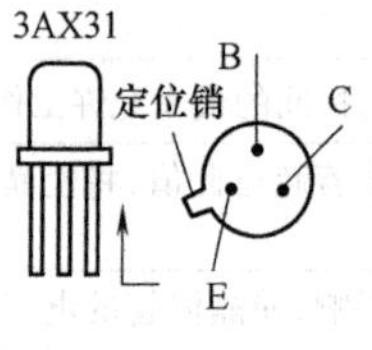 a) 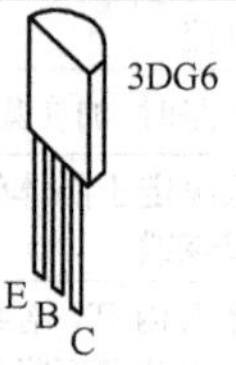 b) 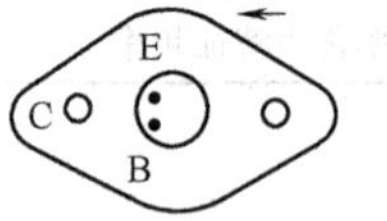 c) 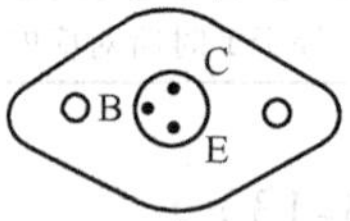 d)  e)  f)	有些金属外壳封装的小功率晶体管，如果管壳上带有定位销，那么将管底朝上，从定位销起，按顺时针方向，3 根电极依次为 E、B、C；如果管壳上无定位销，且 3 根电极在半圆内（或等腰三角形），将有 3 根电极的半圆置于上方，按顺时针方向，3 根电极依次为 E、B、C，如图 a 所示。有些塑料外壳封装的小功率晶体管，面对平面，3 根电极置于下方，3 根电极依次为 E、B、C，如图 b 所示。对于功率晶体管，外形一般为 F 型和 G 型两种，F 型管从外形上只能看到两根电极，将管底朝上，2 根电极置于左方，则上为 E，下为 B，底座为 C，如图 c 所示。G 型管的 3 个电极一般在管壳的顶部，将管底朝上，3 根电极置左方，从最下电极起，顺时针方向依次为 E、B、C，如图 d 所示 常用9011 ~9018、1815 系列晶体管管脚排列如图 e 所示。平面对着自己，引脚朝下，从左至右依次是 E、C、B，即 1 是发射极 E，2 是集电极 C，3 是基极 B 贴片晶体管有三个电极的，也有四个电极的。一般三个电极的贴片晶体管从顶端往下看有两边，上边只有一脚的为集电极，下边的两脚分别是基极和发射极。在四个电极的贴片晶体管中，比较大的一个引脚是晶体管的集电极，另有两个引脚相通是发射极，余下的一个是基极，如图 f 所示
中小功率晶体管的检测	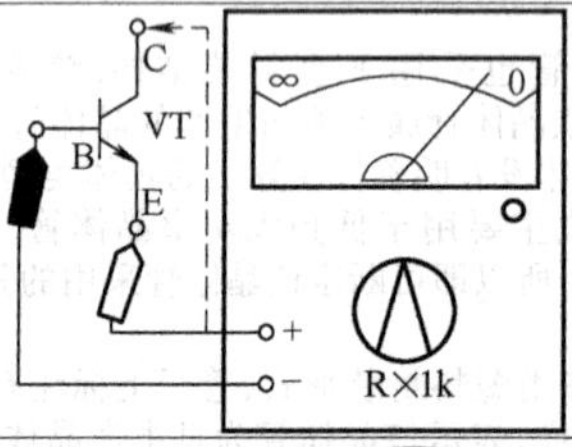	基极 B 辨别：将万用表设置在 R×100 或 R×1k 挡用黑表笔和任一管脚相接（假设它是基极 B），红表笔分别和另外两个管脚相接，如果测得两个阻值都很小（或很大），则黑表笔所连接的就是基极，而且是 NPN（或 PNP）型的管子。图示以 NPN 型为例
	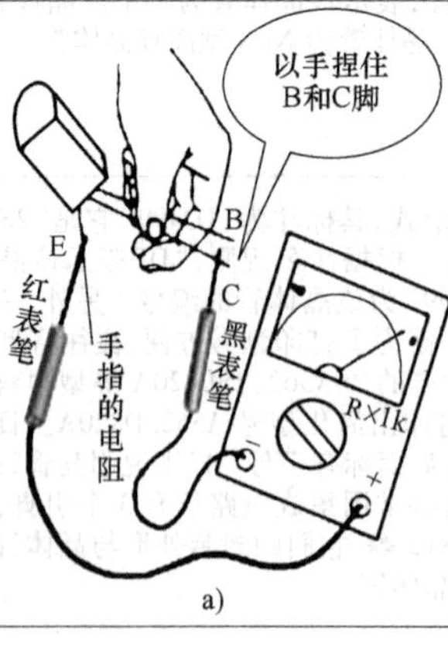 a)	集电极和发射极的辨别：将万用表置于 R×100（或 R×1k 挡），假设待测的两根管脚其中之一为集电极，用手把基极与假设的集电极一起捏（注意两根引脚不能接触相碰，把人体电阻并接在基极和集电极之间），如果是 NPN 管，把黑表笔接假设的集电极，红表笔接假设的发射极，如图 a 所示。若表针摆动较大（阻值小），说明假设是正确的，反之是错误的；如果是 PNP 型晶体管，把红表笔接假设的集电极，黑表笔接假设的发射极，如图 b 所示。如果指针摆动较大（阻值小），说明假设正确，否则不正确。集电极判断后，剩下一个待测的引脚就是发射极

（续）

<table>
<tr><th>项目</th><th>图 解</th><th>说 明</th></tr>
<tr><td rowspan="3">中小功率晶体管的检测</td><td>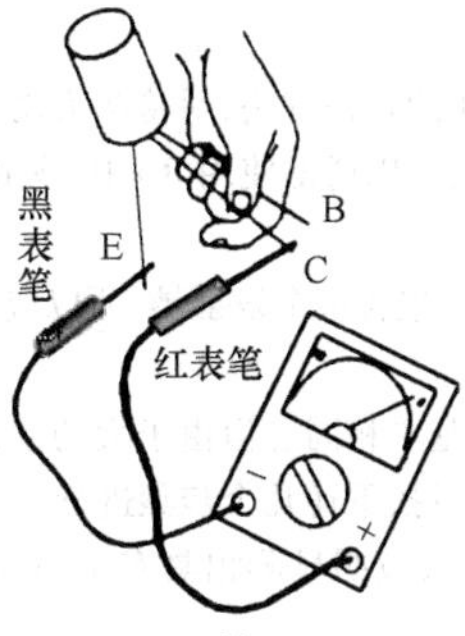
b)</td><td>应该指出，晶体管的管脚必须正确确认，否则，接入电路不但不能正常工作，还可能烧坏管子。在实际应用中、小功率晶体管多直接焊接在印制电路板上，由于元器件的安装密度大，拆卸比较麻烦，所以在检测时常常通过用万用表直流电压挡，去测量被测晶体管各引脚的电压值，来推断其工作是否正常，进而判断其好坏
要想进一步精确测试，可以借助于 JT—1 型晶体管图示仪，它能十分清晰地显示出晶体管的输入特性曲线以及电流放大系数 β 等</td></tr>
<tr><td>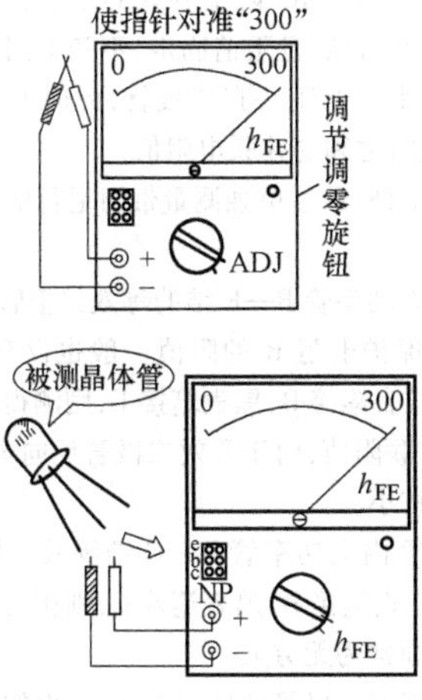</td><td>电流放大系数 β 值的测量：
①测量晶体管直流放大系数 β 时，将万用表上的测量选择开关转动至“ADJ（校准）”挡位，两表笔短接，调节欧姆挡调零旋钮使表针对准 h_{FE} 刻度线的“300”刻度
②然后分开两表笔，将测量选择开关转至“h_{FE}”挡位，即可插入晶体管进行测量
③万用表上的晶体管插孔左半边供测量 NPN 型晶体管用，右半边供测量 PNP 型晶体管用。图示为测量 S9012 晶体管的示意图。将 S9012 插入右半边插孔，这时万用表表针所指示的值即为该晶体管的直流放大系数 β 值</td></tr>
<tr><td colspan="2">有些晶体管的壳顶上标有色点，作为电流放大倍数值的色点标志，其分档标志如下：
0 ~ 15 ~ 25 ~ 40 ~ 55 ~ 80 ~ 120 ~ 180 ~ 270 ~ 400 ~ 600
棕 红 橙 黄 绿 蓝 紫 灰 白 黑</td></tr>
<tr><td>光敏晶体管的检测</td><td colspan="2">①光敏晶体管的管脚识别：光敏晶体管只有集电极 C 和发射极 E 两个引脚，基极 B 为受光窗口。靠近管键的或者比较长的管脚为发射极 E，离管键较远或较短的管脚为集电极 C。另外，对于达林顿型光敏晶体管，封装缺圆的一侧则为集电极 C
②检测光敏晶体管的暗电阻：将光敏晶体管的受光窗口用墨纸片遮住，将万用表置于 R×1k 挡，红、黑表笔各接光敏晶体管的一个管脚，此时所测得的阻值应为无穷大。然后将红、黑表笔对调再测量一次，阻值也应为无穷大。测试时，如果万用表指针向右偏转指示出阻值，说明被测光敏晶体管漏电
③检测光敏晶体管的亮电阻：万用表仍使用 R×1k 挡，将红表笔接发射极 E，黑表笔接集电极 C，然后将遮光黑纸片从光敏晶体管的受光窗口处移开，并使受光窗口朝向某一光源（如白炽灯泡），这时万用表指针向右偏转。通常电阻值应为 15 ~ 30kΩ。指针向右偏转角度越大，说明被测光敏晶体管的灵敏度越高。如果受光后。光敏晶体管的阻值较大，即万用表指针向右摆动幅度很小，则说明灵敏度低或已损坏</td></tr>
</table>

（续）

项目	图　　解	说　　明
大功率晶体管的检测	①用万用表检测中、小功率晶体管的极性、管型及性能的各种方法，对检测大功率晶体管来说基本上适用。但是，由于大功率晶体管的工作电流比较大，所以通常使用 R×10 或 R×1 挡检测大功率晶体管 ②普通达林顿管的检测：因为达林顿管的 E—B 极之间包含多个发射结，所以应该使用万用表能提供较高电压的 R×10k 挡进行测量 ③大功率达林顿管的检测：方法与检测普通达林顿管基本相同。但由于大功率达林顿管内部设置了二极管和电阻等保护和泄放漏电电流元器件，具体可按下述几个步骤进行： 第一，用万用表 R×10k 挡测量 B、C 之间 PN 结电阻值，应明显测出具有单向导电性能。正、反向电阻值应有较大差异 第二，在大功率达林顿管 B—E 之间有两个 PN 结，并且接有电阻 R1 和 R2。用万用表电阻挡检测时，当正向测量时，测到的阻值是 B—E 结正向电阻与 R1、R2 阻值并联的结果；当反向测量时，发射结截止，测出的则是（R1+R2）电阻之和，大约为几百欧，且阻值固定，不随电阻挡位的变换而改变。但需要注意的是，有些大功率达林顿管在 R1、R2、上还并有二极管，此时所测得的则不是（R1+R2）之和，而是（R1+R2）与两只二极管正向电阻之和的并联电阻值 ④带阻尼行输出晶体管的检测：将万用表置于 R×1 挡，通过单独测量带阻尼行输出晶体管各电极之间的电阻值，即可判断其是否正常。步骤如下： 第一，将红表笔接 E，黑表笔接 B，此时相当于测量大功率管 B—E 结的等效二极管与保护电阻 R 并联后的阻值，由于等效二极管的正向电阻较小，而保护电阻 R 的阻值一般也仅有 20～50Ω，所以，两者并联后的阻值也较小；反之，将表笔对调，即红表笔接 B，黑表笔接 E，则测得的是大功率管 B－E 结等效二极管的反向电阻值与保护电阻 R 的并联阻值，由于等效二极管反向电阻值较大，所以，此时测得的阻值即是保护电阻 R 的值，此值仍然较小 第二，将红表笔接 C，黑表笔接 B，此时相当于测量管内大功率管 B－C 结等效二极管的正向电阻，一般测得的阻值也较小；将红、黑表笔对调，即将红表笔接 B，黑表笔接 C，则相当于测量管内大功率管 B－C 结等效二极管的反向电阻，测得的阻值通常为无穷大 第三，将红表笔接 E，黑表笔接 C，相当于测量管内阻尼二极管的反向电阻，测得的阻值一般都较大，约 300 欧甚至无穷大；将红、黑表笔对调，即红表笔接 C，黑表笔接 E，则相当于测量管内阻尼二极管的正向电阻，测得的阻值一般都较小，约几欧至几十欧	

六、功率晶体管的散热

功率晶体管在正常工作时，在向负载输出功率的同时，本身也要消耗一部分电源功率。由于功率晶体管在正常工作时，其集电结是反偏的，因此晶体管的耗散功率主要是集中在集电结上，这就使集电结的结温迅速升高，从而引起整个晶体管的温度升高，严重时会使晶体管烧毁。因此，要保证晶体管的安全，必须将晶体管的热量散发出去。散热条件越好，则对应于相同结温所允许的管耗就越大。为了减小热阻，改善散热条件，一般的大功率晶体管都必须加装散热片。几种散热片实物及其简介见表 3-15。

表 3-15　几种散热片实物及其简介

项目	实　物　图	简　　介
散热片和导热硅脂	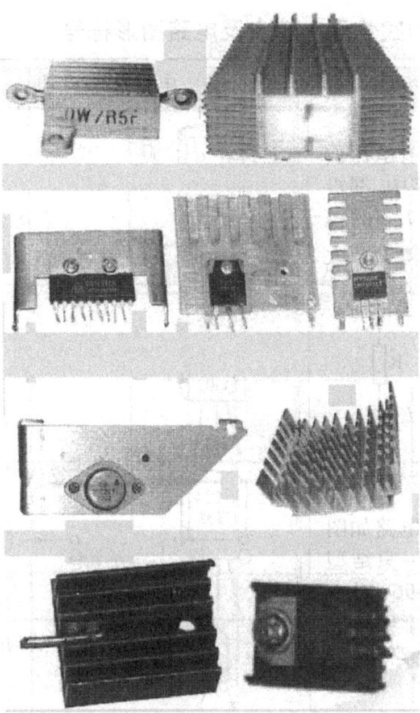	散热片是一种给电器中的易发热电子元器件散热的装置，多用铝合金、黄铜或青铜制成板状、片状、多片状等形体。电视机中电源管、行管，功放器中的功放管都要使用散热片。散热片在使用中一般要在电子元器件与散热片的接触面上涂上一层导热硅脂，使元器件发出的热量能更有效地传导到散热片上，再经散热片散发到周围的空气中去 导热硅脂是用具有导热性能和绝缘性能的填料与有机硅脂混合而成的白色膏状物，用作电子元器件的填隙及热传递介质，用于 CPU 与散热器的填隙及热传导及大功率晶体管与铝、铜基材接触的缝隙处的填充；降低各类发热元器件的工作温度。导热硅脂既具有优异的电绝缘性，又有良好的导热性，使用方便，涂覆或灌封工艺简单。涂覆后的电子元器件具有优异的防潮、防尘、防腐蚀、防振等性能
小风扇		对于计算机的 CPU 来说，单靠外壳的散热是不够的，主要依靠小风扇来帮助它散发热量

第三节　场效应晶体管

一、场效应晶体管概述

场效应晶体管是电压控型器件，具有输入阻抗高、噪声系数低的独特优点，又能放大信号电压，因此它在涉及电子技术的各个领域都得到了广泛应用。例如彩色电视机、收音机的高频放大等电路，就多选用场效应晶体管。

根据结构和工作原理不同，场效应晶体管可分为结型（JFET）和绝缘栅型（MOSFET）两大类型。它有三个引脚，分别叫漏极 D、源极 S 和栅极 G。

二、常见的几种场效应晶体管的实物图、特点及电路图形符号（见表3-16）

表 3-16　常见的几种场效应晶体管的实物图、特点及电路图形符号

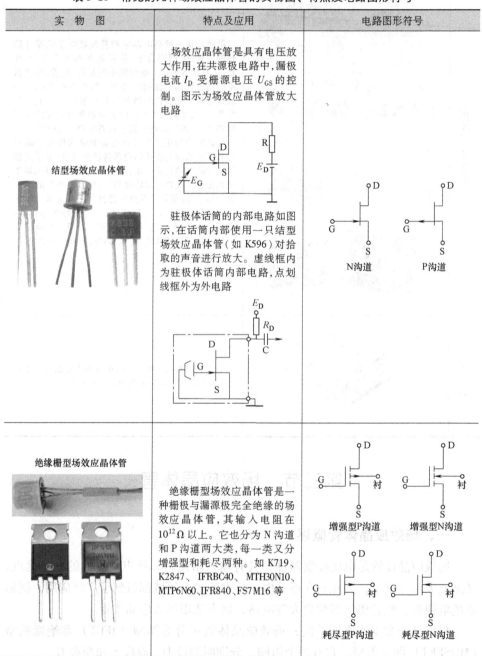

实　物　图	特点及应用	电路图形符号
结型场效应晶体管 	场效应晶体管是具有电压放大作用，在共源极电路中，漏极电流 I_D 受栅源电压 U_{GS} 的控制。图示为场效应晶体管放大电路 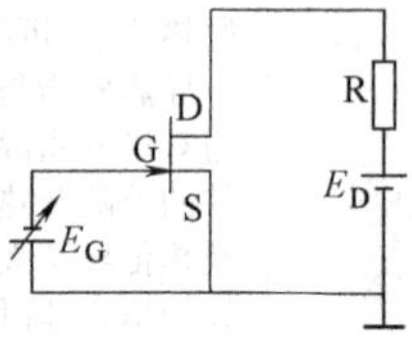 驻极体话筒的内部电路如图示，在话筒内部使用一只结型场效应晶体管（如 K596）对拾取的声音进行放大。虚线框内为驻极体话筒内部电路，点划线框外为外电路 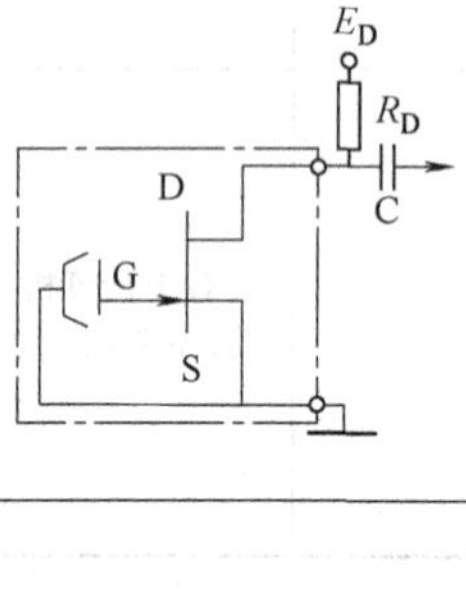 	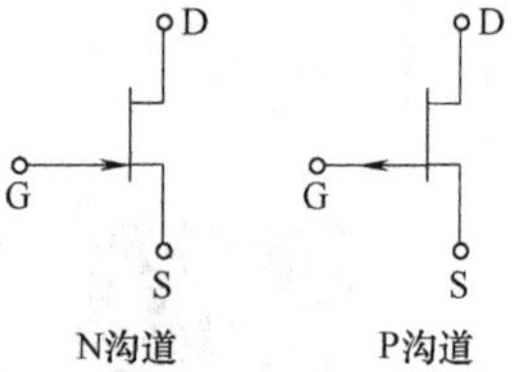 N沟道　　P沟道
绝缘栅型场效应晶体管 	绝缘栅型场效应晶体管是一种栅极与漏源极完全绝缘的场效应晶体管，其输入电阻在 $10^{12}\Omega$ 以上。它也分为 N 沟道和 P 沟道两大类，每一类又分增强型和耗尽两种。如 K719、K2847、IFRBC40、MTH30N10、MTP6N60、IFR840、FS7M16 等	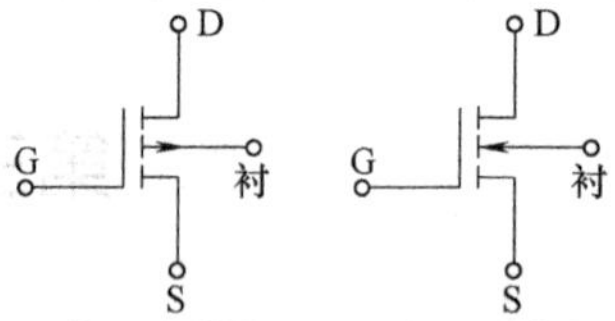 增强型P沟道　　增强型N沟道 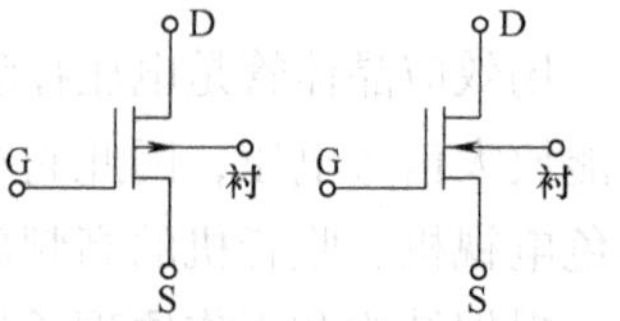 耗尽型P沟道　　耗尽型N沟道

三、场效应晶体管的主要技术参数（见表 3-17）

表 3-17　场效应晶体管的主要技术参数

参数	名　称	定义说明
$U_{GS(th)}$	开启电压	增强型 MOS 场效应晶体管开始产生 I_D 电流时的 U_{GS} 值
$U_{GS(off)}$	夹断电压	耗尽型场效应晶体管或结型场效应晶体管当漏电压 U_{DS} 固定在某一数值，沟道开始夹断（即导电沟道消失）时的 U_{GS} 值
g_m	跨导	漏源电压 U_{DS} 恒定时，漏极电流 I_D 的微小变化量 ΔI_D 与引起这个变化的栅源电压变化量 ΔU_{GS} 之比
$I_{DS(sat)}$	饱和漏极电流	结型场效应晶体管和耗尽型晶体管在栅源短路（$U_{GS}=0$）条件下，加漏源电压 U_{DS} 所形成的漏极电流
$U_{(BR)DS}$	漏源击穿电压	当场效应晶体管漏源之间的电压增大到某一定值时，I_D 急剧增大，漏源极之间发生击穿，该定值称为漏源击穿电压

四、场效应晶体管的型号命名规则及标注方法（见表 3-18）

表 3-18　场效应晶体管的型号命名规则及标注方法

名称	命名规则及标注方法
方法一	极性 材料 类型 规格号 3 D J 6D 表示结型 N 沟道场效应晶体管 ①极性：用数字表示，3 表示有 3 个电极 ②材料：用字母表示，其中 C 表示 N 型管，D 表示 P 型管 ③类型：用字母表示，其中 J 表示结型场效应晶体管，O 表示绝缘栅型场效应晶体管
方法二	类型 序号 规格号 CS 55 G ①类型：CS 表示场效应晶体管 ②序号：表示场效应晶体管的型号序号 ③规格号：表示同种类型产品的不同规格
方法三	前缀（□ □ □） 漏极电流 沟道 耐压值 编码 2 N 80 B ①前缀：用字母表示，其作用是对场效应晶体管进行分区 ②漏极电流：2 表示漏极电流 ID 为 2A ③沟道：表示沟道类型，其中 N 表示 N 沟道，P 表示 P 沟道 ④耐压值：表示栅源击穿电压 U_{DSS} 等耐压数值 ⑤编码：表示器件的编码

（续）

名称	命名规则及标注方法
标注方法	一般情况下，许多晶体管和场效应晶体管的外形上十分相似，在电路板上通常通过元器件的引脚标注进行识别。在电路板上每一个引脚对应一个字母标志，这里分别指出了该器件的3个引脚依次为S、栅极G和漏极D，表明该器件为场效应晶体管 

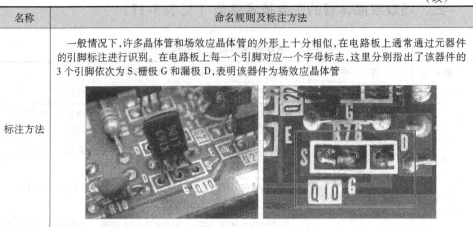

五、场效应晶体管引脚识别及性能简易测试（见表3-19）

表3-19　场效应晶体管引脚识别及性能简易测试

项目	图　解	说　明
结型场效应晶体管检测	 a)　b)　c)	外观识别：场效应晶体管引脚排列位置根据其品种、型号及功能不同而异。对于大功率场效应晶体管，如图a所示，从左至右，管脚排列基本为G、D、S极（散热片接D极）；采用绝缘底板模块封装的特种场效应晶体管通常有四个管脚，如图b所示，上面的两个通常为两个S极（相连），下面的两个分别为G、D极；采用贴片封装的场效应晶体管，如图c所示，散热片是D极，下面的三个脚分别是G、D、S极
	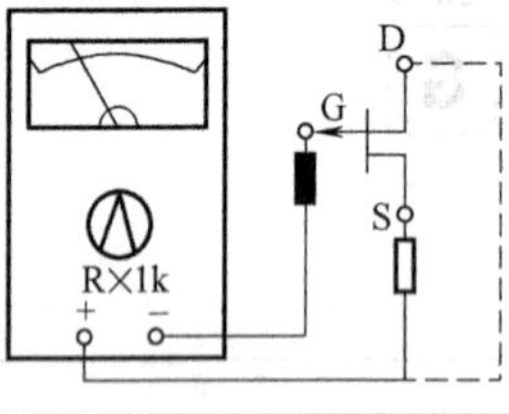	极性辨别：结型场效应晶体管的源极和漏极一般可互换使用，因此只要判别出其栅极G即可。判别时，将万用表置于R×1k挡，任选两电极，分别测出它们之间的正反、向电阻。若正、反向电阻值相等（约几千欧），则该两极为漏极D和源极S，余下的则为栅极G
	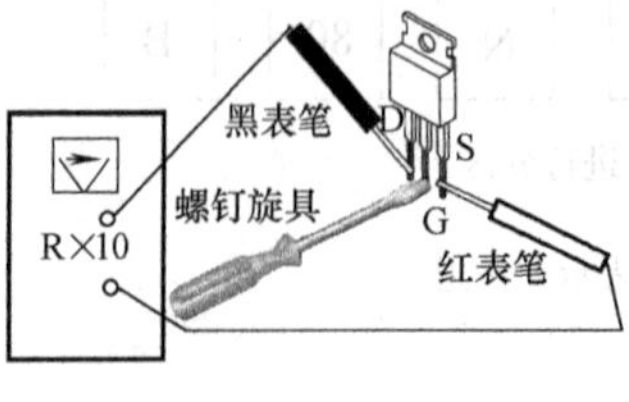	放大能力测试：万用表的黑表笔接在场效应晶体管的漏极引脚上，红表笔接在场效应晶体管的源极引脚，可以测得它们之间的电阻。此时，保持表笔不动，用一只螺钉旋具（或手指）接触场效应晶体管的栅极引脚。在接触的瞬间可以看到，万用表的指针会产生一个较大的摆动（向左或向右均可）。指针摆动幅度越大，表明场效应晶体管的放大能力越好，反之则表明场效应晶体管的放大能力越差。若螺钉旋具（或手指）接触栅极时指针无摆动，则表明场效应晶体管已失去放大能力

续表

项目	图　解	说　明
结型场效应晶体管检测	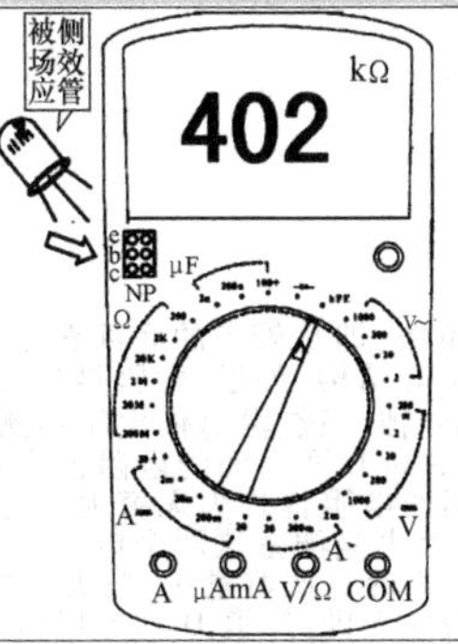	借用数字式万用表的“h_{Fe}”挡还可以直接估测出场效应晶体管的跨导 g_m（放大系数）。把数字式万用表的挡位选择开关旋至“h_{Fe}”挡，将被测管的栅极 G、漏极 D 和源极 S 引脚分别插入表盘测量晶体管的 B、C、E 插孔中
结型场效应晶体管检测	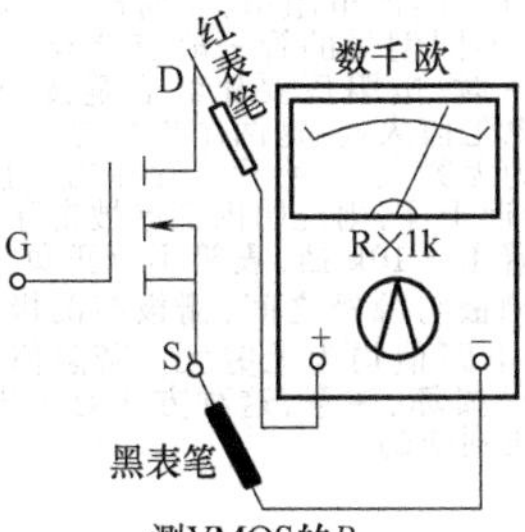测VMOS的R_{SD} 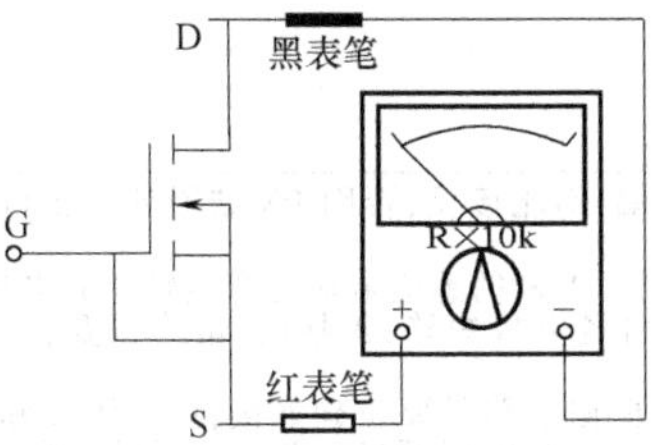短接VMOS的G 、S测R_{DS} 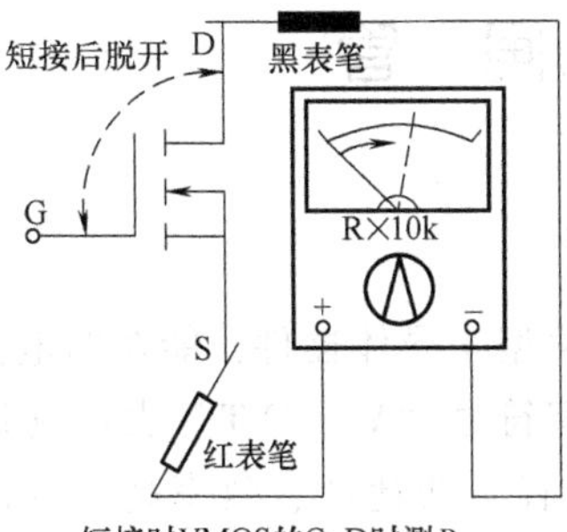短接时VMOS的G、D时测R_{DS}	判别管脚：将万用表置于 R×1k 挡，分别测量三个管脚之间的电阻，如果测得某管脚与其余两管脚间的电阻值均为无穷大，且对换表笔测量时阻值仍为无穷大，则证明此脚是栅极 G。仅对管内无保护二极管的 VMOS 管适用 判定源极 S 和漏极 D：将万用表置于 R×1k 挡，先用表笔将被测 VMOS 管三个电极短接一下，然后用交换表笔的方法测两次电阻，如果管子是好的，必然会测得的阻值为一大一小。其中阻值较大的一次测量中，黑表笔所接的为漏极 D，红表笔所接的为源极 S，而阻值较小的一次测量中，红表笔所接的为漏极 D，黑表笔所接的为源极 S，且被测管为 N 沟道管。如果被测管为 P 沟通管，则所测阻值的大小规律正好相反 好坏的判别：用万用表 R×1k 挡去测量场效应晶体管任意两脚之间的正、反向电阻值。如果出现两次及两次以上电阻值较小（几乎为 0），则该场效应晶体管损坏；如果仅出现一次电阻值较小（一般为数百欧），其余各次测量电阻值均为无穷大，还需继续判断（以上测量方法适用于内部无保护二极管的 VMOS 管）。以 N 沟道为例，可作下述测量，以判断管子是否良好 ①将万用表置于 R×1k 挡。先将被测 VMOS 管的栅极 G 与源极 S 用镊子短接一下，然后将红表笔接漏极 D，黑表笔接源极 S，所测阻值应为数千欧 ②先用导线短接 G 与 S，将万用表置于 R×10k 挡，红表笔接 S，黑表笔接 D，阻值应接近无穷大，否则说明 VMOS 管的反向特性比较差 ③将 G 与 S 间短路线去掉，表笔位置不动，将 D 与 G 短接一下再脱开，相当于给栅极注入了电荷，此时阻值应大幅度减小并稳定在某一阻值，此阻值越小说明跨导值越高，管子的性能越好。如果万用表指针向右摆幅很小，说明管子的跨导值较小 ④表笔不动，电阻值维持在某一数值，用镊子等导电物将 G 与 S 短路接一下，给栅极放电，万用表指针因立即向左转至无穷大 上述测量方法是针对 N 沟道 VMOS 场效应晶体管而言，若测量 P 沟道管，则应将两表笔位置调换

续表

项目	图　解	说　明
双栅绝缘栅场效应晶体管的检测	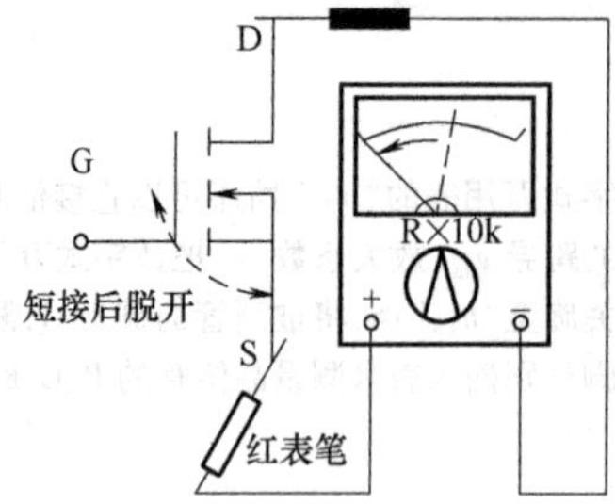 短接 VMOS 的 G、S 时的测试 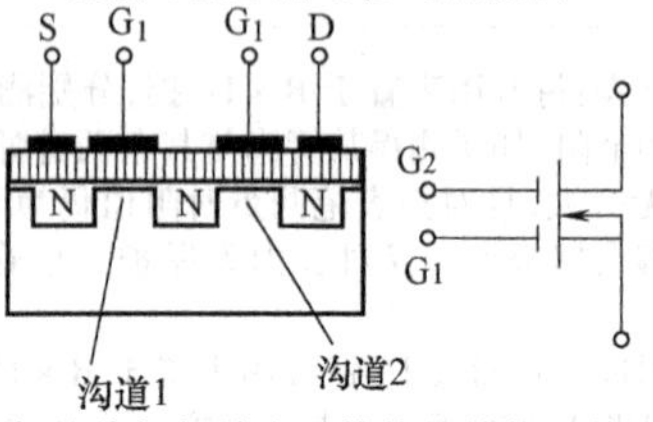 双栅绝缘栅场效应晶体管的结构及外形 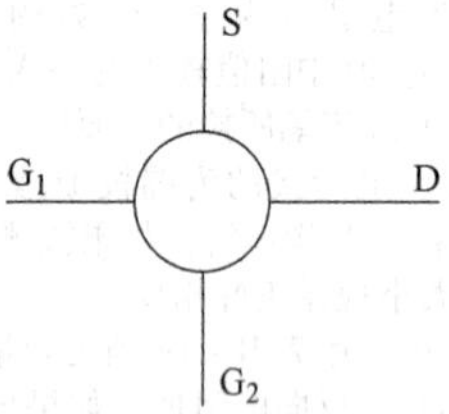 双栅绝缘栅场效应晶体管管脚排列	判别管脚电极：即从管子的底部看去，按逆时针依次是 D、S、G_1、G_2。结构、外形、管脚排列如图所示。将万用表置 R×100 挡，用红黑笔依次轮换测量各管脚间的电阻值，只有 S 和 D 两极间的电阻值为几十千欧之间，其余个电极间的电阻值均为无穷大。这样找到 S 和 D 极以后，在交换表笔测量这两个电极间的电阻值，其中在测得阻值较大的一次测量中，黑表笔所接的为 D 极，红表笔所接的为 S 极，知道 D 和 S 以后，G_1 和 G_2 便可以根据排列亏率加以确定 检测好坏：将万用表置于 R×10 或 R×100 挡，测量源极 S 和漏极 D 之间的电阻值，正常时，一般在几十欧到几千欧之间，不同型号的管子略有差异，当用黑表笔接 D，红表笔接 S 时，电阻值要比红表笔接 D，黑表笔接 S 时所测得的电阻值大些，这两个电极之间的电阻值若大于正常值或为无穷大，说明管子存在内部接触不良或内部断极，若接近于零，则说明内部已被击穿 将万用表置 R×10k 挡，表笔不分正负，测量栅极 G_1 和 G_2 之间，栅极与源极之间，栅极与漏极之间电阻值。正常时，这些电阻值均为无穷大。若阻值不是无穷大，则证明管子已损坏，注意，这种方法对于内部电极开路性故障时无法判断的
使用注意事项	结型场效应晶体管的栅源电压必须使 PN 结为反偏，不能接反，否则 PN 结因处于正偏而无法工作，但它的漏极与源极可互换使用 MOS 管的输入电阻很高，栅极的感应电荷很难泄放，少量的感应电荷会产生较高的电压，导致管子还未用时就已击穿或性能下降。因此，存放时应将各电极短路；焊接时，电烙铁要良好接地，或者去掉电源插头后再焊 MOS 管中，有的产品将衬底引出（四脚），用户可根据电路需要正确连接，此时源极和漏极可以互换使用。但有些产品出厂时，已将衬底与源极连在一起，此时源极和漏极不可以互换使用	

第四节　晶　闸　管

一、晶闸管概述

晶体闸流管简称晶闸管，是一种可控开关型半导体器件，能在弱电流的作用下可靠地控制大电流的流通。在电路中用文字符号“V”“VT”表示（旧标准中用“SCR”表示）。晶闸管具有体积小、重量轻、功耗低、效率高、寿命长及使用方便等优点，广泛应用于可控整流、交流调压、无触点电子开关、逆变及变频等电子电路中。晶闸管的分类如图 3-3 所示。

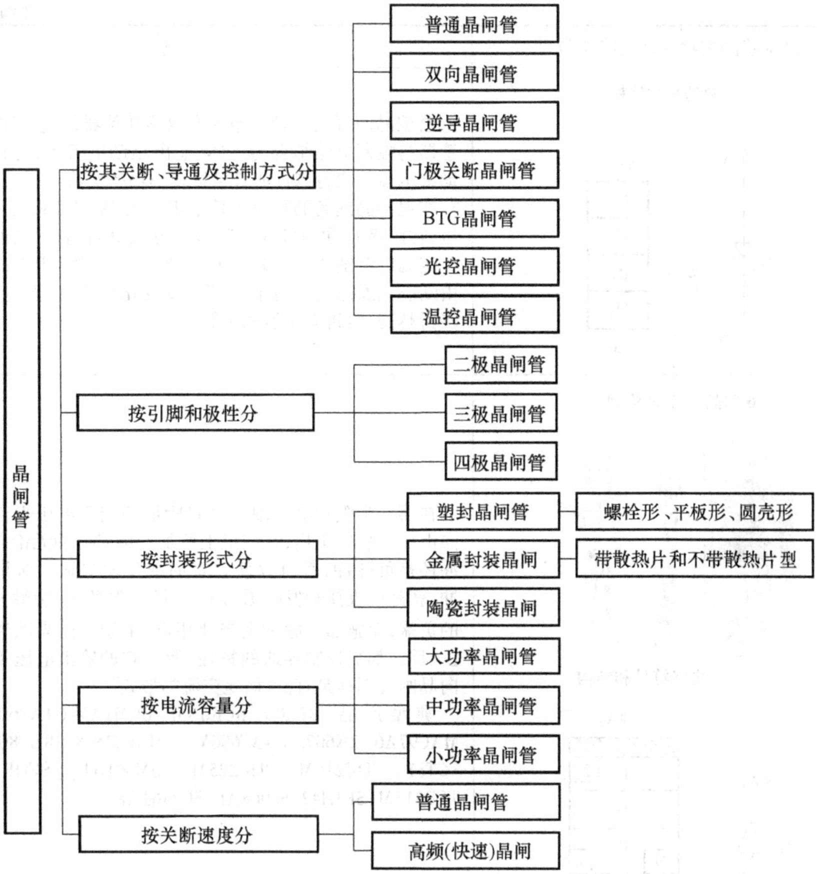

图 3-3　晶闸管的分类

二、常见晶闸管的实物图、特点、电路符号及应用

常见晶闸管的实物图、特点及电路符号见表 3-20，典型应用电路见表 3-21。

表 3-20　常见晶闸管的实物图、特点及电路符号

晶闸管的实物图及电路符号	特　　点
单向晶闸管　快速晶闸管  	晶闸管导通必须同时具备两个条件:第一,晶闸管阳极加正向电压;第二,门极加适当的正向电压 晶闸管导通后,门极便失去作用。依靠正反馈,晶闸管仍可维持导通状态 晶闸管关断的条件:第一,必须使晶闸管阳极电流减小,直到正反馈效应不能维持;第二,将阳极电源断开或者在晶闸管的阳极和阴极间加反相电压 晶闸管是一个可控的单向导电开关。典型产品:KP1-2、KS5-4、SFOR1、CR2AM、SF5 等 快速晶闸管是可以在 400Hz 以上频率下工作的晶闸管,其开通时间为 4 ~ 8μs,关断时间为 10 ~ 60μs,主要用于较高频率的整流、斩波、逆变和变频电路中

（续）

晶闸管的实物图及电路符号	特　　点
电路符号和结构 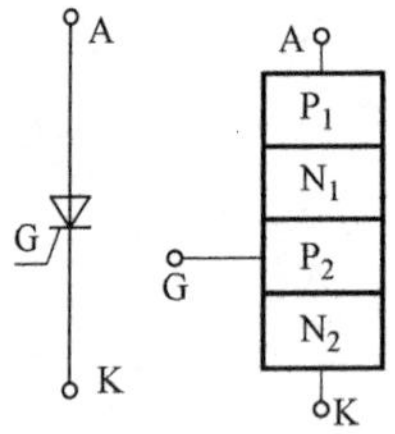	温控晶闸管是一种新型温度敏感开关器件，它将温度传感器与控制电路结合为一体，输出驱动电流大，可直接驱动继电器等执行部件或直接带动小功率负荷 在温控晶闸管的阳极 A 接上正电压，在阴极 K 接上负电压，在门极 G 和阳极 A 之间接入分流电阻，就可以使它在一定温度范围内（－40～130℃）起开关作用。温控晶闸管由断态到通态的转折电压随温度变化而改变，温度越高，转折越高，转折电压值就越低
双向晶闸管 螺栓型 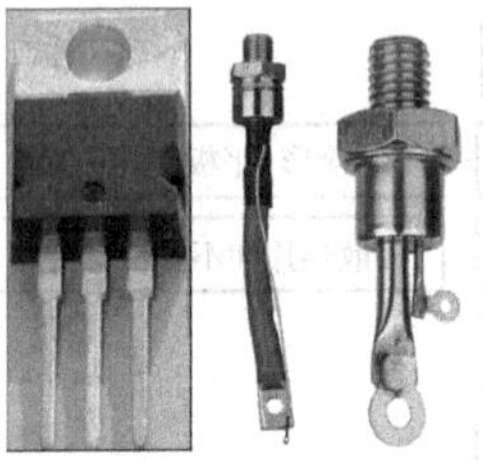 电路符号和结构 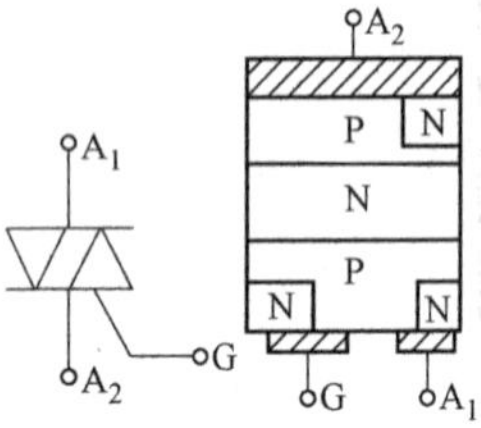	在第一阳极和第二阳极之间所加的交流电压无论是正向电压或反向电压，在门极上所加的触发脉冲无论是正脉冲还是负脉冲，都可以使它正向或反向导通。所谓正脉冲，就是门极接触发电源的正端，第二阳极 A_2 接触发电源的负端；而施加负脉冲则与此相反，由于双向晶闸管具有正、反向都能控制导通的特性，所以它的输出电压不像单向晶闸管那样是直流，而是交流的形式 典型产品：BTA06、BCR6AM、BCM1AM（1A/600V）、MAC97A6、2N6075（4A/600V）、MAC218-8（8A/800V）、3CTS1、TIC216M、TIC225M、SM30D11、SFOR1B41、TFD315M、SF3H42、S6068AL、SC246J 等
门极可关断晶闸管　　电路符号 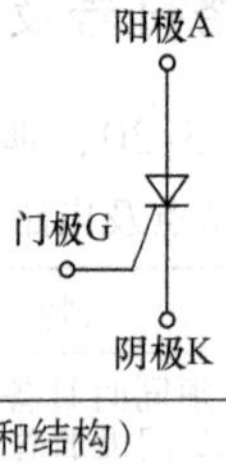	又称为门控晶闸管，其主要特点是当门极加负向触发信号时晶闸管能自行关断。典型产品有 5SGA、5SGF、5SGR、SG600EX、FG、DGT304SE 等系列
硅控制开关（电路符号和结构） 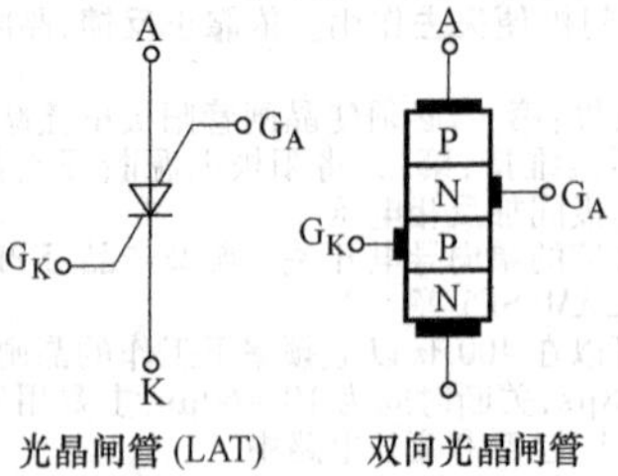 光晶闸管 (LAT)　　双向光晶闸管	又称为四端小功率晶闸管（SCS）。只要改变其接线方式，就可构成普通晶闸管（SCR）、可关断（GTO）晶闸管、逆导晶闸管（RCT）、互补型 N 门极晶闸管（NGT）、程控单结晶体管（PUT）、单结晶体管（UJT），此外还能构成 NPN 型晶体管、PNP 型晶体管、肖克莱二极管（SKD）、稳压二极管、N 型或 P 型负阻器件，分别实现十多种半导体器件的电路功能。硅控制开关属于 PNPN 四层四端器件容量一般为 60V、0.5A，大多采用金属壳封装。国外典型产品有 3N58、3N81、MAS32、3SF11 等

（续）

晶闸管的实物图及电路符号	特　点
光晶闸管(LAT) 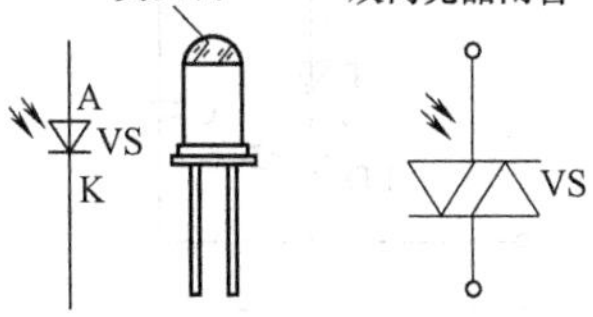 光电两用晶闸管电路符号和结构 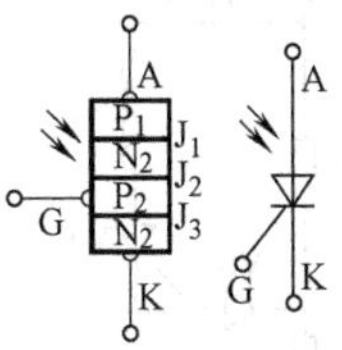 	光控制晶闸管又称为光触发晶闸管，是利用一定波长的光照信号触发导通的晶闸管。小功率光控晶闸管只有阳极和阴极两个端子，大功率光控晶闸管则还带有光缆，光缆上装有作为触发光源的发光二极管或半导体激光器。由于采用光触发保证了主电路与控制电路之间的绝缘，而且可以避免电磁干扰的影响，因此光控晶闸管目前在高压大功率的场合，如高压直流输电和核聚变装置中，占据重要的地位 光电两用晶闸管：在光晶闸管中再引出一个门极 双向光晶闸管：和普通晶闸管一样，光晶闸管是在一个硅片上，制成两个反向并联的光晶闸管，硅片的两侧做成两个斜面，可以分别接受从两个不同方面光照。这种双向光晶闸管在功能上相当于两个反向并联使用的光晶闸管

表 3-21　晶闸管的典型应用电路

电 路 说 明	应 用 电 路
图示为普通晶闸管交流调压电路。电路中的 VT1 为普通晶闸管，RP1 为可变电阻器，VD1 ~ VD4 为整流二极管，M 为负载	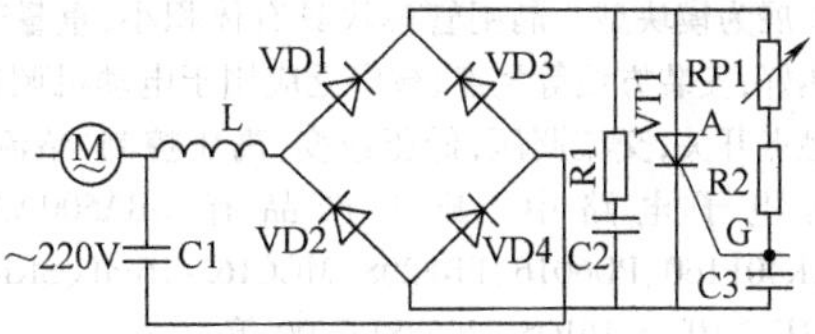
图示为单电源门极关断晶闸管栅极驱动电路，电路中的 VT2 为门极关断晶闸管，VT3 为普通晶闸管，VT1 为导通脉冲放大管	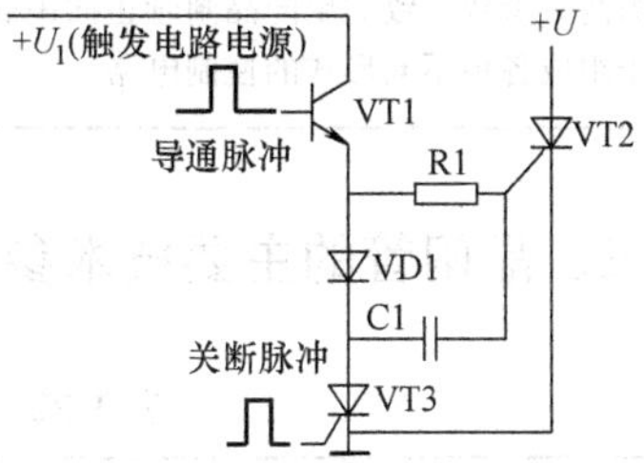
图示为逆导晶闸管应用电路，这是斩波器调压电路，电路中的 VT1 是主逆导晶闸管，VT2 是辅助逆导晶闸管，M 是电动机。主逆导晶闸管 VT1 导通时，电动机两端为最大电压，当 VT1 导通与截止时间相等时电动机两端电压为输出电压的 1/2，通过控制 VT1 导通与截止时间可以改变电动机两端的电压大小	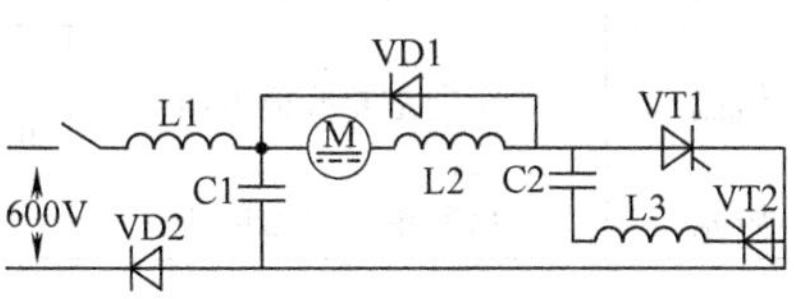
图示为温控晶闸管应用电路，+ U 是直流工作电压，为了保证开关温度的稳定性，+ U 应采取稳定的直流工作电压。改变可变电阻器 RP1 的阻值大小时，可以得到不同的开关温度	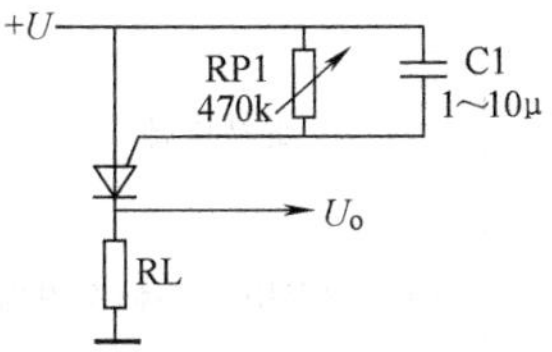

（续）

电路说明	应用电路
图示为快速晶闸管开关电路，在晶闸管 VT 关断期间，直流电源 E 经电阻 R 给储能电容器 C 充电，C 上电压 U_c 最终可充到 E。当触发信号加到 VT 门极时，它导通。电容 C 通过 VT 放电，形成很大幅值的电流脉冲，于是驱动半导体激光器 LD 发射激光	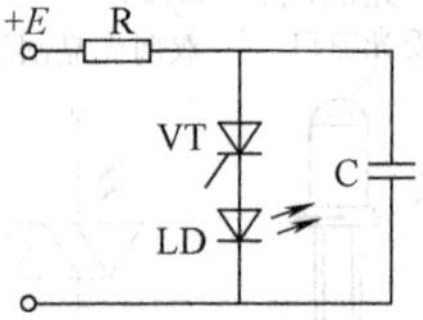
彩电开关电源都设有保护电路，其保护方式一般是使电路停振，有过电流保护、过电压保护和欠电压保护（短路保护）等。某种开关电源的过电压保护电路如图所示，电压的采样点取自主负载供电电压，通过一个齐纳二极管（稳压二极管）来进行采样判别。一旦过电压，齐纳二极管被击穿，晶闸管导通，通过线圈将主电源短路，起到保护作用	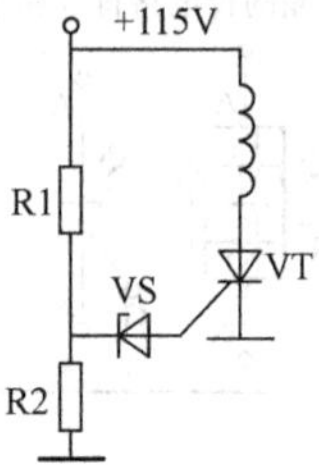
随电子技术的发展，大功率晶闸管模块已由引线型发展为模块型。晶闸管模块具有体积小，重量轻，散热好，安装方便等优点，被广泛应用于电动机调速，无触点开关，交流调压，低压逆变，高压控制，整流稳压等电子电路中。典型产品有 SBA500AA160、KK40F160、PD6016、PBF208、MCC162-16io1、SKKT42/12E、VHF36-16IO5、M0588LC400 等 它由两只参数一致的单向晶闸管正向串联起来，这样便于组成各种不同形式的控制电路	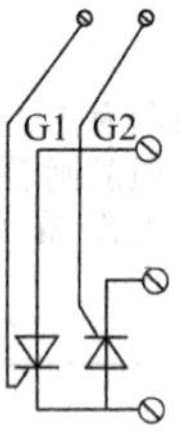

三、晶闸管的主要技术参数（见表 3-22）

表 3-22　晶闸管的主要技术参数

参数	名　　称	说　　明
U_{RRm}	正向重复峰值电压	在门极开路和正向阻断的条件下，重复加在晶闸管两端的正向峰值电压，称为正向重复峰值电压
U_{FRm}	反向重复峰值电压	在门极开路时，允许重复加在晶闸管两端的反向峰值电压
I_F	正向平均电流	在环境温度不大于 40℃ 和标准散热及全导通的条件下，晶闸管允许连续通过的工频正弦半波电流的平均值
I_H	维持电流	在室温下，门极开路时，维持晶闸管继续导通所必需的最小电流
U_G、I_G	门极触发电压和触发电流	在室温下，阳极加正向电压时，使晶闸管由阻断变为导通所需要的最小门极电压和电流

四、晶闸管的型号命名及标注方法（见表3-23）

表3-23 晶闸管的型号命名及标注方法

名称	命名方法及标注方法
3CT系列	我国目前生产的3CT系列晶闸管的型号由五部分构成，如3CT-5/500 ①3表示三个电极 ②C表示N型硅材料 ③T表示晶闸管器件 ④5表示额定正向平均电流5A ⑤500表示正向阻断峰值电压500V
KP系列	我国目前生产的KP系列晶闸管的型号由五部分构成，如KP200-10D ①K表示晶闸管 ②P表示普通型（晶闸管类型K—快速、S—双向） ③200表示额定正向平均电流200A ④10表示额定电压级别为1000V。额定电压在1000V以下的每100V为一级，1000～3000V的每200V为一级。用百位数或千位及百位数组合表示级数 ⑤D表示通态平均电压级别（小于100A的不标），D级为0.7V通态平均电压分9级，用A～I字母表示，由0.4～12V，每隔0.1V为一级
国外典型命名方法	①以“BCR”来命名双向晶闸管的典型厂家有日本三菱，如BCR1AM-12、BCR8KM、BCR08AM等 ②以“BT”来命名双向晶闸管的生产商如意法半导体公司、荷兰飞利浦-Philips公司，代表型号如PHILIPS的BT131-600D、BT134-600E、BT136-600E、BT138-600E、BT139-600E、BTB06-600C、BTB12-600B、BTB16-600B、BTB41-600B等
标注方法	①晶闸管主要采用直接标注的方法，如图a所示。从外形上看，该晶闸管采用的是塑料封装形式，在管子的表面标注有“KK23”。根据晶闸管的命名规则，该晶闸管为国产晶闸管，第一个“K”表示晶闸管，第二个“K”表示快速反向阻断型晶闸管，“2”表示额定通态电流为2A，“3”表示重复峰值电压为300V ②与其他半导体器件类似，根据国家和生产厂商的不同，晶闸管的标注也不相同。如图b所示为日本生产的晶闸管，可以看到管子上标注的文字为“2P4MH”（日本标准），其中“2”表示额定通态电流（正向导通电流），“P”表示为普通反向阻断型晶闸管，“4”表示重复峰值电压级数。它属于普通反向阻断型晶闸管。通常晶闸管的直接标注方法采用的是简略方式 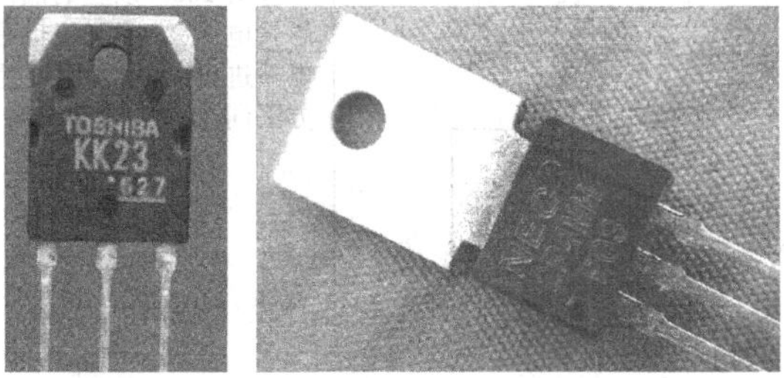 a)　　　　b)

五、晶闸管引脚识别及简易测试（见表3-24）

表3-24　晶闸管引脚识别及简易测试

内容	图　解	操作步骤
单向晶闸管的检测	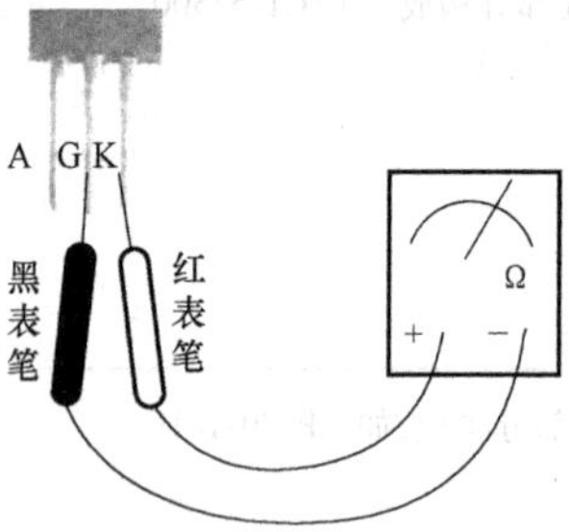	极性的判断：将万用表置于R×1k或R×100挡。分别测量各引脚之间的正反电阻。如果测得其中两引脚的电阻较大（如90kΩ），对调两表笔，再测这两个引脚之间的电阻，阻值又较小（如2.5kΩ），这时万用表黑表笔接的是G极，红表笔接的是K极，剩下的一个是A极 外观识别：小功率晶闸管多采用塑封或金属壳封装，中功率晶闸管的门极管脚比阴极细，阳极带有螺栓，大功率晶闸管的门极上带有金属编织套
	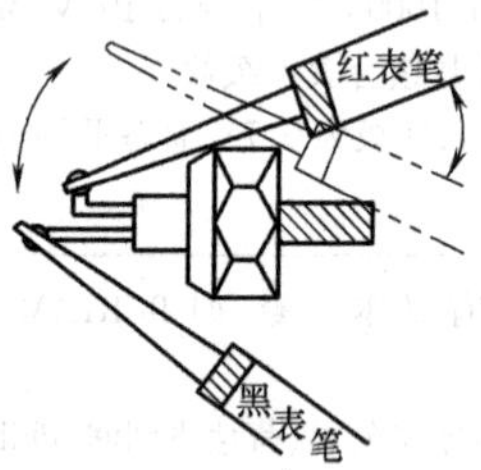 a) 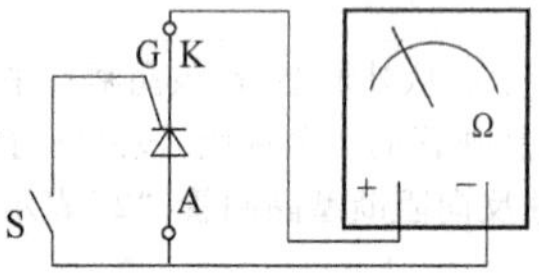 b) 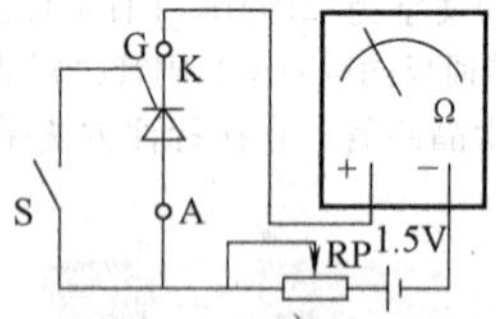 c) 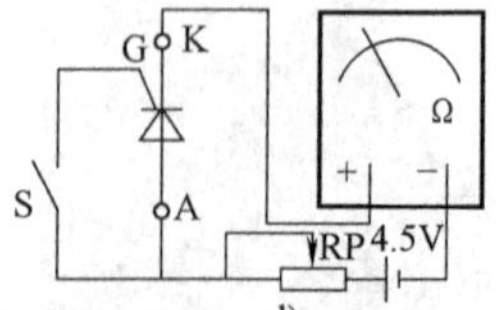 d)	触发能力的判断： ①对1～10A的晶闸管，可用万用表的R×1挡，红表笔接A极，黑表笔接K极，表针不动；然后使红表笔在与A极相接的情况下，同时与门极G接触。此时可从万用表的指针上看到晶闸管的A～K之间的电阻值明显变小，指针停在几欧到十几欧处，晶闸管因触发处于导通状态。给G极一个触发电压后离开，仍保持红表笔接A极，黑表笔接K极，若晶闸管处于导通状态不变，则表明晶闸管是好的；否则，晶闸管可能是损坏的 ②对10～100A的晶闸管，其处于大电流的门极触发电压、维持电流都应增大，万用表的R×1挡提供的电流低于维持电流，使导通情况不良，此时可按图c所示增加可变电阻RP（阻值选取200～390Ω）和1.5V电池相串联。测量方法同① ③对100A以上的晶闸管，其处于更大电流的门极触发电压，维持电流也更大，此时可采用图d所示的电路进行测试，万用表置于直流电流500mA挡。测量方法同①

（续）

内容	图　解	操作步骤
双向晶闸管的检测	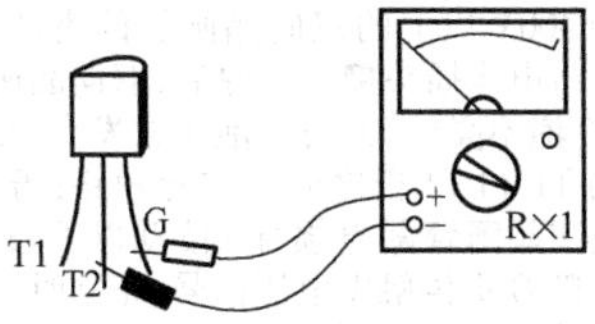 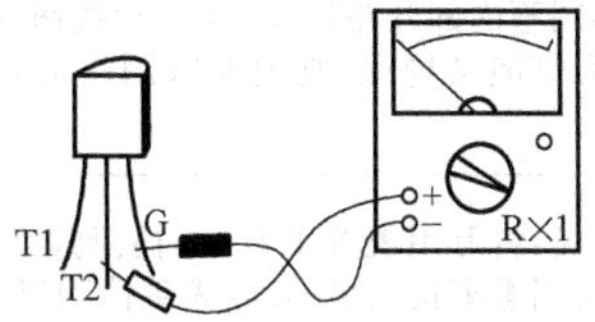	确定主电极 T2。门极 G 与主电极 T1 之间的距离较近，其正反向电阻都较小。用万用表 R×1 挡测量 G、T1 两脚之间的电阻时表针偏转幅度较大，而 G 与 T2、T1 与 T2 之间的正反向电阻均为无穷大。这表明，如果测出某脚和其他两脚都不通，就能确定该脚为 T2 极。有散热板的双向晶闸管 T2 极往往与散热板相连通 外观识别：螺栓型双向晶闸管的螺栓一端为主电极 T，较细引线端为门极 G，较粗的引线端为主电极 T，金属封装（TO-3）双向晶闸管的外壳为主电极 T2，塑封（TO-220）双向晶闸管的中间引脚为主电极 T2，该极通常与自带小散热片相连
	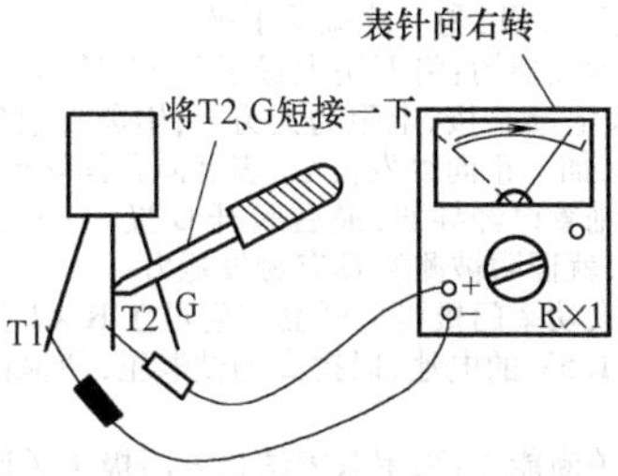	确定 T2 极之后，假设剩下两脚中某一脚为 T1 极，另一脚假设为 G 极，将黑表笔接假设 T1 极，红表笔接 T2 极，并在黑表笔不断开与 T1 极连接的情况下，把 T2 极与假设 G 极瞬时短接一下（给 G 极加上负触发信号），万用表指针向右偏转，说明管子已经导通，导通方向为 T1→T2，上述假设的两极正确。如果万用表没有指示，电阻值仍为无穷大，说明管子没有导通，假设错误，可改变两极假设连接表笔再测
	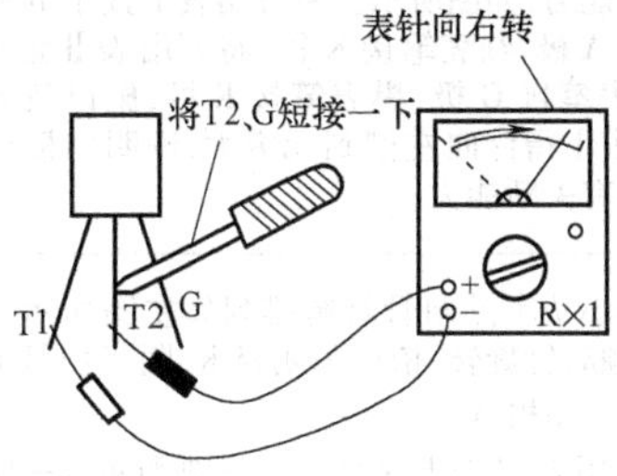	把红表笔接 T1 极，黑表笔接 T2 极，然后使 T2 极与 G 极瞬时短接一下（给 G 极加上正触发信号），电阻值仍较小，证明管子再次导通，导通方向为 T2→T1。 如果按哪种假设去测量都不能使双向晶闸管触发导通，证明管子已损坏
	部分双向晶闸管引脚示意图 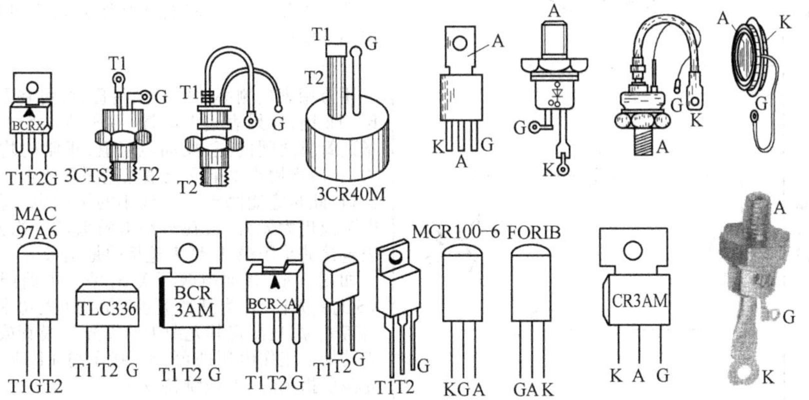	

（续）

内容	图　　解	操作步骤
双向晶闸管的检测	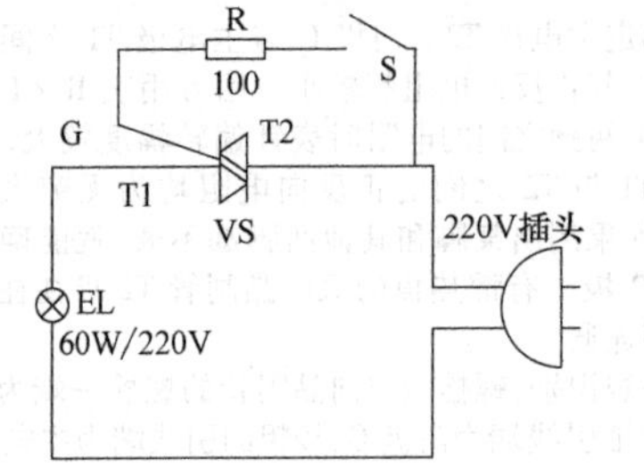	耐压为400V以上的双向晶闸管的测试：按图示接好电路。将电源插头接入电源后，双向晶闸管处于截止状态，灯泡不亮（若此时灯泡正常发光，则说明被测晶闸管的T1和T2极之间以击穿短路；若灯泡微亮，则说明被测晶闸管漏电损坏）按动以下按钮S，为晶闸管的门极G提供触发电压信号，正常时晶闸管应立即被触发导通，灯泡正常发光，若灯泡不能发光，则说明被测晶闸管内部开路损坏，若按动按钮S时灯泡点亮，松手后灯泡又熄灭，则说明被测晶闸管的触发性能不良
门极关断晶闸管的检测	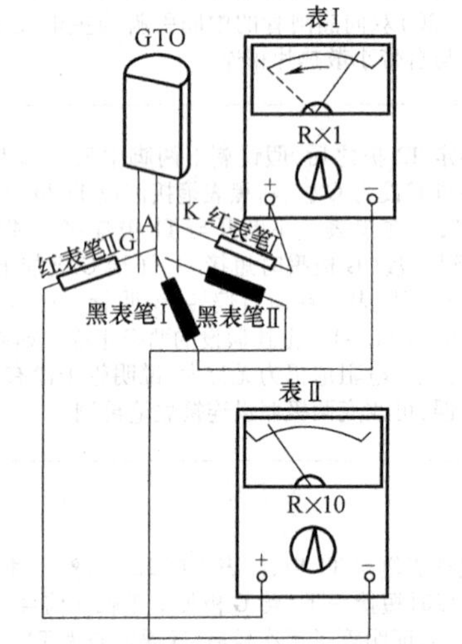	判定电极：将万用表置于R×1挡，测量任意两脚间的电阻，仅当黑笔接门极G，红表笔接阴极K时，电阻呈低阻值，其他情况下电阻值均为无穷大，由此可判定G极和K极，剩下的就是阳极A 检查触发能力：将万用表置于R×1挡，黑表笔接A极，红表笔接K极，电阻为无穷大；用黑表笔尖同时接触G极，加上正向触发信号，表针向右偏转到低阻值，表明晶闸管已经导通；最后脱开G极，只要晶闸管维持通态，就证明被测管具有触发能力 检测大功率门极可关断晶闸管可在R×1挡外面串联一节1.5V的电池，以提高测试电压，使晶闸管可靠地导通 检查关断能力：采用双表法检查门极可关断晶闸管的关断能力，如图所示。将万用表Ⅰ置于R×1挡，黑表笔接A极，红表笔接K极，将万用表Ⅱ置于R×10挡，红表笔接G极，黑表笔接K极，施以负向触发信号，若表Ⅰ指针向左摆到无穷大，证明门极可关断晶闸管具有关断能力
四端小功率晶闸管的检测	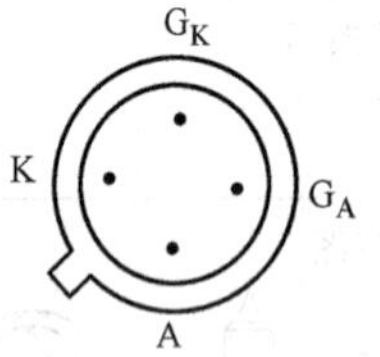	四端小功率晶闸管管脚排列如左图所示。从管键开始，顺时针旋转，依次为阴极K，阴极门极G_K，阳极门极G_A、阳极A 将万用表置于R×1k挡，分别测量A—G_A，G_K—G_A，G_K—K之间的正、反向电阻值。正向电阻应为几千欧至十几千欧，反向电阻为无穷大，说明PN结具有单向导电性
光晶闸管的检测	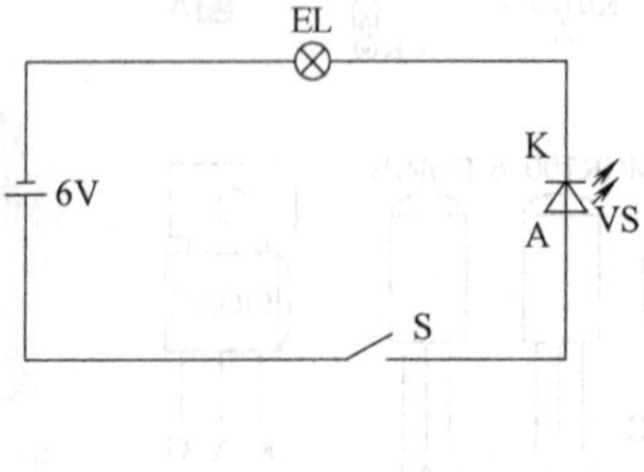	用万用表检测小功率光晶闸管时，可将万用表置于R×1k挡，在黑表笔上串接1～3节1.5V干电池，测量两管脚之间的正、反向电阻值，正常时均应为无穷大，然后再用小手电筒或激光笔照射光晶闸管的受光窗口，此时应能测出一个较小的正向电阻值，但反向电阻值仍为无穷大，在较小电阻值的一次测量中，黑表笔接的是阳极A，红表笔接的是阴极K 如图所示，接通电源开关S，用手电筒照射晶闸管VS的受光窗口，为其加上触发光源（大功率光晶闸管自带光源，只需将其光缆中的发光二极管或半导体激光器加上工作电压即可）后，指示灯EL应点亮，撤离光源后指示灯EL应维持发光

（续）

内容	图　解	操作步骤
逆导晶闸管的检测	逆导晶闸管（RCT）是在普通晶闸管的阳极A与阴极K间的反向并联了一只二极管（制作于同一管芯中） 逆导晶闸管较普通晶闸管的工作频率高，关断时间短，误动作小，可广泛应用于超声波电路、电磁灶、开关电源、电子镇流器、超导磁能储存系统等领域 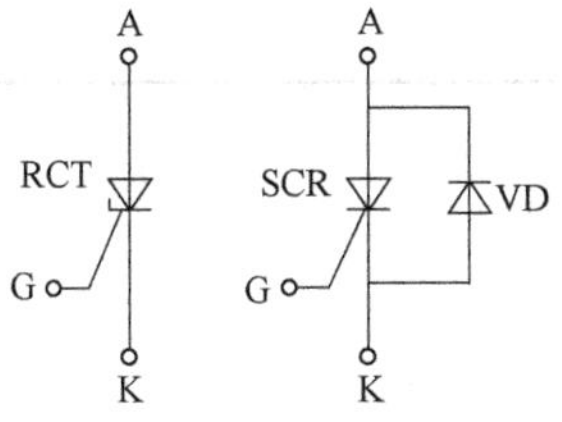 a)　　b) 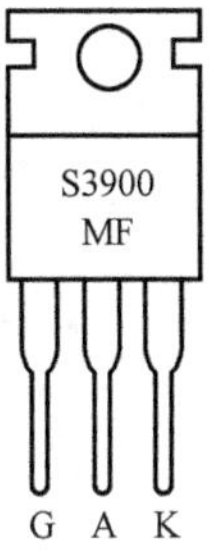 c)	①判别各电极：用万用表R×100挡测量各电极之间的正反向电阻值时，会发现有一个电极与另外两个电极之间正、反向测量时均会有一个低阻值，这个电极就是阴极K。将黑表笔接阴极K，红表笔依次去触碰另外两个电极，显示为低阻值的一次测量中，红表笔接的是阳极A。再将红表笔接阴极K，黑表笔依次触碰另外两个电极，显示低阻值的一次测量中，黑表笔接的便是门极G ②测量其好坏：用万用表R×100或R×1k挡测量反向导通晶闸管的阳极A与阴极K之间的正、反向电阻值，正常时，正向电阻值（黑表笔接A极）为无穷大，反向电阻值为几百欧姆至几千欧姆（用R×1k挡测量为7kΩ左右，用R×100挡测量为900Ω左右）。若正、反向电阻值均为无穷大，则说明晶闸管内部并接的二极管已开路损坏。若正反向电阻值为很小，则是晶闸管短路损坏 正常时反向导通晶闸管的阳极A与门极G之间的正、反向电阻值均为无穷大。若测得A、G极之间的正、反向电阻值均很小，则说明晶闸管的A、G极之间击穿短路 正常时反向导通晶闸管的门极G与阴极K之间的正向电阻值（黑表笔接G极）为几百欧姆至几千欧姆，反向电阻值为无穷大。若测得其正、反向电阻值均为无穷大或均很小，则说明该晶闸管G、K极间已开路或短路损坏 ③触发能力检测：反向导通晶闸管的触发能力的检测方法与普通晶闸管相同。用万用表R×1挡，黑表笔接阳极A，红表笔接阴极K（大功率晶闸管应在黑表笔或红表笔上串接1～3节1.5V干电池），将A、G极间瞬间短路，晶闸管即能被触发导通，万用表上的读数会由无穷大变为低阻值。若不能由无穷大变为低阻值，则说明被测晶闸管的触发能力不良
温控晶闸管的检测	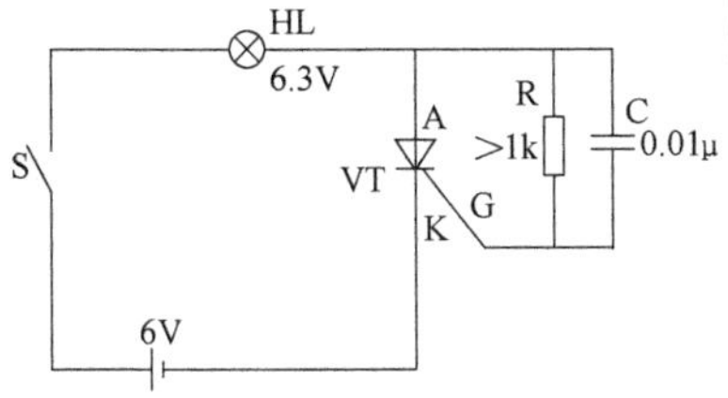 	电路中R是分流电阻，用来设定晶闸管VT的开关温度，其阻值越小，开关温度设置就越高，C为抗干扰电容，可防止晶闸管VT误触发。HL为6.3V指示灯，S为电源开关 接通电源开关S后，晶闸管VT不导通，指示灯HL不亮，用电吹风热风挡给晶闸管VT加温，当其温度达到设定温度值时，指示灯亮，说明晶闸管VT已被触发导通。在用电吹风冷风挡给晶闸管VT降温（或待其自然冷却）至一定温度值时，指示灯能熄灭，则说明该晶闸管性能良好，接通电源开关后指示灯即亮，或给晶闸管加温后指示灯不亮，或给晶闸管降温后指示灯不熄灭，则是被测晶闸管击穿损坏或性能不良

（续）

<table>
<tr><th>内容</th><th>图　解</th><th>操 作 步 骤</th></tr>
<tr><td>数字式万用表检测晶闸管</td><td colspan="2">①将数字式万用表置于二极管挡，红表笔固定任接某个管脚，用黑表笔依次接触另外两个管脚，如果在两次测试中，一次显示值小于1V；另一次显示溢出符号“OL”或“1”（视不同的数字式万用表而定），则表明红表笔接的管脚不是阴极K（单向晶闸管）就是主电极T2（双向晶闸管）
②若红表笔固定接任意一个管脚，黑表笔接第二个管脚时显示的数值为0.6～0.8V，黑表笔接第三个管脚显示溢出符号“OL”或“1”，且红表笔所接的管脚与黑表笔所接的第二个管脚对调时，显示的数值由0.6～0.8V变为溢出符号“OL”或“1”，就可判定该晶闸管为单向晶闸管，此时红表笔所接的管脚是门极G，第二个管脚是阴极K，第三个管脚为阳极A
③若红表笔固定接一个管脚，黑表笔接第二个管脚时显示的数值为0.2～0.6V，黑表笔接第三个管脚显示溢出符号“OL”或“1”，且红表笔所接的管脚与黑表笔所接的第二个管脚对调，显示的数值固定为0.2～0.6V，就可判定该管为双向晶闸管，此时红表笔所接的管脚是主电极T1，第二个管脚为门极G，第三个管脚是主电极T2</td></tr>
</table>

第四章

表面组装元器件与集成电路

第一节 表面组装元器件

一、表面组装元器件概述

1. 特点

表面组装元器件俗称无引脚元器件，问世于20世纪60年代，习惯上人们把表面组装无源元件，如片式电阻、电容、电感称为SMC；而将有源器件，如小外形晶体管（SOT）及四方扁平组件（QFP）称为SMD。无论是SMC还是SMD，在功能上都与THT元器件相同。

表面组装元器件有两个显著的特点：

1）在表面组装元器件的电极上，有些焊端完全没有引线，有些只有非常短的引线：相邻电极之间的距离比传统的THT集成电路的标准引线间距（2.54mm）小很多，目前引脚中心间距离最小的已经达到0.3mm。在集成度相同的情况下，表面组装元器件的体积比THT元器件小很多；或者说，与同样体积的传统电路芯片比较，表面组装元器件的集成度提高了很多倍。

2）表面组装元器件直接贴装在PCB的表面，将电极焊接在元器件同一面的焊盘上。这样，PCB上通孔的直径仅由制作印制电路板时金属化孔的工艺水平决定，通孔的周围没有焊盘，使PCB之间的布线密度和组装密度大大提高。

当然，表面组装元器件也存在着不足之处，例如，元器件与PCB表面非常贴近，与基板间隙小，给清洗造成困难：元器件体积小，电阻、电容一般不设标记，一旦弄乱就不容易搞清楚：同时元器件与PCB之间热膨胀系数的差异性也是SMT产品要解决的问题。

2. 种类和规格

表面组装元器件基本是都是片状结构。表面组装元器件的详细分类见表4-1。

表 4-1　表面组装元器件的详细分类

类别	封装形式	种类
表面组装无源元件(SMC)	矩形片式	厚膜和薄膜电阻器、热敏电阻、压敏电阻、单层和多层陶瓷电容器、钽电解电容器、片式电感器、磁珠石英晶体等
	圆柱形	碳膜电阻器、金属膜电阻器、陶瓷电容器、热敏电容器等
	异形	微调电位器、铝电解电容器、微调电容器、线绕电感器、晶体振荡器、变压器等
	复合片式	电阻网络、电容网络、滤波器等
表面组装有源器件(SMD)	圆柱形	二极管
	陶瓷组件(扁平)	无引脚陶瓷芯片载体(LCCC)、陶瓷芯片载体(CBGA)
	塑料组件(扁平)	SOT、SOP、SOJ、PLCC、QFP、BGA、CSP 等
机电元件	异形	继电器、开关、连接器、延时器、薄型微电机等

二、常见表面组装元器件的结构与特点（见表 4-2）

表 4-2　常见表面组装元器件的结构与特点

	外形与结构	特点与应用
表面组装电阻器	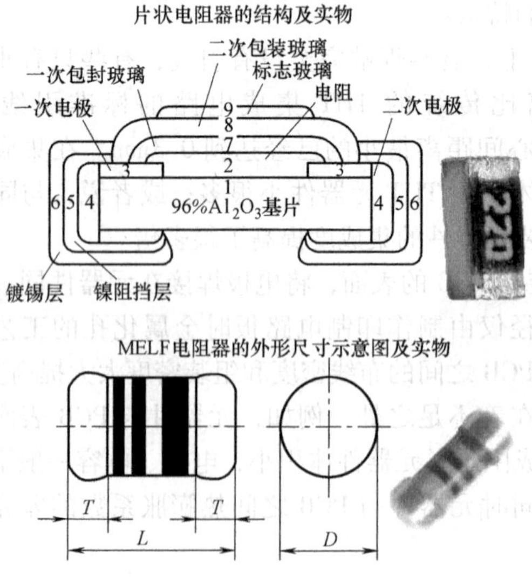	表面组装电阻器按封装外形，可分为片状和柱状两种，表面组装电阻器按制造工艺可分为厚膜型(RN)和薄膜型(RK)两大类 片状表面组装电阻器(CHIP 封装)一般是用厚膜工艺制作的。长方形，两端有焊接端；厂家不同颜色不同。通常上面是黑色或蓝色，下面是白色；元器件正面标有阻值，无极性，但有正反；在 PC 板上标示 R××，如 R34 圆柱形表面组装电阻器(MELF 封装)可以用薄膜工艺来制作。主要有碳膜 ERD 型、金属膜 ERO 型及跨接用的 0Ω 电阻器三种。两端有金属帽电极。采用色环标记法，有三色、四色、五色环几种

（续）

	外形与结构	特点与应用
电阻网络	电阻网络结构及实用 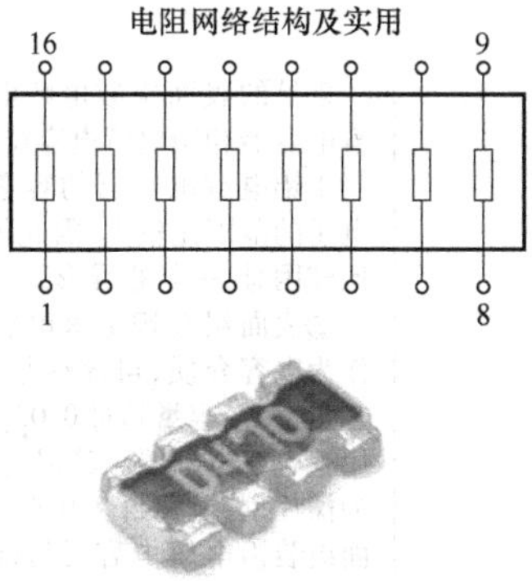	表面组装电阻排是电阻网络的表面组装形式 电阻网络按结构可分为 SOP 型、芯片功率型、芯片载体型和芯片整列型 4 种 常用 SOP 封装元件正面标有阻值，无极性，但有正反；在 PC 板上标示 RN××，如 RN55。常用的有 2R4P、3R6P、4R8P 等
表面组装电位器	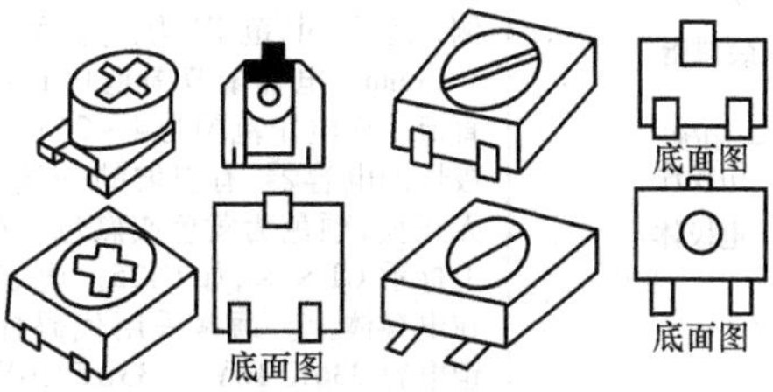	表面组装电位器又称为片式电位器。是一种直线式，无手动旋转轴的电位器。它包括片状、圆柱状、扁平矩形结构等各种类型。标称阻值范围在 100Ω～1MΩ，阻值允许偏差 ±25%、额定功耗系列为 0.05W、0.1W、0.125W、0.2W、0.25W、0.5W。阻值变化规律为线性。主要用于通信及家电产品中的音量、音调的调整
表面组装电容器	MLC的外形结构及实物 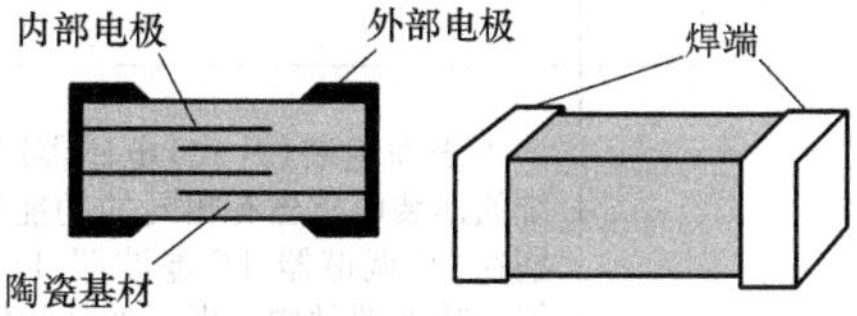  排容和云母电容器的形状 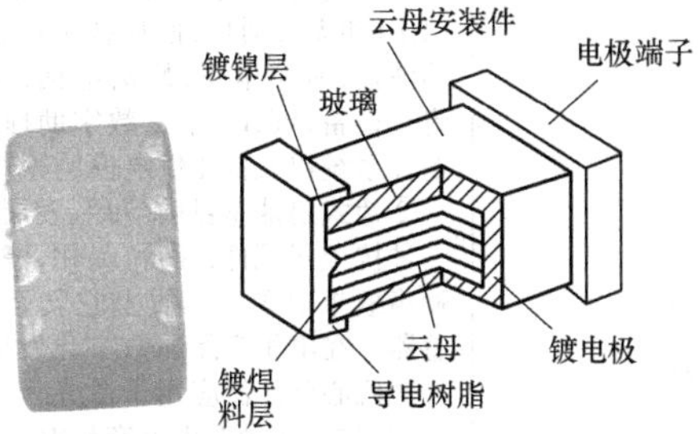	表面组装电容器目前使用较多的主要有两种：陶瓷系列（瓷介）电容器和钽电解电容器。有机薄膜和云母电容器使用较少 ①表面组装陶瓷电容器（MLC）以陶瓷材料为电容介质，多层陶瓷电容器是在单层盘状电容器的基础上构成的。长方形，片式电容通体一色，为土黄色、黑色、棕色或灰色。两端是金属可焊端。无极性，也无正反；在 PC 板上标示 C××，如 C20。排容在 PC 板上标示 CN××，如 CN23 外形尺寸有 0805、1206、1210、1812、1825 等几种，其中 1206 最常用。一般容量和误差标记在外包装上，如：101J = 10×10^1pF ±5% 表面组装多层陶瓷电容器的可靠性很高，已大量用于汽车工业、军事和航空航天产品 ②云母电容器采用天然云母作为介质，做成矩形片状，由于它具有耐热性好、损耗低、Q 值和精度高、易做成小电容等特点，特别适合在高频电路中使用，近年来已在无线通信、硬盘系统中大量使用

（续）

<table>
<tr><th></th><th>外形与结构</th><th>特点与应用</th></tr>
<tr><td>表面组装电解电容器</td><td>
铝电解电容器的结构及实物

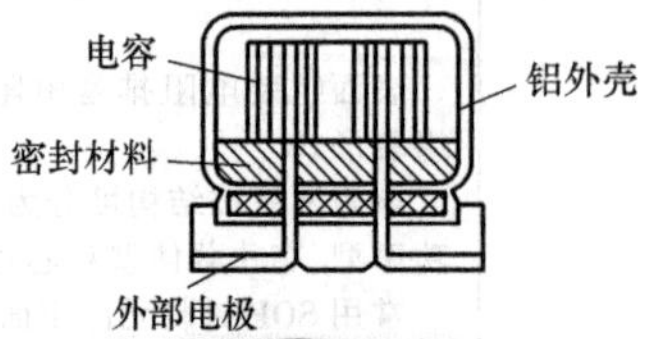

表面组装钽电解电容器的结构及实物

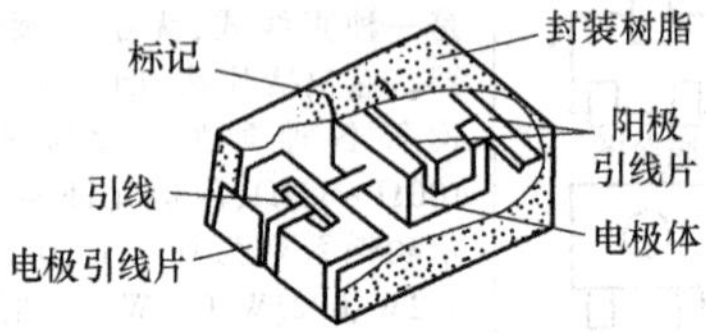

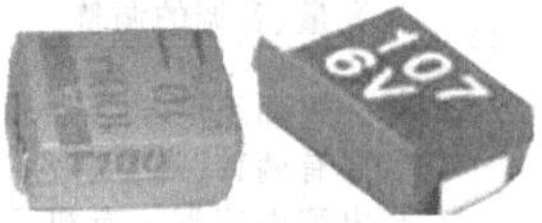

</td><td>
常见的表面组装电解电容器有铝电解电容器和钽电解电容器两种。

①铝电解电容器的容量和额定工作电压的范围比较大，因此做成贴片形式比较困难，一般是异形结构

②表面组装钽电解电容器以金属钽作为电容介质，可靠性很高，单位体积容量大，在容量超过 0.03μF 时，大都采用钽电解电容器。其都是片状矩形，分为裸片型、模塑封装和端帽型 3 种。表面组装钽电解电容器目前尚无统一的标注标准。以端帽型钽电解电容器为例，其尺寸范围为：宽度 1.27 ~ 3.18mm。电容量范围是 0.1 ~ 100μF，直流工作电压范围为 4 ~ 25V。它是有极性的电容器，有斜坡的一端是正极。无正反；颜色为黄色或黑色。在 PC 板上标示 CT × ×，如 CT25。电容值标注在电容体上。通常采用代码标记。如钽电容 336K/16V = 33μF/16V

广泛应用在台式计算机、手机、数码照相机和精密电子仪器等电路中
</td></tr>
<tr><td>表面组装电感器</td><td>
片式电感器

片式磁珠

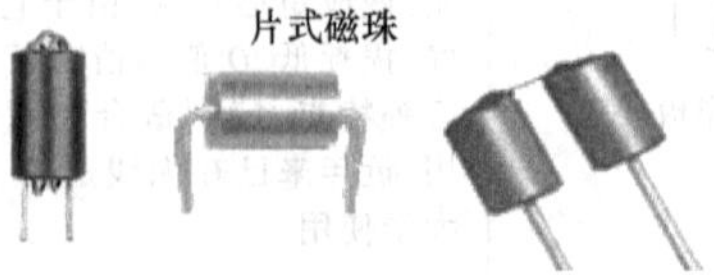
</td><td>
①表面组装（片式）电感器除了与传统的插装电感器有相同的功能外，还特别在 LC 调谐器、LC 滤波器、LC 延时线等多功能器件中体现了独到的优越性

形状类似 SMD 钽电容。长方形，颜色为灰黑色。无极性，也无正反；在 PC 板上标示 L × ×，如 L34。电感值以代码标注的形式印制在元器件上或标签上，如 303K = 30mH ± 10%。高频电感很小。无极性之分，无电压标定

片式电感的应用场合主要有：射频（RF）和无线通信，信息技术设备，雷达检波器，汽车电子，蜂窝电话，寻呼机，音频设备，PDAs（个人数字助理），无线遥控系统以及低压供电模块等

②片式磁珠是目前应用、发展很快的一种抗干扰元件，廉价、易用，滤除高频噪声效果显著。实质上它就是片式电感器。在电子产品向数字化发展之际，片式磁心已广泛应用于激光音响、数字音响、数字式录像机等产品中
</td></tr>
</table>

（续）

	外形与结构	特点与应用
片式滤波器	EMI滤波器其结构 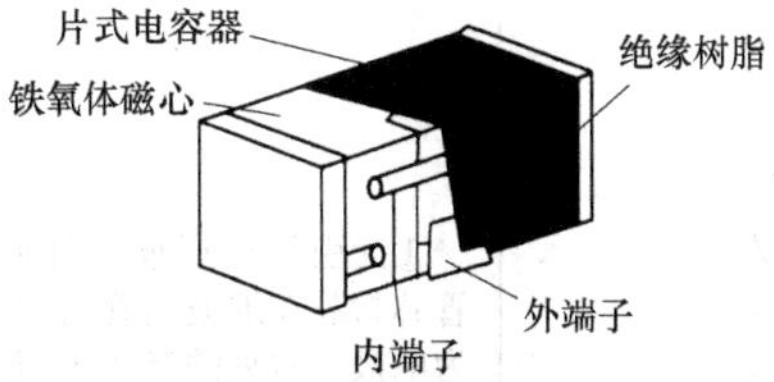 片式LC滤波器的结构 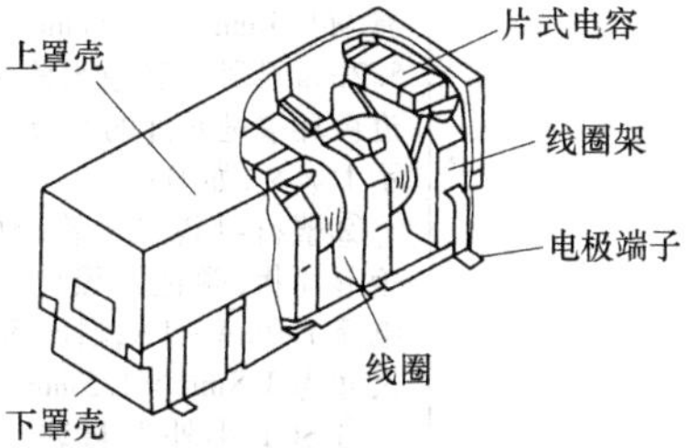 片式表面波滤波器的结构 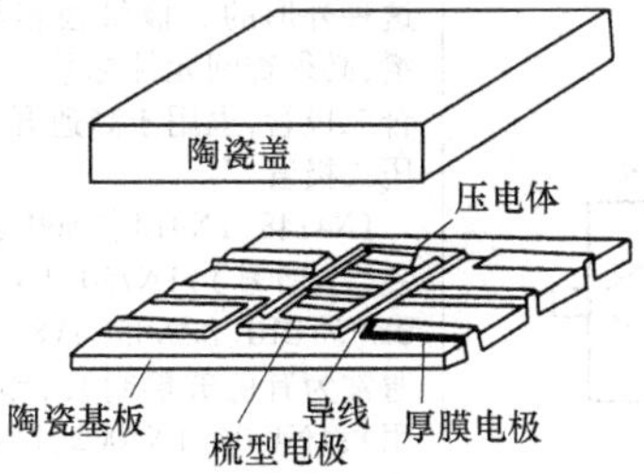 	①抗电磁干扰滤波器可滤除信号中的电磁干扰（EMI），它主要用于抑制同步信号中的高次谐波噪声，防止数字电路信号失真。厚度只有1.8mm，适合高密度组装 EMI滤波器主要由矩形铁氧体磁心和片式电容器组合而成，经与内、外金属端子的连接，作成T形耦合，外表用环氧树脂封装。其额定电压为50V，额定电流2A，因此在信号通道或电源通道中均可使用。这种滤波器组装后适合波峰焊或再流焊 ②片式LC滤波器。LC滤波器有闭磁路型和金属壳型两种，前者采用翼型引线，后者采用钩型引线 ③片式表面波滤波器是利用表面弹性波进行滤波的带通滤波器。主要用在要求高的场合。由于表面波滤波器具有集中带通滤波性能，其电路无需调整，组成元件数量少，并可采用光刻技术同时进行多元件（电极）的制作，故适合批量生产。片式表面波滤波器的外形比插孔组装的要小得多，并可在10MHz～5GHz范围使用
片式振荡器	片式陶瓷振荡器的结构 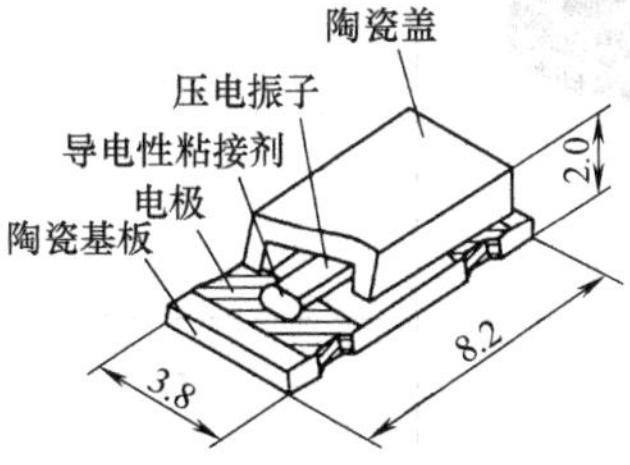 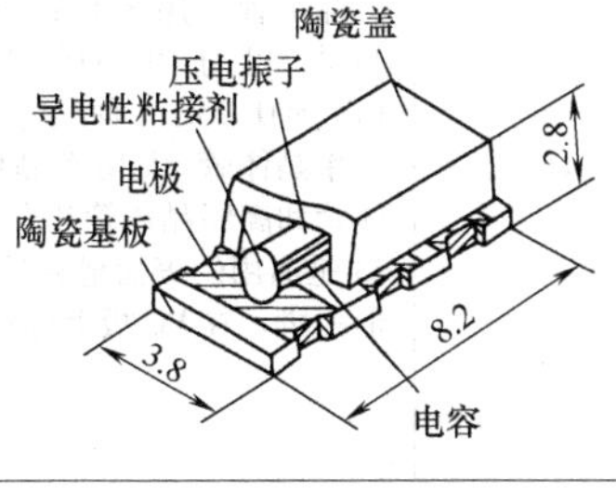 	片式振荡器有陶瓷、晶体和LC三种。这里只以陶瓷振荡器为例做一简单介绍。片式陶瓷振荡器又称为片式陶瓷振子，常用于振荡电路中。振子作为电信号和机械振动的转换元件，其谐振频率由材料、形状及所采用的振动形式所决定。振子要做成表面组装形式，则必须保持其基本的振动方式。可采用不妨碍元件振动方式的新型封装结构，并做到振子无需调整，具有高稳定性和高可靠性，以适合贴片机自动化贴装 片式陶瓷振荡器按目前使用情况常分为“两端子式”和“三端子式”两种

（续）

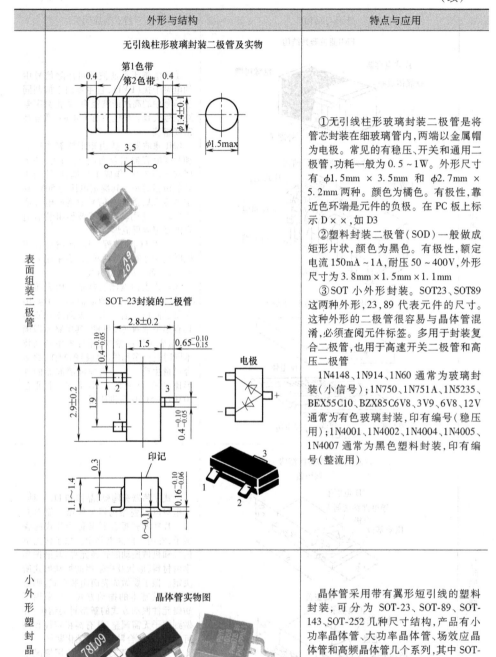

	外形与结构	特点与应用
表面组装二极管	无引线柱形玻璃封装二极管及实物 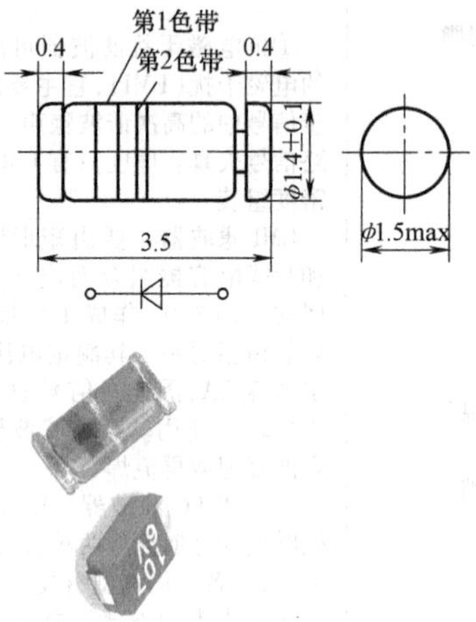 SOT-23封装的二极管 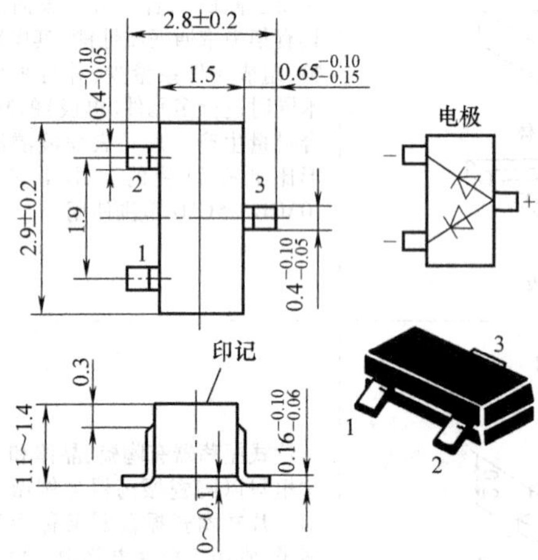	①无引线柱形玻璃封装二极管是将管芯封装在细玻璃管内，两端以金属帽为电极。常见的有稳压、开关和通用二极管，功耗一般为0.5～1W。外形尺寸有 φ1.5mm × 3.5mm 和 φ2.7mm × 5.2mm 两种。颜色为橘色。有极性，靠近色环端是元件的负极。在PC板上标示D××，如D3 ②塑料封装二极管（SOD）一般做成矩形片状，颜色为黑色。有极性，额定电流150mA～1A，耐压50～400V，外形尺寸为3.8mm×1.5mm×1.1mm ③SOT小外形封装。SOT23、SOT89这两种外形，23，89代表元件的尺寸。这种外形的二极管很容易与晶体管混淆，必须查阅元件标签。多用于封装复合二极管，也用于高速开关二极管和高压二极管 1N4148、1N914、1N60通常为玻璃封装（小信号）；1N750、1N751A、1N5235、BEX55C10、BZX85C6V8、3V9、6V8、12V通常为有色玻璃封装，印有编号（稳压用）；1N4001、1N4002、1N4004、1N4005、1N4007通常为黑色塑料封装，印有编号（整流用）
小外形塑封晶体管（SOT）	晶体管实物图 	晶体管采用带有翼形短引线的塑料封装，可分为SOT-23、SOT-89、SOT-143、SOT-252几种尺寸结构，产品有小功率晶体管、大功率晶体管、场效应晶体管和高频晶体管几个系列，其中SOT-23是通用的表面组装晶体管，有3条翼形引脚。在PC板上标示Q××，如Q36

（续）

	外形与结构	特点与应用
小外形塑封晶体管（SOT）	SOT-252晶体管封装外形尺寸 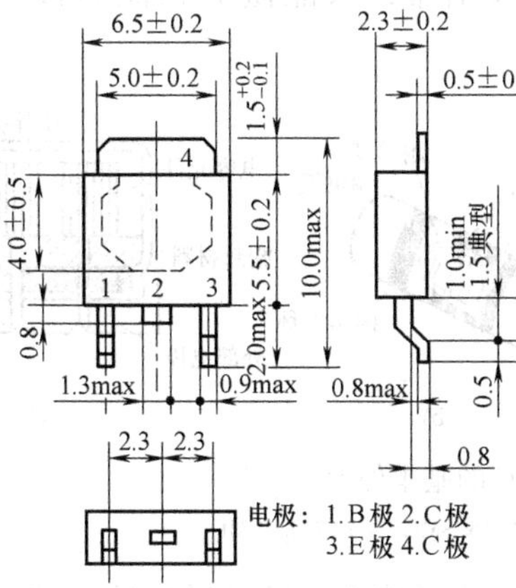 	SOT-89适用于较高功率的场合，它的E、B、C三个电极是从管子的同一侧引出，管子底面有金属散热片与集电极相连，晶体管芯片粘接在较大的铜片上，以利于散热 SOT-143有4条翼形短引脚，对称分布在长边的两侧，引脚中宽度偏大一点的是集电极，这类封装常见于双栅场效应晶体管及高频晶体管 小功率管额定功率为100～300mW，电流为10～700mA 大功率管额定功率为300mW～2W，SOT-252封装的功耗可达2～50W，两条连在一起的引脚或与散热片连接的引脚是集电极
片式集成电路	 	也称为IC，在PC板上用IC、U表示。是有极性器件，是静电敏感器件，接触时需戴静电带（静电手套） 片式集成电路主要有5种封装形式，SOP（小型电路封装）、QFP（塑料方形扁平封装）、PLCC（塑料有引线芯片载体）、LCCC（陶瓷无引线芯片载体）、BGA（球栅阵列） SOP是两侧引出引线，既可以是翼形结构，也可以是钩形结构。QFP为4侧引出，带翼形引线。PLCC也为4侧引出，但带钩形引线。LCCC不带引线，是一种多引出端的高可靠封装
片式开关	片式轻触开关 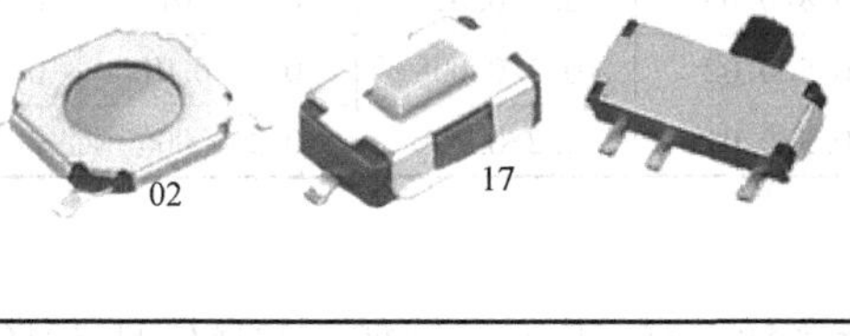 	目前片式轻触开关发展很快，其体积大幅度减小，ALPS公司的HS系列轻触开关为HM系列开关厚度的1/2。OT公司的B3S开关的边长只有6mm左右，SMK公司和Fujisoka公司也生产轻触开关。片式轻触开关可作为录像机、照相机的工作开关和立体声耳机的无声开关

三、SMC的外形尺寸、表示及技术参数

SMC包括表面组装电阻器、电容器、电感器、滤波器和陶瓷振荡器等。可

以说，随着 SMT 技术的发展，几乎全部传统电子元器件都已经被 SMT 化了。

1. 外形尺寸

SMC 的典型形状是矩形六面体（长方体），也有一部分 SMC 采用圆柱体的形状。但也有一些元件由于矩形化比较困难，只能做成其他形状，称为异形 SMC。SMC 的基本外形如图 4-1 所示。

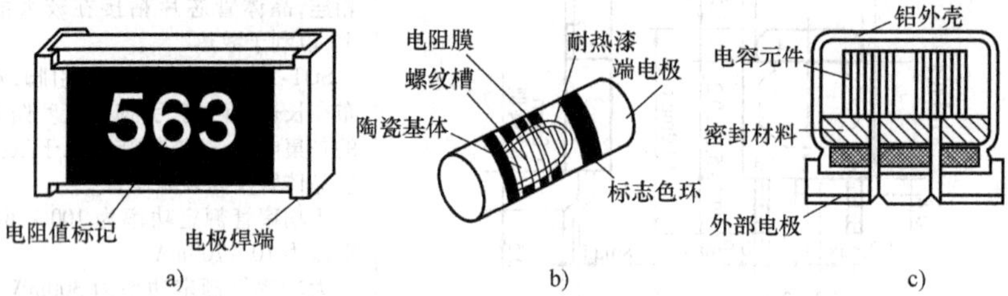

图 4-1　SMC 的基本外形

a）矩形 SMC　b）圆柱体 SMC　c）异形 SMC

从电子元器件的功能特性来说，SMC 的参数数值系列与传统元件差别不大，标准的标称数值系列有 E6、E12、E24，精密元件还有 E48、E96、E192 等几个系列。矩形六面体 SMC 是根据其外形尺寸的大小划分成几个系列型号的，现有两种表示方法，欧美产品大多采用米制系列，日本产品大多采用公制系列，我国这两种系列都可以使用。无论哪种系列，系列型号的前两位数字表示元件的长度，后两位数字表示元件的宽度。例如，公制系列 3216（米制 1206）的矩形贴片元件，长 $L=3.2$mm（0.12in），宽 $W=1.6$mm（0.06in）；并且，系列型号的发展变化也反映了 SMC 元件的小型化进程；典型 SMC 系列的外形尺寸见表 4-3，图 4-2 是片状 SMC 的外形尺寸示意图。

表 4-3 典型 SMC 系列的外形尺寸　　（单位：mm/in）

公制/米制型号	L	W	a	b	t
3216/1206	3.2/0.12	1.6/0.06	0.5/0.02	0.5/0.02	0.6/0.024
2012/0805	2.0/0.08	1.25/0.054	0.4/0.016	0.4/0.016	0.6/0.016
1608/0603	1.6/0.06	0.8/0.03	0.3/0.012	0.3/0.012	0.45/0.018
1005/0402	1.0/0.04	0.5/0.02	0.2/0.008	0.25/0.01	0.35/0.014
0603/0201	0.6/0.02	0.3/0.01	0.2/0.005	0.2/0.006	0.25/0.01

2. 标称数值的表示

SMC 的元件种类采用型号加后缀的方法表示，例如，3216C 是 3216 系列的电容器，2012R 表示 20112 系列的电阻器。

1005、0603 系列 SMC 元件的表面积太小，难以用手工装配焊接，所以元件表面不能印制标称数值（参数印制在纸编带的盘上）；3216、2012、1608 系列片状SMC的标称数值一般用印制在元件表面上的三位数字表示（EIA—24系列）：前两位数字是有效数字，第三位是倍乘数（有效数字后面所加“0”的个数）。例如，电阻器表面印有114，表示阻值110kΩ；表面印有5R6，表示阻值5.6Ω；表面印有R39，表示阻值0.39Ω；跨接电阻采用000表示。电容器上的103，表示容量为10000pF，即0.01μF，但大多数小容量电容器表面没有印制参数。

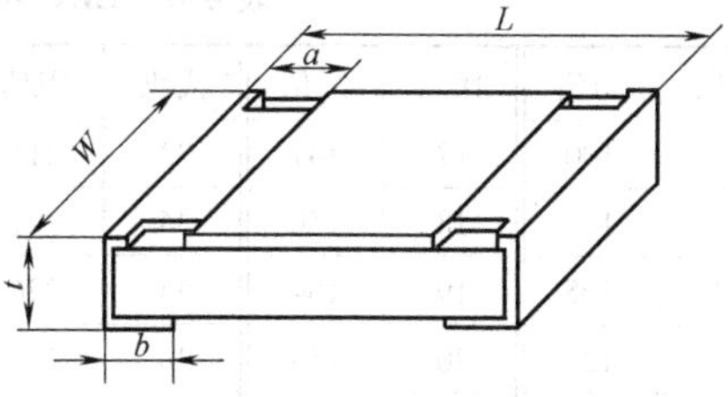

图4-2 片状SMC的外形尺寸示意图

圆柱形电阻器用三位、四位色环或五环表示阻值的大小，如图4-3所示。

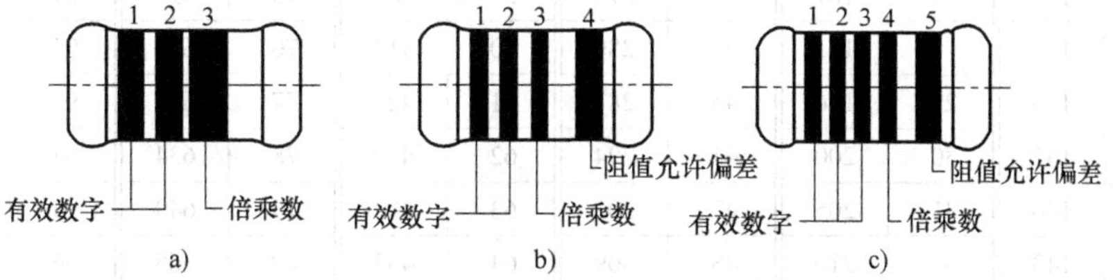

图4-3 圆柱形电阻器的色环标志

a）三位色环 b）四位色环 c）五位色环

三色环法、四色环法一般用于普通电阻器标注，五色环法一般用于精密电阻器的标注。读数规律与PTH色环电阻相同。

精度±1%的精密电阻还有另一种表示方法。这个系列的电阻值参数用两位数字代码加一位字母代码表示。与EIA-24系列不同的是，EIA-96系列的精密电阻器不能从它的标志上直接读取阻值。前面两位数字代码通过查表4-4得知数值，再乘以字母代码表示的倍率。例如，某一电阻器上标识为39X，从表中可查得39对应值为249，X对应值为10^{-1}，则这个电阻的阻值为$249\times10^{-1}\Omega=24.9\Omega$（误差为±1%）；又如，若电阻器上标示为01B，从表中可查得01对应值为100，B对应值为10^1，则这个电阻的阻值为$100\times10^1\Omega=1k\Omega$（误差为±1%）。

3. SMC的主要技术参数

虽然SMC的体积小，但它的数值范围和精度指标并不差。以SMC电阻器为例，3216系列的阻值范围是0.39Ω~10MΩ，额定功率可达到W/4，允许偏差有±1%、±2%、±5%和±10%等四个系列，额定工作温度上限是70℃。表4-5列出了常用典型SMC电阻器的主要技术参数。

表 4-4　EIA-96 系列精密电阻代码

代码	阻值	代码	阻值	代码	阻值	代码	阻值	代码	阻值	代码	阻值
01	100	17	147	33	215	49	316	65	464	81	681
02	102	18	150	34	221	50	324	66	475	82	698
03	105	19	154	35	226	51	332	67	487	83	715
04	107	20	158	36	232	52	340	68	499	84	732
05	110	21	162	37	237	53	348	69	511	85	750
06	113	22	165	38	243	54	357	70	523	86	768
07	115	23	169	39	249	55	365	71	536	87	787
08	118	24	174	40	255	56	374	72	549	88	806
09	122	25	178	41	261	57	383	73	562	89	825
10	124	26	182	42	267	58	392	74	576	90	845
11	127	27	187	43	274	59	402	75	590	91	866
12	130	28	191	44	280	60	412	76	604	92	887
13	133	29	196	45	287	61	422	77	619	93	909
14	137	30	200	46	294	62	432	78	634	94	931
15	140	31	205	47	301	63	442	79	649	95	953
16	143	32	210	48	309	64	453	80	665	96	976

注：$A=10^0$，$B=10^1$，$C=10^2$，$D=10^3$，$E=10^4$，$F=10^5$，$G=10^6$，$H=10^7$，$X=10^{-1}$，$Y=10^{-2}$，$Z=10^{-3}$。

表 4-5　常用典型 SMC 电阻器的主要技术参数

系列型号	3216	2012	1608	1005
阻值范围	0.39Ω ~ 10MΩ	2.2Ω ~ 10MΩ	1Ω ~ 10MΩ	10Ω ~ 10MΩ
允许偏差(%)	±1、±2、±5	±1、±2、±5	±2、±5	±2、±5
额定功率/W	1/4	1/10	1/16	1/16
最大工作电压/V	200	150	50	50
工作温度范围/额定温度/℃	-55 ~ +125/70	-55 ~ +125/70	-55 ~ +125/70	-55 ~ +125/70

四、表面组装元器件的包装方式

表面组装技术比通孔插装能提供更多的包装选择。然而，所有的元器件必须相容，以保证产品的可靠性。例如，元器件尺寸、端头和涂敷形式的不统一都将影响产品和可靠性。表面组装元器件的大量应用，是由表面组装设备高速发展促成的。同时，高速度、高密度、自动化的组装技术要求，又促进了表面组装设备和表面组装元器件包装技术的开发。表面组装元器件的包装形式已经成为 SMT 系统中的重要环节，日益受到科研单位和组装设备生产厂家的重视，要求包装标准化的愿望也日益迫切。目前，片装元器件有以下 4 种形式的包装。

1. 编带包装

将片装元器件按一定的方向逐只装入纸编带或塑料编带的孔中并封装，再按一定方向绕在带盘上，适合全自动贴片机使用。

2. 管式包装

管式包装主要用来包装矩形片式电阻、电容以及某些异形和小型元器件，主要用于 SMT 元器件品种很多且批量小的场合。包装时将元器件按同一方向重叠排列后一次装入塑料管内（一般 100 ~ 200 只/管），管两端用止动栓插入贴装机的供料器上，将贴装盒罩移开，然后按贴装程序，每压一次管就给基板提供一只片式元器件。

3. 托盘包装

托盘包装是用矩形隔板使托盘按规定的空腔等分，再将元器件逐一装入盘内，一般 50 只/盘，装好后盖上保护层薄膜。托盘有单层、3、10、12、24 层自动进料的托盘送料器。这样包装方法开始应用时，主要用来包装外形偏大的中、高、多层陶瓷电容。目前，也用于包装引脚数较多的 SOP 和 QTP 等元器件。

4. 散装

将片式元器件自由地封入成形的塑料盒或袋内，贴装时把塑料盒插入料架上，利用送料器或送料管使元器件逐一送入贴装机的料口。这种包装方式成本低、体积小。但适用范围小，多为圆柱形电阻采用。散装料盒的型腔要与元器件的外形尺寸和供料架匹配。

SMT 元器件的包装形式也是一项关键的内容，它直接影响组装生产的效率，必须结合贴装机送料器的类型和数目进行最优化设计。

料盘标签包含的信息根据零件种类不同会有差异，但一般都包括以下内容：料号、品名、规格、生产时间、生产批次及生产厂家等。图 4-4 所示为某电阻料盘标签。

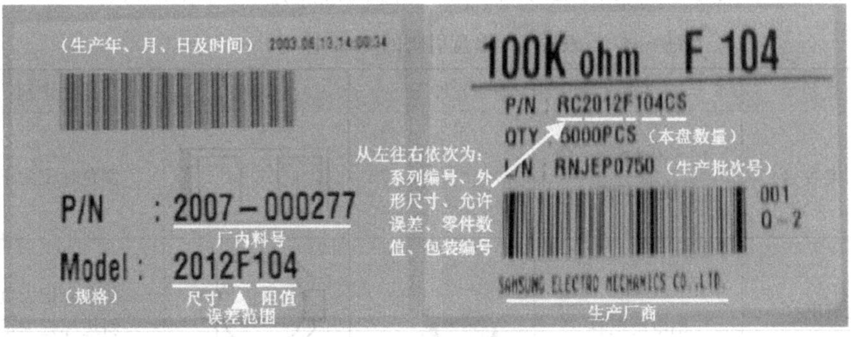

图 4-4　电阻料盘标签

五、SMT 贴片元器件极性的识别

只有少数元器件没有极性特性（比如电阻、片式电容、电感等），通常元器件的电路连接都具有极性要求。具有极性的元器件不可反向接入电路，否则电路不通。

极性识别就是通过辨别元器件本体色带或者极性边角来确定元器件的“正/负极”或者“Pin1（脚 1）”。

1. 正极/负极

具有极性的两引脚 SMT 元器件经常为钽电容、铝电解电容、二极管等。元器件“正极（也称为阳极）”印制“正极”，元器件“负极（也称为阴极）”印制“负极”。

2. Pin1（脚 1）

对于电路而言，元器件的每个引脚都有一个编号，其计数方向为逆时针，见表 4-6。

表 4-6 元器件的 Pin1

CHIP 封装	SOT223 封装	SOIC(SOP)封装	QFP-28 封装
	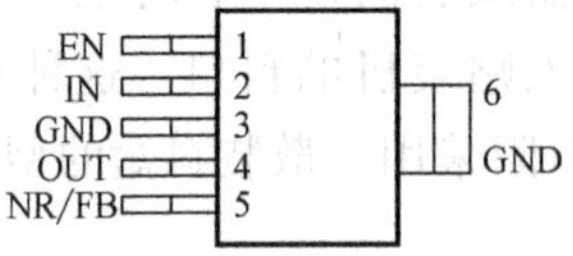	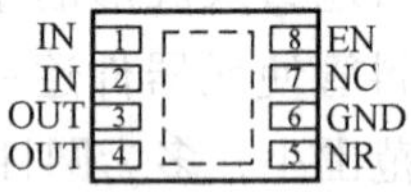	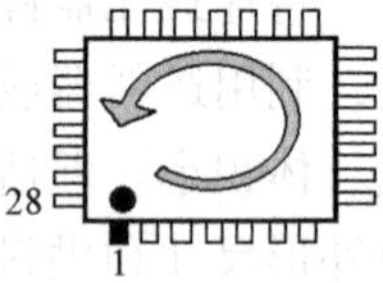

厂家会在元器件本体上注明 Pin1 标记，通常为圆点、凹点或者色带，如果出现多个圆点标记，可通过字符方向、颜色、模具注胶孔来判断，不易判断时以厂家的元器件白皮书为准。

同样，为了保证电路中的各个元器件引脚的正确接入，PCB 元器件焊盘引脚也有唯一的编号，其方向也为逆时针，焊盘引脚的 Pin1 标记见表 4-7。

表 4-7 焊盘引脚的 Pin1 标记

类型	封表	元件图	丝印图	元件识别
电容	MLD 模制本体		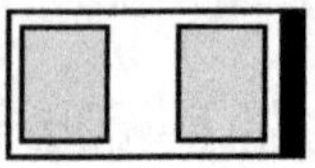	颜色标记为正
电解电容	CAE 铝电解电容		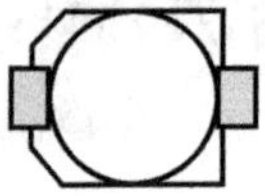	颜色标记为负 斜边标记为正

（续）

类型	封表	元件图	丝印图	元件识别
二极管	MEIF 玻璃二极管		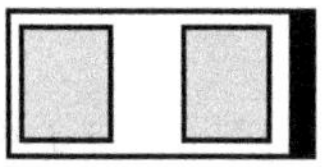	黑色标记为负（色带）
	SOD 模制本体			颜色标记为负
	LED 长方形			表面：绿色为负 背面：三角左边为负
	LED 正方形			缺角为负
芯片	SOIC （SOP）		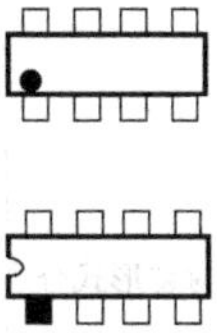	左下角圆形处为 Pin1 左边缺孔下方为 Pin1
	PLCC （SOCKET）		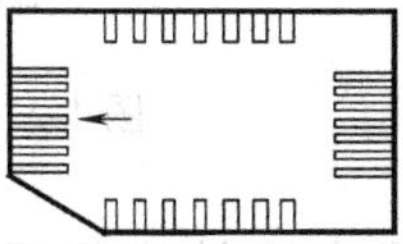	元器件缺脚上方二角为 Pin1
	QFP			字符左下圆点标记为 Pin1
	BGA		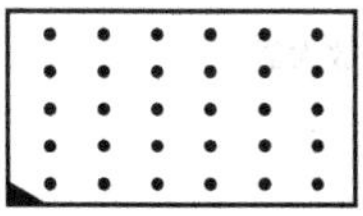	字符左下圆点标记或色带为 Pin1 方向

第二节　集成电路

一、集成电路概述

集成电路（Integrated Circuit，IC）是一种微型电子器件或部件。集成电路是采用一定的工艺，把一个电路中所需的晶体管、电阻、电容和电感等元器件及布线互连在一起，制作在一小块或几小块半导体晶片或介质基片上，然后封装在一起，成为具有所需电路功能的器件。它具有体积小、耗电少、寿命长、可靠性高、功能全等特性，远优于分立元器件电路，广泛应用于现代通信、计算机技术、医疗卫生、环境工程、能源、交通、自动化生产等领域。

集成电路功能强大，种类繁多。其分类如图 4-5 所示。

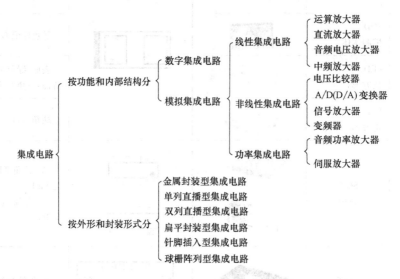

- 集成电路
  - 按功能和内部结构分
    - 数字集成电路
    - 模拟集成电路
      - 线性集成电路
        - 运算放大器
        - 直流放大器
        - 音频电压放大器
        - 中频放大器
      - 非线性集成电路
        - 电压比较器
        - A/D(D/A) 变换器
        - 信号放大器
        - 变频器
      - 功率集成电路
        - 音频功率放大器
        - 伺服放大器
  - 按外形和封装形式分
    - 金属封装型集成电路
    - 单列直播型集成电路
    - 双列直播型集成电路
    - 扁平封装型集成电路
    - 针脚插入型集成电路
    - 球栅阵列型集成电路

图 4-5　集成电路的分类

二、常见集成电路的实物图、特点及应用（见表 4-8）

表 4-8　常见集成电路的实物图、特点及应用

实物图、特点	集成电路的典型应用电路
集成运算放大器  集成运算放大器（简称集成运放或运放）是一种内部为直接耦合的具有高电压放大倍数的集成电路，早期的集成运算放大器主要应用于数学运算，故称为“运算放大器”。现成为一种通用性很强的基本单元。	图 a 是集成运放构成的音频放大器电路。A1 是集成运放，U_i 输入信号，U_o 是输出信号，C2 是交流负反馈电路中的隔直流交电容，R1 是交流负反馈电阻。音频输入信号 Ui 经过耦合电容 C1 从 A1 同相输入端加到内电路中，放大后信号从输出端输出，经耦合电容 C3 加到后级电路中 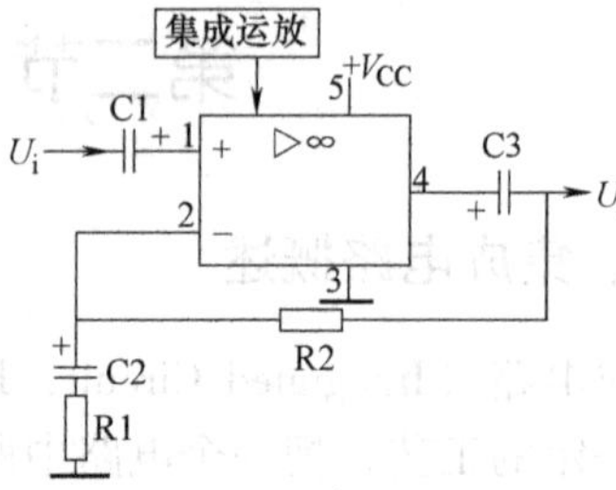 a)

（续）

<table>
<tr><th>实物图、特点</th><th>集成电路的典型应用电路</th></tr>
<tr><td>
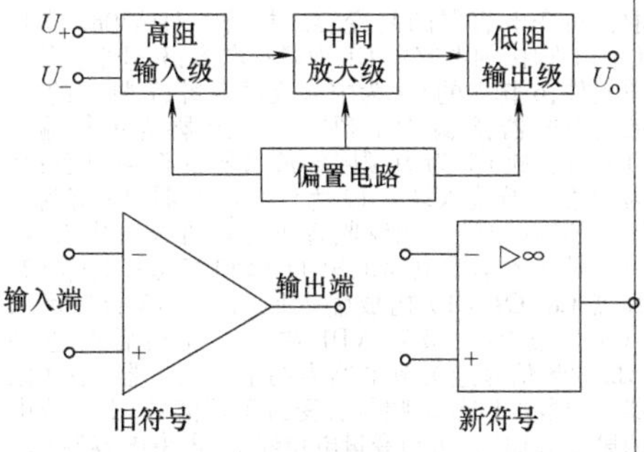

集成运算放大器电路框图和电路图形符号
</td><td>
图 b 是由集成运放构成的电压比较器电路。电路中的 R4 和 R1 为负反馈电阻，这两个电阻的阻值决定该集成运放的闭环增益，其闭环增益为 R4/R1，当 R1 的阻值不变时，改变 R4 的阻值可以改变该集成运放的闭环增益

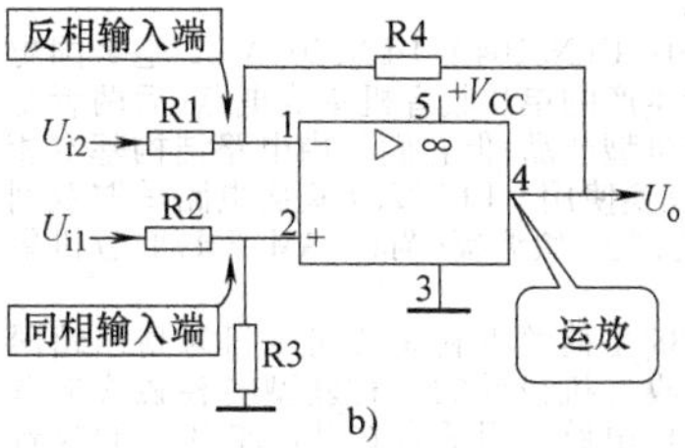

</td></tr>
<tr><td>
数字集成电路

用数字信号完成对数字量进行算术和逻辑运算的电路称为数字电路或数字系统，又称为数字逻辑电路。数字集成电路具有稳定性高、处理精度不受限制、有逻辑演算及判断功能、对数字信息可进行长期储存等优点，广泛应用于通信、计算机、自动控制、航天等领域。包括各种门电路、触发器、计数器、编译码器、存储器等数百种器件。就电路结构而言有双极型电路和单极型电路两种，双极型电路中的代表是 TTL 电路；单极型电路中是 CMOS 电路
</td><td>
多谐振荡器：由 555 电路和外接元件 R1、R2、C 构成多谐振荡器，2 脚与 6 脚直接相连。电路不需要外接触发信号，利用电源通过 R1、R2 向 C 充电，以及 C 通过 R2 向 7 脚放电端 DIS 放电，使电路产生振荡

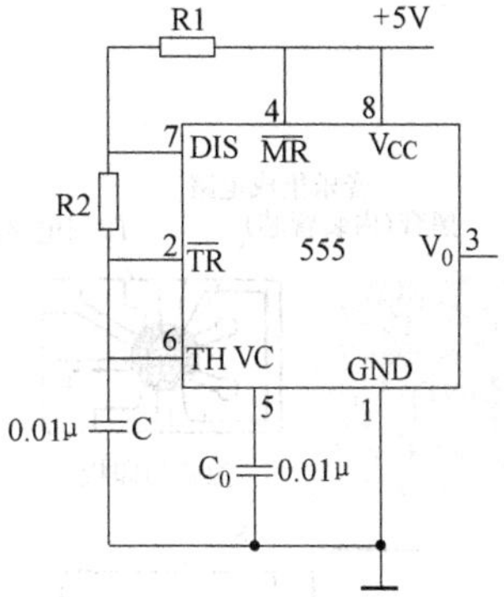

</td></tr>
<tr><td>
收音机用集成电路

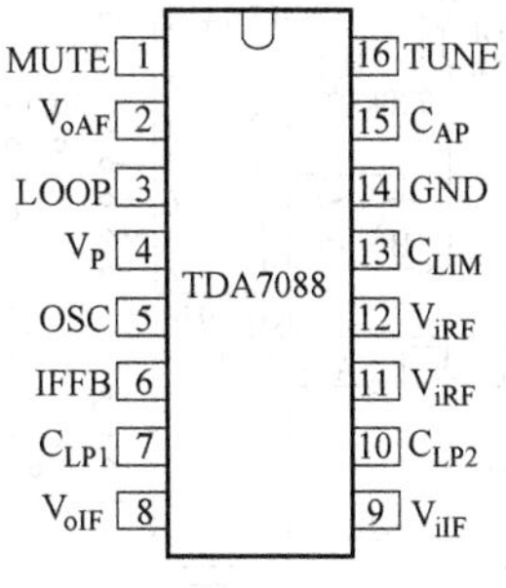

</td><td>
图是自动搜索调频收音机的电路原理图。其核心器件是一块 TDA7088 集成电路

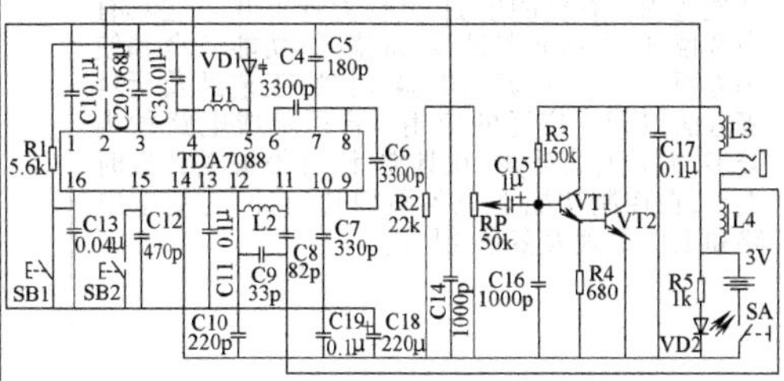

</td></tr>
</table>

（续）

<table>
<tr><th>实物图、特点</th><th>集成电路的典型应用电路</th></tr>
<tr><td>
采用集成电路组装的收音机灵敏度高、选择性好、电路工作稳定可靠、声音洪亮且音质悦耳动听，所以现在各类收音机多以集成电路组装而成。其中 ULN2204、ULN3839、TA7641、CXA1019、TDA7088 等单片集成电路是最为常用的型号，这里仅以 TDA7088 和 ULN2204 为例作简要介绍
ULN2204、ULN2204A、ULN2204A-21 是美国史普拉公司生产的单片收音机集成电路，后两者是前者的改进型产品，但它们的内电路结构基本相同，可以互换使用。ULN2204 集成电路采取双列 16 脚封装，是一块调幅/调频（AM/FM）收音机集成电路
TDA7088 是荷兰飞利浦公司专门为高档超薄微型 FM 收音机设计的一种新型的轻触式电调谐单片集成电路。很适合在礼品卡片上的收音机、太阳能帽式收音机、火柴盒式收音机等产品上应用
TDA7088 集成块内部包含混频电路、本振、中频放大和限幅电路、鉴频电路、静噪电路以及 AFC 电路等。该 IC 采用双列扁平 16 脚微型 SNIT 封装
</td><td>
取代可变电容器的是变容二极管。TDA7088 集成电路的 1 脚接的电容器 C1 为静噪电容；3 脚外接环路滤波元件；6 脚上的 C4 为中频反馈电容；7 脚上的 C5 为低通电容器；8 脚为中频输出端；9 脚为中频输入端；10 脚上的 C7 为中频限幅放大器的低通电容；15 脚为搜索调谐输入端，C12 为滤波电容器；16 脚为电调谐、AFC 输出端。调频收音机的耳机线兼作天线，电台信号送入集成电路的第 11 脚和 12 脚，电感 L2、电容器 C8、C9、C10 构成输入回路。电路的频率由 L1、C3 及变容二极管 VD1 决定。混频后产生的 70kHz 中频信号经集成电路内的中频放大器、中频限幅器、中频滤波器、鉴频器后变为音频信号，由集成电路的第 2 脚输出，送到音量电位器上，再由电容器 C15 送到由晶体管 VT1、VT2 等组成的低频放大电路中进行放大，推动耳机发声。连接耳机插座的电感器 L3、L4 是为了防止天线的信号被耳机旁路而设置的。发光二极管和电阻器 R6 组成电源显示电路。电容器 C18 和 C19 为电源滤波电路。电容器 C17 是用来改善音质的
</td></tr>
<tr><td>
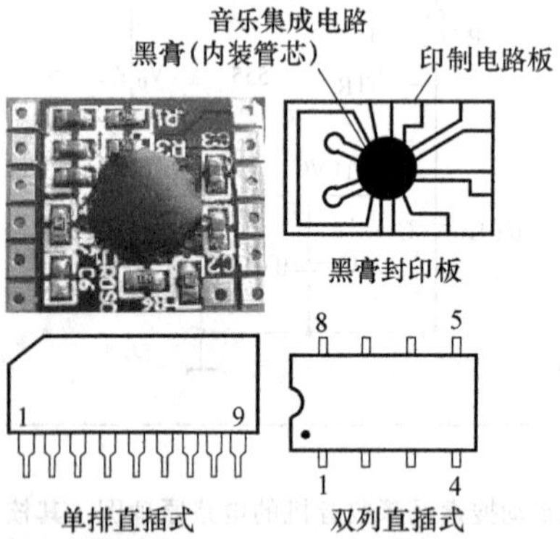

音乐集成电路是一种乐曲发生器，它可以向外发送固定存储的乐曲，又称为音乐 IC。它具有声音悦耳、外接元器件少、价格低、功能齐全和使用方便等特点，在家用电器、时钟、工艺品及玩具等方面得到了广泛的应用。音乐集成电路种类繁多，大致有音乐类、玩具类、语言报警类和报时类等，在控制功能上也各不相同，它们的基本电路和工作原理大多是相同的
</td><td>
图 a 为 KD9300 芯片和音乐门铃电路。从芯片中引出的电极 1 ~ 6 为接线端子。VT 是一只小功率 NPN 型晶体管，用它将音乐 IC 输出的音频信号放大，推动小型扬声器发声。接按钮每按一下，音乐 IC 会自动放送一首音乐曲，然后停止
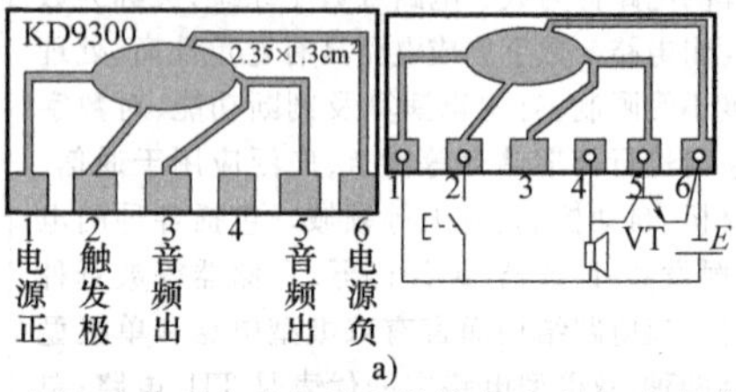

a)
图 b 为音乐片有各种各样的声响片，把它们集合起来，就可以作为一种声源库。改变 S2、S3 的位置即可使 A、B 端输出不同的声音，也可将 U_{AB} 再放大，作为一种可调节的声源使用
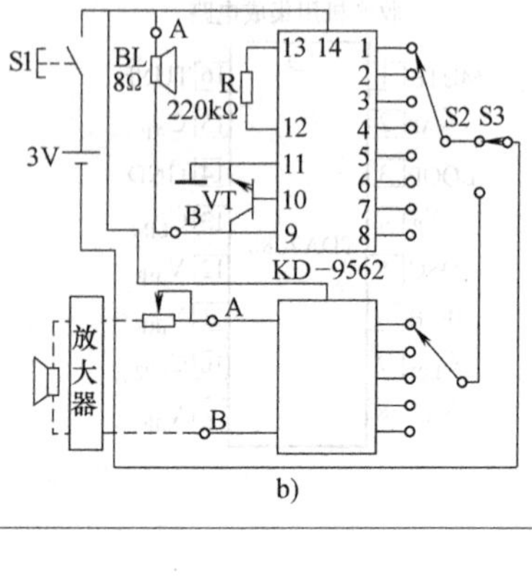

b)
</td></tr>
</table>

（续）

实物图、特点	集成电路的典型应用电路

语音集成电路

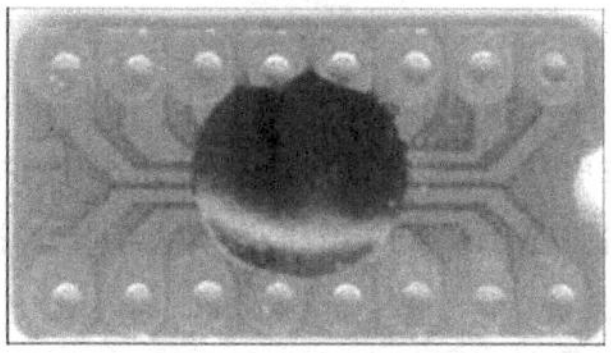

语音录放集成组成电路

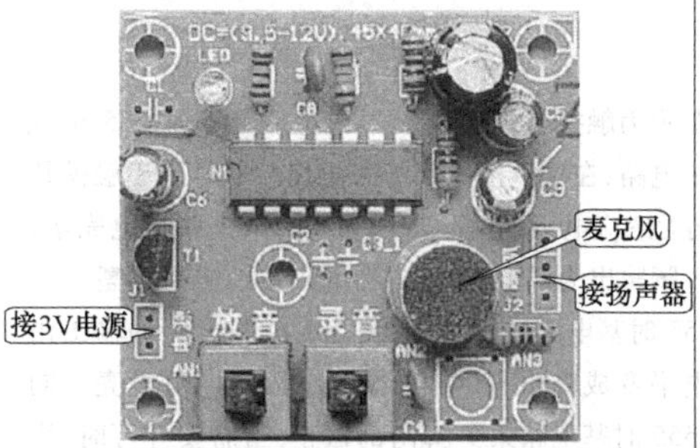

①电子语音技术是一种不用磁头和磁带就能实现语音录音、放音和语言合成的固体录音技术，它主要有语音处理器和记录信息存储器两部分，其中存储器的类型和容量决定着语音集成电路的录放音时间和质量。语音集成电路有语言合成集成电路、一次性可编程语言集成电路和语音录放集成电路等三类，广泛应用于钟表、电话机、仪表、报警电路、计算机以及家用电器等方面

②语音录放模块是一种语音录放集成电路，它能完成声音的录制、回放，并且具有断电保持功能。可直接用话筒和扬声器作为录音与放音元件，有的只用扬声器便可进行录音和放音。电路外围元器件很少，不怕掉电，录入的语音信息可长期保存，还可重复录 10 万次以上。所录内容自动进入备用状态，只要触发电路便可输出，直接驱动扬声器发声

常用的语音录放模块是 ISD 公司生产的 ISD1408、ISD1410、ISD1412、ISD1416 和 ISD1420 等 1400 系列电路，它们的录放时间分别是 8s、10s、12s、16s 和 20s。ISD4000 系列语音录放模块的录制时间更长，其中 ISD4016 最长可以录制 16min

音频功率放大电路

集成音频功率放大器简称集成功放。集成功放的作用是将前级电路送来的微弱电信号进行功率放大，产生足够大的电流推动扬声器完成电声转换。集成功放由于外围电路简单，调试方便，所以被广泛应用在各类音频功率放大电路中。傻瓜 155/175/275/1100/2100 等音频功率放大电路完全不需要外围元器件，把一个完整的功放电路集成到一个厚膜块中。只需接上音源、扬声器，不用调试便可做成高品音质、大功率的音频功率放大器，通上电源即可扩音。集成块内部电路末级功率管一般采用绝缘栅型场效应晶体管，动态频响宽；且内部还有超压、过热保护电路

图示为双声道 OTL 音频功能放大器集成电路，由集成电路 A1 构成。电路中，RP1-1 和 RP1-2 分别是左、右声道的音量电位器，这是一个双联同轴电位器，BL1 分别是左、右声道的扬声器

图中①②信号输入引脚；⑥⑦信号输出引脚；⑨④电源、接地引脚；⑤⑧自举引脚，用来接入自举电容；③⑩交流负反馈引脚，用来接入交流负反馈电路

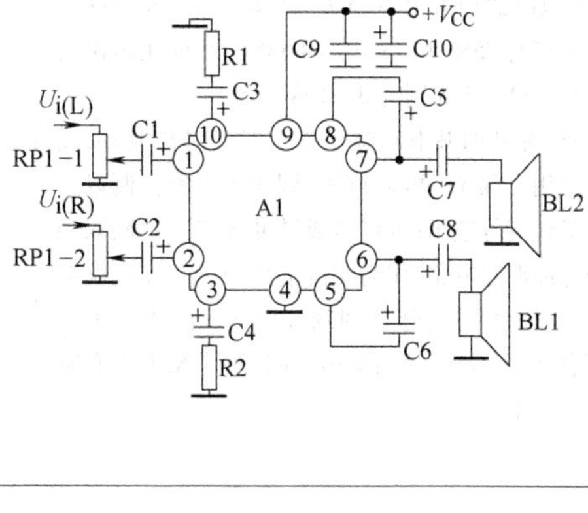

（续）

实物图、特点	集成电路的典型应用电路
射频功率模块 	M68732H 模块是日本三菱公司生产的超高频功率模块，其工作电压 10.8V，功率控制电压小于 4V，最大输出功率可达 7W，广泛应用于便携式手持对讲机的末级射频功率放大
555集成时基电路 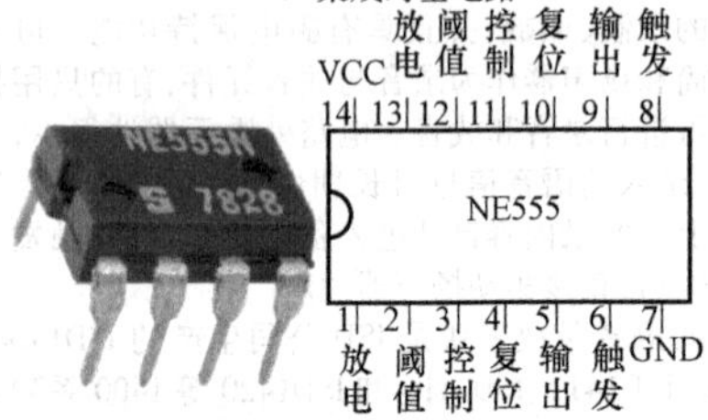 555 集成时基电路是一种模拟功能和逻辑功能巧妙结合在同一块芯片上的小规模集成电路，8 脚封装。开始出现时采用 TTL 型器件制成，主要作定时器用。由于芯片内部使用了三个精度较高的 5kΩ 分压电阻，所以叫做 555 定时器或 555 时基电路 555 集成时基电路有 TTL 型和 CMOS 型，它们的基本结构基本一致、功能相同，但 CMOS 型器件中的三个高精度分压电阻为 200kΩ。一般 CMOS 型 555 电路命名在 555 前加“7”或“C”，例如 5G7555，LMC555 NE555 是双极性器件的集成电路，内含两个 555 电路的型号为 NE556，14 脚封装。CMOS 工艺的还有 7555 和 7556。NE555 电压使用范围为 4.5～18V，7555 则为 3～15V。 555 集成时基电路除了作定时延时控制外，还可以用于调光、调温、调压、调速等多种控制以及计量检测等应用；也可组成脉冲振荡、单稳、双稳和脉冲调制电路，作为交流信号源以及完成电源变换、频率变换、脉冲调制等用途。由于它工作可靠、使用方便、价格低廉，在各种小家电中有着广泛使用	图示为触摸台灯电路。集成电路是一片 555 集成时基电路，在这里接成单稳态电路。平时由于触摸片 P 端无感应电压，电容 C1 通过 555 第 7 脚放电完毕，第 3 脚输出为低电平，继电器 KS 释放，电灯不亮 555 时基电路的触发端，使 555 时基电路的输出由低电平变成高电平，继电器 KS 吸合，电灯点亮。同时，555 时基电路第 7 脚内部截止，当需要开灯时，用手触碰一下金属片 P 端，人体感应的信号电压由 C2 加至电源便通过 R1 给 C1 充电，这就是定时的开始。当电容 C1 上电压上升至电源电压的 2/3 时，555 时基电路第 7 脚导通使 C1 放电，是第 3 脚输出由高电平变回到低电平，继电器释放，电灯熄灭，定时结束 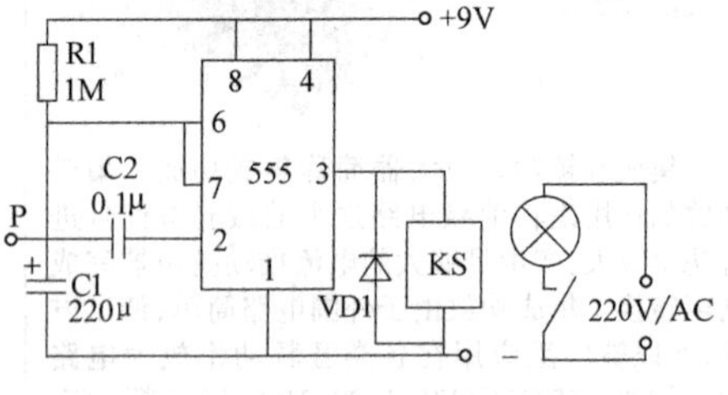

（续）

<table>
<tr><th>实物图、特点</th><th>集成电路的典型应用电路</th></tr>
<tr><td>

微处理器

微处理器用一片或少数几片大规模集成电路组成的中央处理器。这些电路执行控制部件和算术逻辑部件的功能。微处理器与传统的中央处理器相比，具有体积小、重量轻和容易模块化等优点。微处理器的基本组成部分有：寄存器堆、运算器、时序控制电路，以及数据和地址总线。微处理器能完成取指令、执行指令，以及与外界存储器和逻辑部件交换信息等操作，是微型计算机的运算控制部分。它可与存储器和外围电路芯片组成微型计算机。在彩色电视机、影碟机、空调器等任何一种具有自动控制功能的家电产品中都有微处理器，它的信号不同，引脚数不同，其中的运行软件也不同。图为计算机中的微处理器（CPU）

</td><td>

①Intel80C196MC 微处理器在静止逆变电源中的应用。静止逆变电源的硬件结构由主电路、控制电路、驱动电路组成。80C196MC 微处理器最小系统及少量外围芯片构成本系统控制电路。单片机产生三相 6 路 SPWM 信号，同时完成频率显示，闭环稳压限流控制，检测保护，封锁 SPWM 脉冲信号等功能

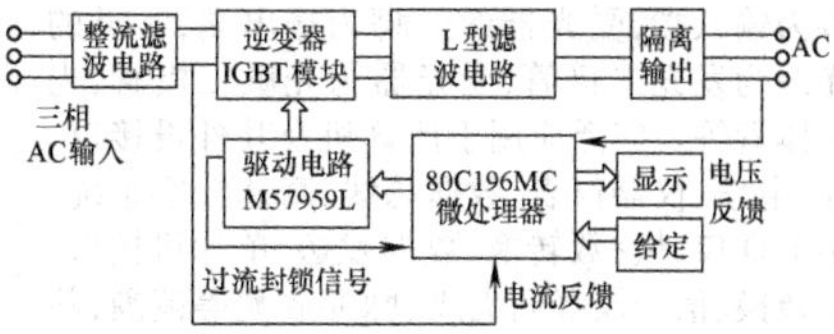

②WH8083D 微处理器在威力牌 XQB35-1 全自动洗衣机应用电路（部分）

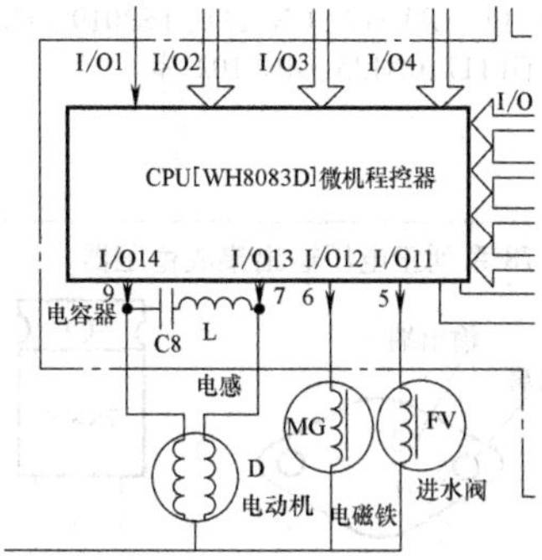

</td></tr>
<tr><td>

光耦合器

常见光耦合器内部结构

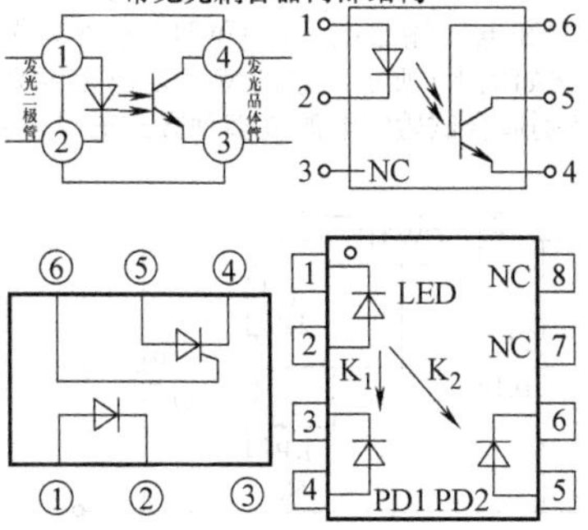

</td><td>

对于开关电路，往往要求控制电路和开关电路之间要有很好的电隔离，这对于一般的电子开关来说是很难做到的，但采用光耦合器就很容易实现了。图示电路就是用光耦合器组成的简单开关电路。在图 a 中，当无脉冲信号输入时，晶体管 VT 处于截止状态，发光二极管无电流流过，则 a、b 两端电阻的阻值非常大，相当于开关“断开”。当输入端加有脉冲信号时，VT 导通，发光二极管发光，则 a、b 两端电阻的阻值变得很小，相当于开关“接通”。故无信号时开关不通，为常开状态

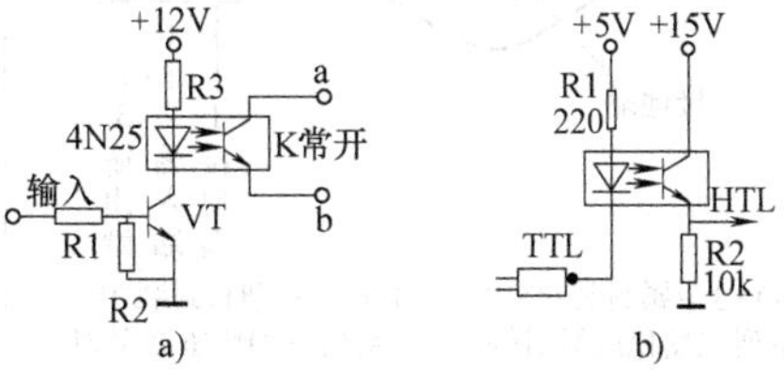

</td></tr>
</table>

（续）

<table>
<tr><th>实物图、特点</th><th>集成电路的典型应用电路</th></tr>
<tr><td>
光耦合器是以光为媒介传输电信号的一种电—光—电转换器件。它由发光源和受光器两部分组成。把发光源和受光器组装在同一密闭的壳体内，彼此间用透明绝缘体隔离。发光源的引脚为输入端，受光器的引脚为输出端，常见的发光源为发光二极管，受光器为光敏二极管、光敏晶体管等。广泛应用于计算机及其外设接口、工控、电信、仪器仪表、数据总线、高速数字系统、数字 I/O 口、模/数转换、数据发送、单片机接口、电平转换、信号及级间隔离、脉冲放大等范围，甚至在电源技术的线性隔离、电量反馈、电流传感、电量变换等各个场合都有成功的应用。典型产品有 PC817、LTV817、ON3111、PS2019、4N28、TLP519、TIL117、6N135、GIC5102 等
</td><td>
图 b 是 5V 电源的 TTL 集成电路与 15V 电源的 HTL 集成电路相互连接进行电平转换的基本电路

图 c 为光耦合开关的施密特电路。当输入电压 U_i 为低电平时，光敏晶体管 C、E 间呈高电阻，VT1 导通，VT2 截止，则输出电压 U_o 为低电平；当输入电压 U1 大于鉴幅值时，光敏晶体管 C、E 间呈低电阻，则 VT1 截止，VT2 导通，输出的电压 U_o 为高电平。调节电阻 R3，即改变鉴幅电平

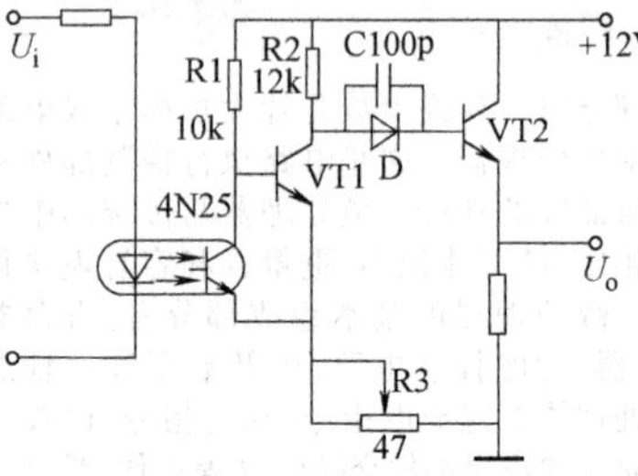

c)
</td></tr>
<tr><td>
78 系列正电压输出集成稳压器

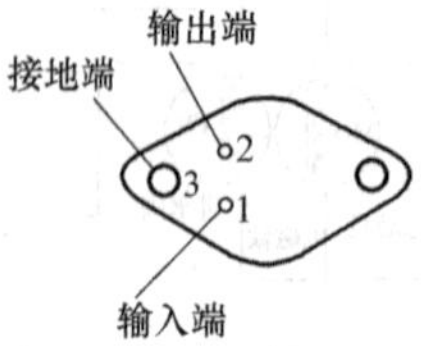

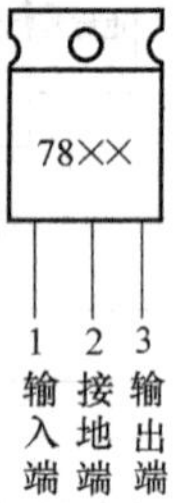

TO-3金属封装78××系列三端稳压器引脚　TO-220 塑料封装78××系列三端稳压器引脚

79 系列负电压输出集成稳压器

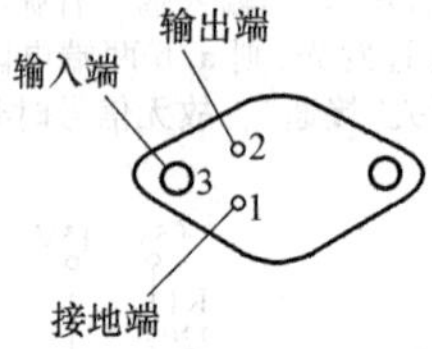

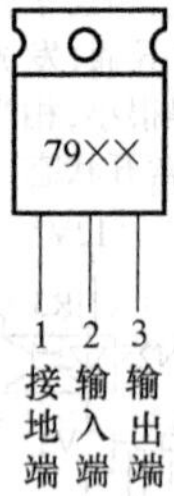

TO-3金属封装79××系列三端稳压器引脚　TO-220 塑料封装79××系列三端稳压器引脚
</td><td>
以 78 系列和 79 系列为例，典型应用接法如图 a）所示

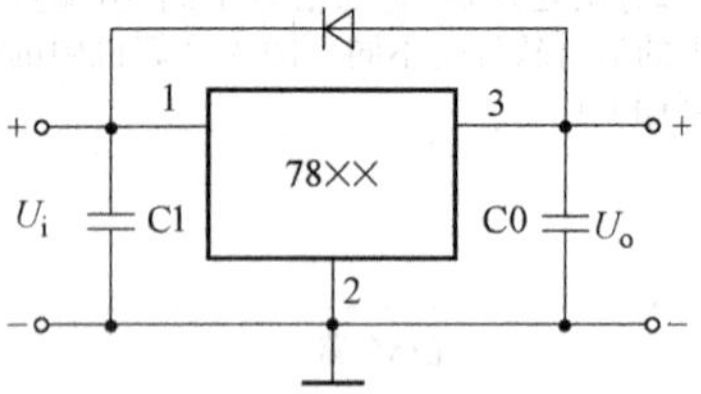

a)

三端可调稳压器是在三端固定稳压器的基础上发展起来的，集成电路的输入电流几乎全部流到输出端，流到公共端的电流非常小，所以可以用少量的外部元器件方便地组成精密可调的稳压电路。三端可调稳压器有三端可调正电压输出稳压器和三端可调负电压输出稳压器，其三个引脚分别是电压输入端、电压调节端和电压输出端。以 CW317 系列为例，典型应用接法如图 b）所示。它的特点是稳定度高，适应性强，特别适合试验室电源或多种方式的供电系统使用

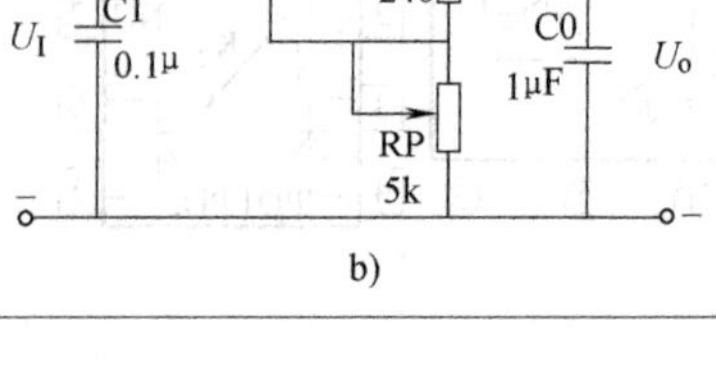

b)
</td></tr>
</table>

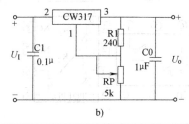

（续）

实物图、特点	集成电路的典型应用电路

三端可调集成稳压器

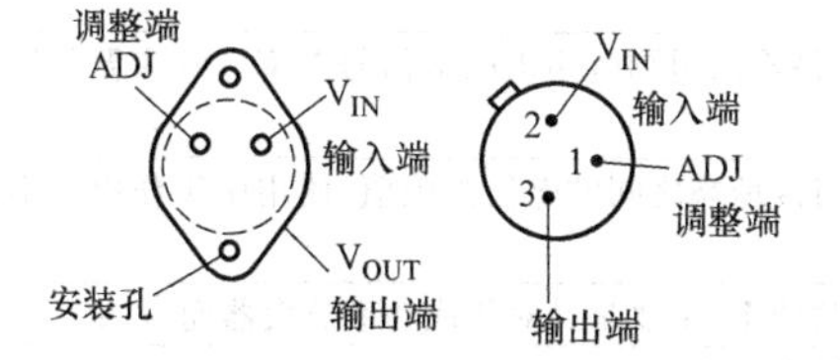

TO-3金属封装　TO-39金属封装

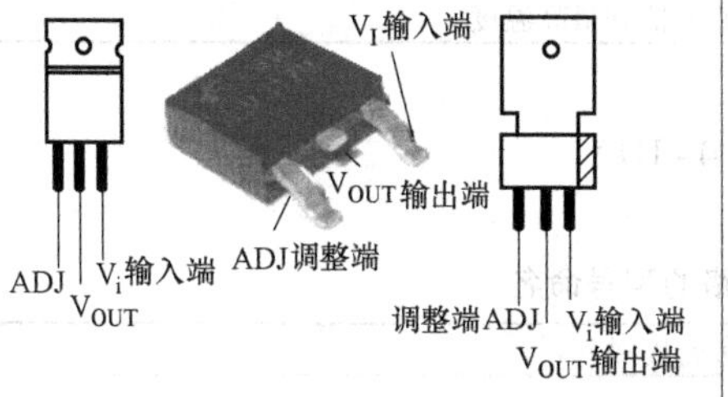

TO-220塑料封装 D^2PAK塑料封装引脚 TO-202塑料封装

多端集成稳压器

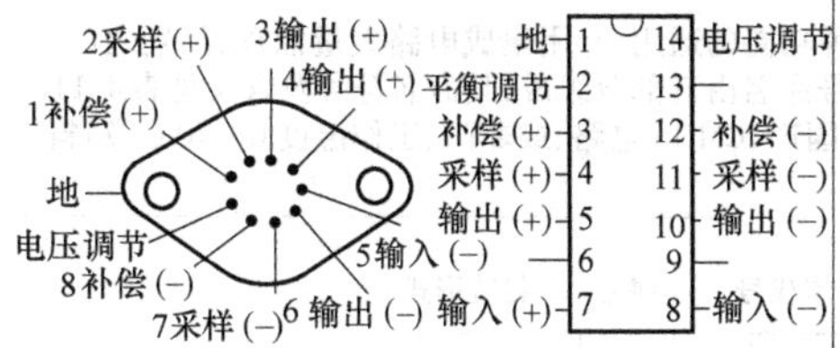

CW1568　CW1468

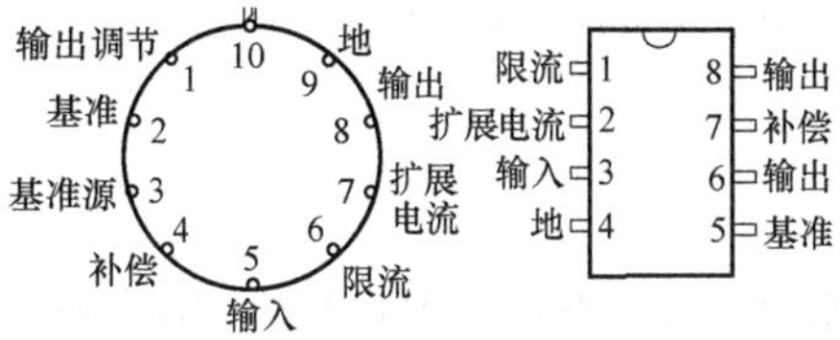

CW104　CW105

常用的三端可调集成稳压器有正电压输出的 17 系列三端集成稳压器和负电压输出的 37 系列三端集成稳压器。两个系列集成稳压器的内部电路结构和输出电压（均为 ±1.25 ~ ±37V 可调）各自是相同的，只是输出电流与封装形式等有所差异

多端集成稳压器分正、负输出，代表产品有 CW1568、CW1468 等，输出电压为 −15 ~ +15V。多端固定集成稳压器输出电流较小（100mA），要想得到较大输出电流，必须外接功率管

多端可调集成稳压器取样电阻和保护电路的元器件需要外接。有输出正电压 CW05 系列和负电压 CW04 系列两种

开关式集成稳压器是最近几年发展的一种稳压电源，其效率特别高。以 AN5900，TLJ494，HAL7524，国内生产的 CW1524、CW2524、CW3524 系列等为代表，广泛应用在微机、电视机和测量仪器等设备中

图 c 为单片开关集成稳压器 CW4960 的典型应用电路。该电路最大输入电压为 50V，输出电压可以从 5V 调至 40V。输入直流电压的获得可以用工频变压器从交流 220V 降压获得，也可以用单端反激式开关稳压器获得

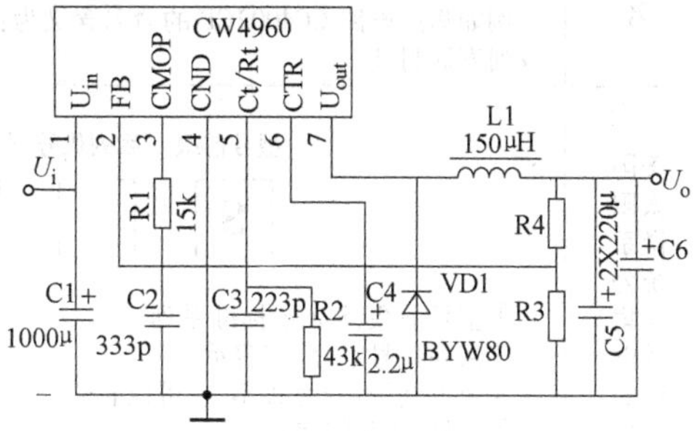

c)

三、集成电路的主要技术参数（见表 4-9）

表 4-9　集成电路的主要技术参数

参数	定义说明
静态工作电流	指在不给集成电路输入引脚加上输入信号的情况下电流引脚回路中的电流大小，相当于晶体管的集电极静态工作电流。通常，静态工作电流给出典型值，最小值和最大值 3 个指标

（续）

参数	定义说明
增益	指集成放大器的放大能力，通常标出开环和闭环增益，也有典型值、最小值和最大值3个指标
最大输出功率	指在信号失真度一定时，集成电路输出引脚所输出的电信号功率。它主要是针对集成功率放大器而言的
电源电压	指可以加在集成电路电源引脚与接地端之间的电压极限值，使用中工作电压不能超过此值
功耗	指集成电路所能承受的最大耗散功率，主要是针对集成功率放大器而言的
工作环境温度	指集成电路在工作时的最低和最高温度
储存温度	指集成电路在存储时所要求的最低和最高温度

四、集成电路的型号命名（见表4-10）

表4-10　集成电路的型号命名

名称	命名规则
国产集成电路的型号命名	字头符号 电路类型 电路型号数 温度范围 封装形式 C　T　74LS　C　J 近年来，集成电路的发展十分迅速，使各种功能的通用、专用集成电路大量涌现，类别之广、型号之多令人眼花缭乱。国产半导体的型号命名由五部分组成，其命名符号及含义见表4-11 例如集成电路CC4002CP的命名含义为：国产、CMOS电路、或非门、工作温度0～70℃、塑料双列直插封装
美国太阳微系统公司集成电路的型号命名	型号前缀 系列代号 版本代号 序号 封装形式 S ①型号前缀：S表示标准系列 ②系列代号：用数字表示 ③版本代号：分为A、B，也可以省略 ④序号：用数字表示 ⑤封装形式：P表示塑料封装，D表示陶瓷侵渍封装，C表示陶瓷封装，L表示无引线芯片封装
美国摩托罗拉公司集成电路的型号命名	型号前缀 器件序号 改进型 封装形式 MC　13　06　AP ①型号前缀：用字母表示。MC—封装类型器件；MCC—不密封类型；MCCF—线性芯片；MCM—多芯片组件；MMS—存储器系列 ②器件序号：用字母或数字表示 ③改进型：用字母或数字表示，有改进时加上字母“X” ④封装形式：用字母表示。F—陶瓷扁平封装；P—塑料双列直插式封装；L—陶瓷双列直插封装；U—陶瓷封装；G—TO-5型封装；K—TO-3型封装；T—TO-220型封装

（续）

名称	命名规则
日本索尼公司集成电路的型号命名	型号前缀 产品分类 产品编号 特性部分 CX 20 011 Aa ①符号前缀：索尼公司集成电路的标志 ②产品分类：用1~2位数字表示产品类型，其中双极型集成电路用0、1、8、10、20、22表示 ③产品编号：表示单个产品的编号 ④特性部分：有特性部分改进时加上字母“A”
日本日立公司集成电路的型号命名	种类 用途 序号 改进标志 封装形式 HA 12 401 A P ①电路种类：HA—模拟电路；HD—数字电路；HM—存储器电路；HN—ROM ②电路用途：11、12—高频；13、14—低频 ③器件序号：用字母或数字表示 ④改进标志：A、B、C ⑤封装形式：P—塑料封装；M—金属封装；C—陶瓷封装；R—引脚反接
集成稳压器的型号命名	①集成稳压器的型号由两部分组成。第一部分是字母，国标用“CW”表示，其中“C”表示中国，“W”表示稳压器；国外产品有LM、μA、MC、μPC等。第二部分是数字，表示不同的输出电压。国内外同类产品的数字意义完全一样 ②集成电路的型号一般都在表面印制（或者激光刻蚀）出来。集成电路有各种型号，命名有一定规律，一般是由前缀、数字编号、后缀组成。绝大部分国内外厂商生产的同一种集成电路，采用基本相同的数字编号，而以不同的字头代表不同的厂商，例如NE555，LM555，μPC555，SG555分别是由不同国家和厂商生产的定时器电路，它们的功能、性能和封装、引脚排列也都一致，可以相互替换
部分国外集成电路制造公司生产的产品型号前缀	①先进微电子器件公司（美国）—AM ②模拟器件公司（美国）—AD ③飞兆半导体公司（美国）—F、μA ④富士通公司（日本）—MB、MBM ⑤日立公司（日本）—HA、HD、HM、HN ⑥英特尔公司（美国）—I ⑦应特西尔公司（美国）—ICL、ICM、IM ⑧松下电子公司（日本）—AN ⑨史普拉格电气公司（美国）—ULN、UCN、TDA ⑩三菱电气公司（日本）—M ⑪摩托罗拉半导体公司（美国）—MC、MLM、MMS ⑫国家半导体公司（美国）—LM、LF、LH、LP、AD、DA、CD ⑬日本电气有限公司（日本）—μPA、μPB、μPC ⑭新日本无线电有限公司（日本）—NJM ⑮德津风根（德国）；根德公司（德国）；SGS（意大利）；欧洲电子联盟；西门子—TAA、TBA、TDA ⑯三星公司（韩国）—KA、KM、KS ⑰索尼公司（日本）—CX、BX ⑱东芝公司（日本）—TA、TB、TC ⑲三洋公司（日本）—LA、LB

表 4-11　国产集成电路的命名符号及含义

第一部分	第二部分		第三部分	第四部分		第五部分	
用字母C表示器件符合国家标准,中国制造	字母表示器件的类型		数字或字母表示器件的系列和品种代号	字母表示器件的工作温度范围		字母表示器件的封装形式	
	符号	含义		符号	含义	符号	含义
	T	TTL 电路		C	0～70℃	W	陶瓷扁平封装
	H	HTL 电路		E	-40～85℃	B	塑料扁平封装
	E	ECL 电路		R	-55～85℃	F	全密封扁平封装
	C	CMOS 电路		M	-55～125℃	D	陶瓷直插封装
	F	线性放大器				P	塑料直插封装
	D	音响电路				J	玻璃直插封装
	W	稳压器				H	玻璃扁平封装
	J	接口电路				K	金属壳菱形封装
	B	非线性电路				T	金属壳圆形封装
	M	存储器					
	μ	微处理器					

五、集成电路的识别方法

集成电路识别最简便的方法是网上查询（集成电路查询网，网址为 www. datasheet5. com）。国外集成电路的识别方法见表 4-12。

表 4-12　国外集成电路的识别方法

厂家识别

一般情况下,世界上很多集成电路制造公司将自己公司名称的缩写字母或者本公司的产品代号放在型号的开头,作为公司的标志,表示是该公司的集成电路产品。部分国外集成电路制造公司生产的产品型号前缀见表 4-10

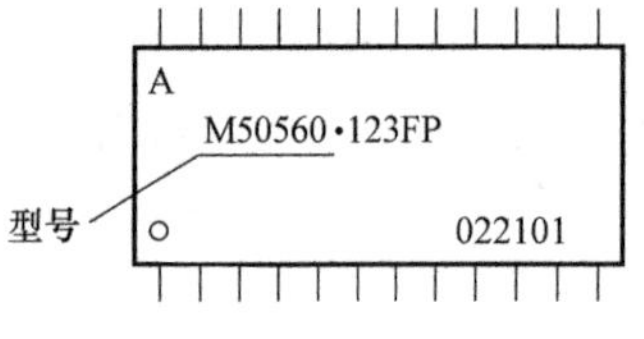

字母 M50560 即为型号

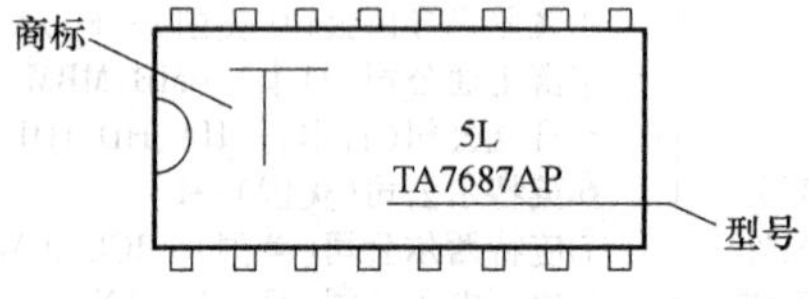

字母组合 TA 表示是日本东芝公司产品

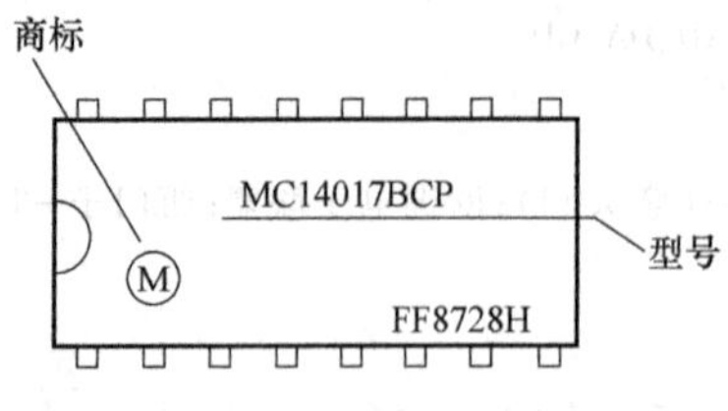

字母组合 MC 表示为美国摩托罗拉公司产品

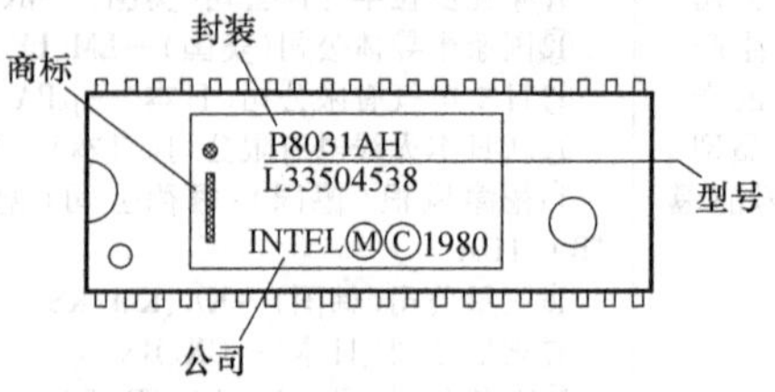

英特尔公司产品型号,字母 P 表示塑封

（续）

商标识别			
要识别集成电路也可以先在芯片上找出产品公司商标，先确定生产厂家后，再查找相应的手册			
厂商商标	厂商名称	厂商商标	厂商名称
AMD	先进微型仪器公司	DALLAS	台拉丝半导体公司
MOTOROLA	摩托罗拉 半导体公司	intel	英特尔公司
HARRIS	哈里斯半导体公司	ANALOG DEVICES	模拟器件公司
Integrated Device Technology Inc	IDT 公司（美国）	TEXAS INSTRUMENTS	德克萨斯仪器公司
SGS-THOMSON MICROELECTRONICS	意法半导体公司	National Semiconductor	国家半导体公司 （美国）
NEC	日本电气有限公司	HITACHI	日立公司
XILINX	赛灵斯公司 （美国）	AT&T Microelectronics	美国电报电话公司
ROCKWELL 洛克威尔	洛克威尔国际 电子器件分部	PHILIPS	飞利浦元件公司 （荷兰）
ZILOG	泽洛格公司	BURR-BROWN BB	巴尔—布劳恩 研究公司
DATEL	德・特尔—英特 西尔公司		

六、集成电路的封装形式

集成电路封装形式是安装半导体集成电路芯片用的外壳。它不仅起着安装、固定、密封、保护芯片及增强电热性能等方面的作用，同时还通过芯片上的接点用导线连接到封装外壳的引脚上，这些引脚又通过印制电路板上的导线与其他元器件相连接，从而实现内部芯片与外部电路的连接。集成电路的封装形式见表4-13。

表4-13　集成电路的封装形式

名称	封装外形	特点
SIP		该类型的引脚在芯片单侧排列，又分为单列直插式封装和单列曲插式封装，单列直插式封装的集成电路只有一排引脚，单列曲插式的集成电路一排引脚又分成两排进行安装
DIP	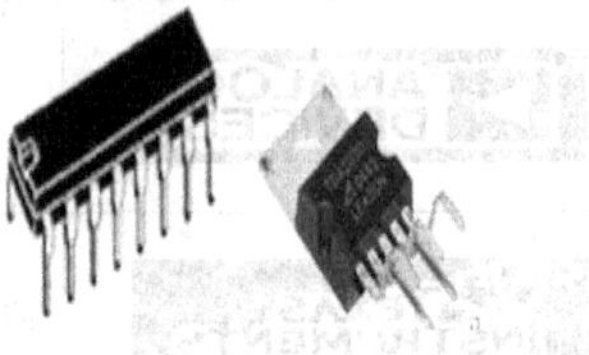	双列直插式封装，引脚从封装两侧引出，封装材料有塑料和陶瓷两种。DIP是最普及的插装型材料，引脚中心距2.54mm，引脚数为6～64
BGA		球栅阵列封装是表面贴装型封装的一种，在PCB的背面布置二维阵列的球形端子，而不采用针脚引脚，焊球的节距通常为1.5mm、1.0mm、0.8mm。也称为凸点阵列载体（PAC）。引脚可超过200，是多引脚LSI用的一种封装。封装本体也可做得比QFP（四侧引脚扁平封装）小。美国Motorola公司把用模压树脂密封称为OMPAC，而把灌封方法密封的发展称为GPAC
CLCC		带引脚的陶瓷芯片载体，也是表面贴装型封装的一种，引脚从封装的四个侧面引出，呈丁字形。此封装也称为QFJ、QFJ-G
QFP	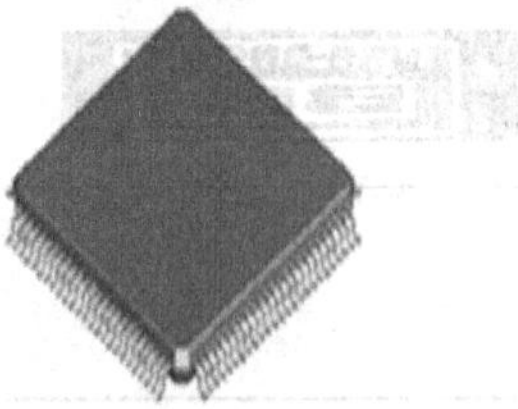	四侧引脚扁平封装。也是表面贴装型封装的一种，引脚从四个侧面引出。基材有陶瓷、金属和塑料三种。从数量上看，塑料封装占绝大部分。当没有特别表示出材料时，多数情况为塑料QFP。引脚中心距0.635mm，引脚数为84～196
LCC		无引脚芯片载体。指陶瓷基板的四个侧面只有电极接触而无引脚的表面贴装型封装，是高速和高频IC用封装

（续）

名称	封装外形	特点
PLCC		无引线塑料封装载体。一种塑料封装的 LCC，也用于高速，高频集成电路封装
SOP		小外形封装（引脚间距 1.27mm），TSSOP（薄小外形封装）、VSOP（甚小外形封装）、SSOP（缩小型 SOP）、TSSOP（薄的缩小型 SOP）及 SOT（小外形晶体管）、SOIC（小外形集成电路）
PGA		阵列引脚封装，底面引脚呈阵列状排列。引脚中心间距通常为 2.54mm，引脚数为 64～447
CSP		CSP 是先进的集成电路封装形式
PQFP		PQFP 封装的芯片引脚之间的距离很小，管脚很细，一般大规模和超大规模集成电路都采用这种封装形式，其引脚数一般在 100 个以上
LGA	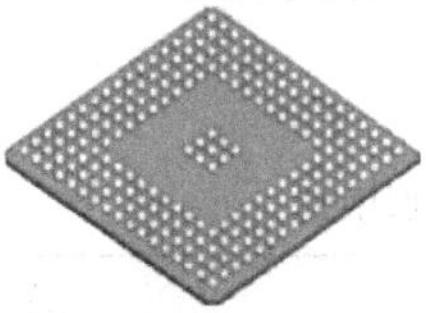	触点阵列封装。即在底面制作有阵列状态电极触点的封装。装配时插入插座即可。现已实用的有 227 触点（1.27mm 中心距）和 447 触点（2.54mm 中心距）的陶瓷 LGA，应用于高速逻辑电路
MCM		多芯片组件。将多块半导体裸芯片组装在一块布线基板上的一种封装技术。CM 是在混合集成电路技术基础上发展起来的一项微电子技术，其与混合集成电路产品并没有本质的区别，只不过 MCM 具有更高的性能、更多的功能和更小的体积，可以说 MCM 属于高级混合集成电路产品

（续）

名称	封装外形		特点	
SOT（小外形晶体管）	 TO252	 SOT343	 SOT223	 TO263/TO268
	 SOT143	 SOT23	 SOT089	 SOT25/SOT353
	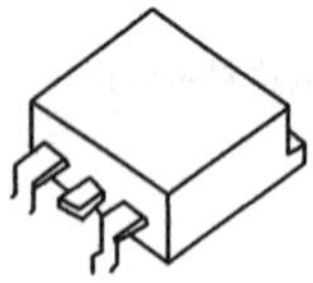 SOT220	 SOT223	 SOT523	 SOT26/SOT363

七、集成电路引脚识别、测试及使用注意事项

1. 集成电路的引脚识别（见表4-14）

表4-14　集成电路的引脚识别

封装形式	封装标记及引脚识别	引脚识别方法与特点
金属圆形	 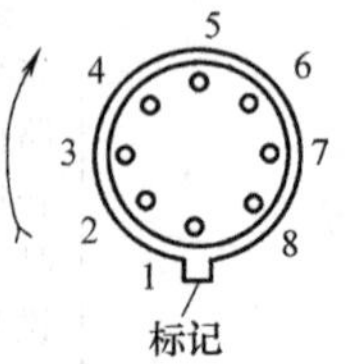	将引脚朝上，从管键（凸起的定位销）开始，顺时针计数 多用于集成运放等，引脚数有8、10、12等，散热和屏蔽性良好

（续）

<table>
<tr><th>封装形式</th><th>封装标记及引脚识别</th><th>引脚识别方法与特点</th></tr>
<tr><td>单列直插式</td><td>
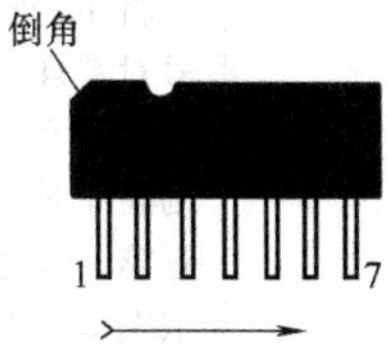

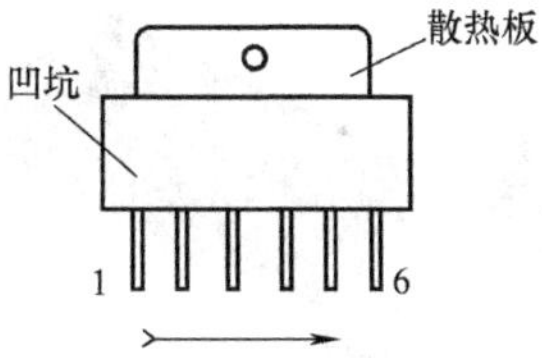

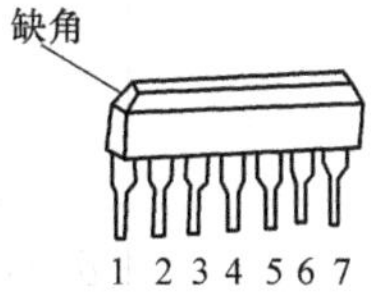

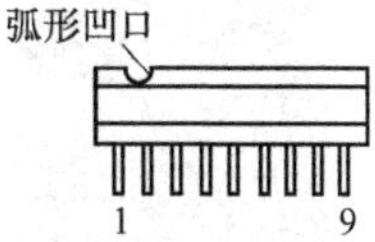

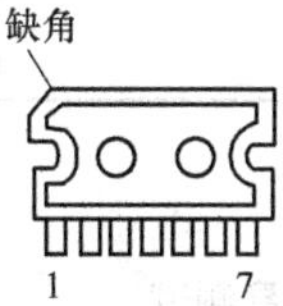

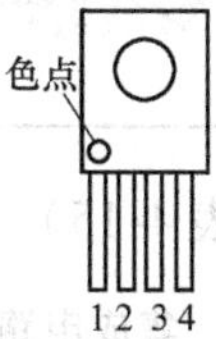

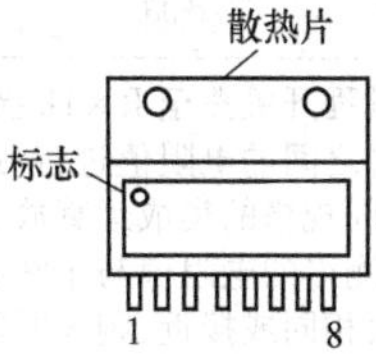

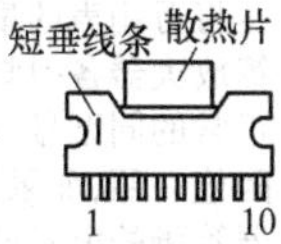

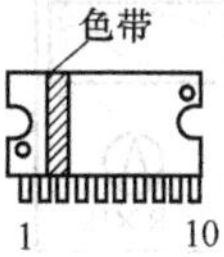

</td><td>把引脚朝下，面对型号或定位标记，自定位标记一侧的头一只引脚开始计数，依次为 1、2、3……
单列直插式封装（SIP）集成电路只有一排引脚，单列曲插式封装（ZIP）的集成电路一排引脚又分成两排进行安装。引脚数常有 3、4、5、6、7、8、9、10、12、16 等几种，造价低且安装方便</td></tr>
<tr><td>双列直插式</td><td>
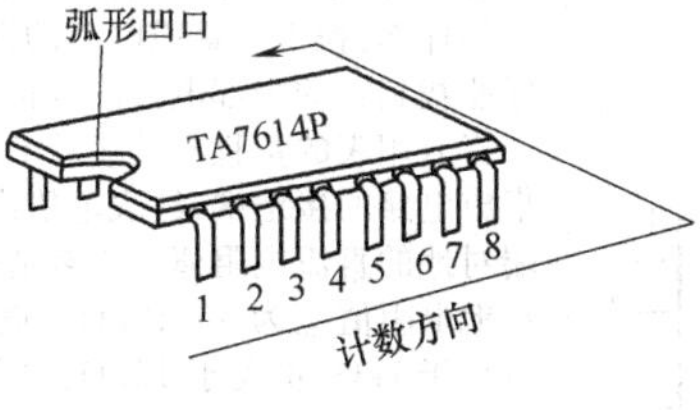

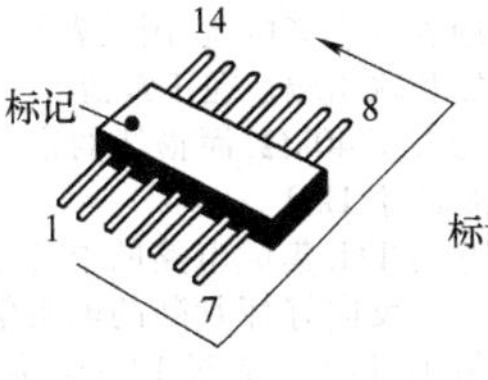

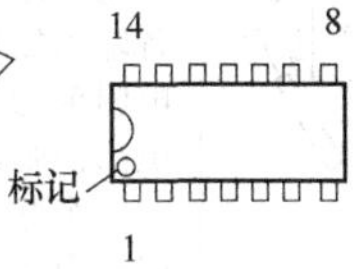

</td><td>将 IC 正面的字母，代号对着自己，使定位标记（凹坑，倒角或缺角，色点或色带等）朝左下方，则处于最左下方的引脚是第 1 脚，再按逆时针方向依次是 2、3、4……</td></tr>
</table>

（续）

封装形式	封装标记及引脚识别	引脚识别方法与特点
双列表面安装	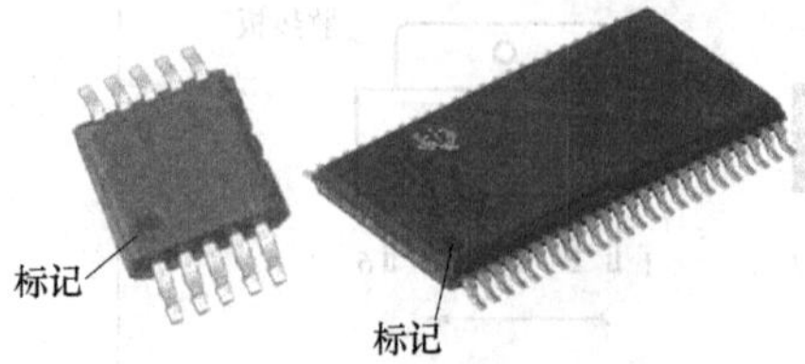	将 IC 正面的字母，代号对着自己，使定位标记（凹坑，色点）朝左下方，则处于最左下方的引脚是第 1 脚，按逆时针方向依次是 2、3、4……
扁平矩形	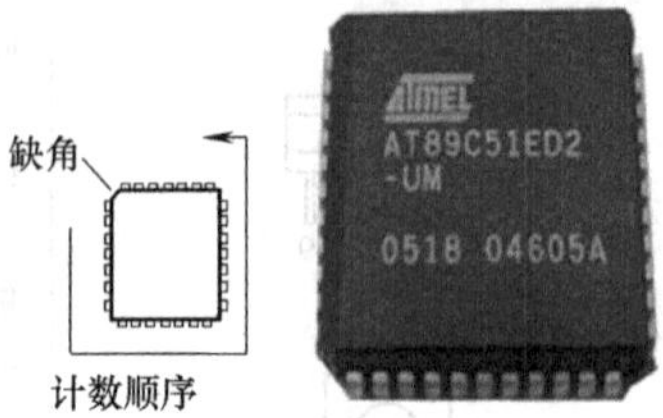	从缺角逆时针开始依次计数

2. 集成电路的简易测试（见表 4-15）

表 4-15 集成电路的简易测试

测试	图解	说明
集成运放的检测	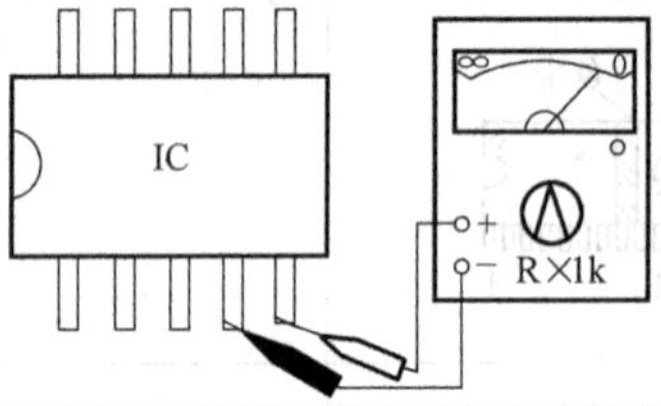	将万用表的量程开关拨至 R×1k 挡，对被测集成运算放大器各引脚之间的电阻值进行测量，然后分别与正常的同型号、同规格的集成运算放大器管脚之间电阻值对照，如果测得的电阻值与正常的集成运算放大器管脚的电阻值相同或接近，则表明被测集成运算放大器是好的；如果实测值为零或无穷大，则说明被测集成运算放大器有问题
TTL 与非门集成电路的测试	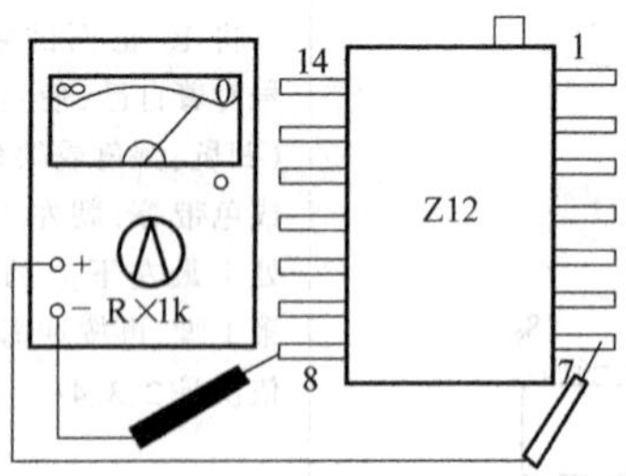	看清待测 TTL 集成电路的型号，查技术参数手册或产品样本，找出该集成电路的接地端是哪只引脚。最好能找到它的内部电路图或接线图 将万用表的量程开关拨至 R×1k 挡，黑表笔接待测集成电路的接地端，红表笔依次测试各输入端和输出端对地的直流电阻值。正常情况下，集成电路各引脚对地电阻值应为 3～10kΩ。倘若某一引脚对地电阻值小于 1kΩ 或大于 12kΩ，则该集成电路肯定已经损坏 将万用表红表笔接地，用黑表笔依次测试集成电路各输入端和输出端。在正常情况下，各端对地的反向电阻值均大于 40kΩ，而损坏的集成电路各引脚对地电阻值则低于 1kΩ 一个好的 TTL 集成电路的电源正、负极引脚，其正向电阻值与反向好坏判断的电阻值均较其他引脚对地电阻值小，最大不超过 10kΩ。若此接近无穷大，则说明此集成电路的电源引脚已断路报废

（续）

<table>
<tr><th>测试</th><th>图解</th><th>说明</th></tr>
<tr><td rowspan="3">LM 317 三端稳压器的检测</td><td>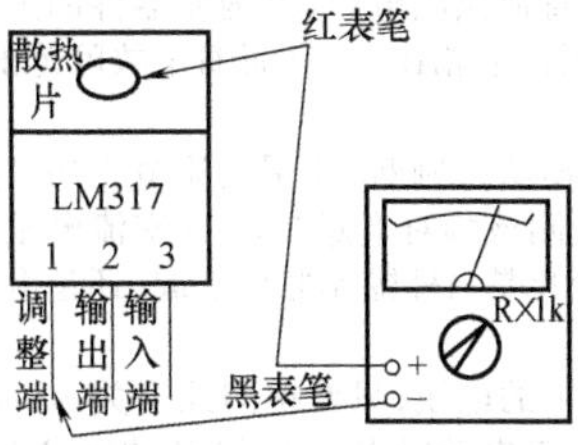
</td><td>万用表拨至 R×1k 挡，红表笔接散热片（带小圆孔），黑表笔依次接 1、2、3 脚，检测的结果如与以下数据不同，说明 LM317 存在质量问题<table><tr><th>引脚</th><th>电阻</th></tr><tr><td>1</td><td>24kΩ</td></tr><tr><td>2</td><td>0</td></tr><tr><td>3</td><td>4kΩ</td></tr></table></td></tr>
<tr><td>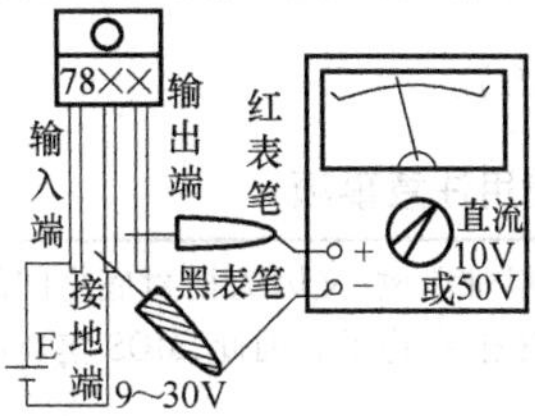
</td><td>在 78××系列稳压器的输出端和接地端加上直流电压，注意极性，并且电压值应比稳压器的稳压值至少高 2V。但不要超过 30V。将万用表拨至直流电压挡，测量稳压器输出端的电压，若数值与稳压器标称值相同，则证明此稳压器是好的。此法还可以测出由于型号不清而不知其具体稳压值的三端固定稳压器的输出电压</td></tr>
<tr><td>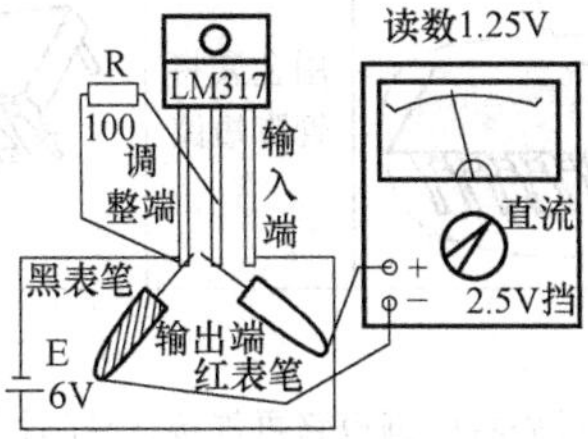
</td><td>对于 LM317 系列的可调式三端集成稳压器，如果万用表读数为 1.25V 左右，测说明此稳压器是好的。至于输出负电压的固定式 79××系列，以及输出负电压的可调式 LM137、M237 和 LM337 系列等稳压器，不同处是只要将输入电压的极性、万用表的表笔对调即可</td></tr>
<tr><td rowspan="2">光电耦合器的检测</td><td>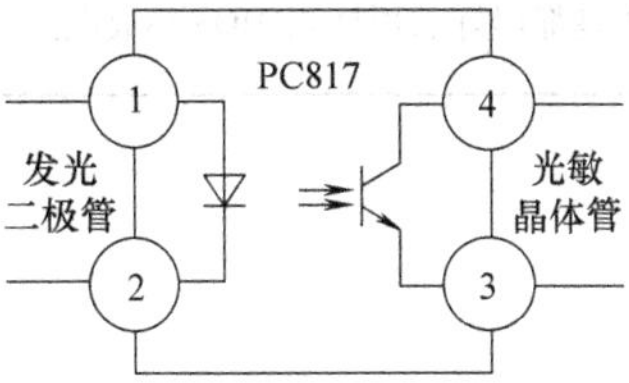
</td><td>以 PC817 为例：用 R×1k 挡测 1、2 脚内二极管是否完好，再测 3、4 端正反向电阻应为开路状态∞（R×1k 挡表内电池仅 1.5V）；再用 R×10k 挡测 1、2 端正向电阻，阻值较小，而反向电阻应为无穷大。用黑表针接 3 脚，红表针接 4 脚时应为无穷大的电阻，相反方向测量时，一般表中指针会动，与普通小功率硅晶体管 CE 间稳压特性相似</td></tr>
<tr><td>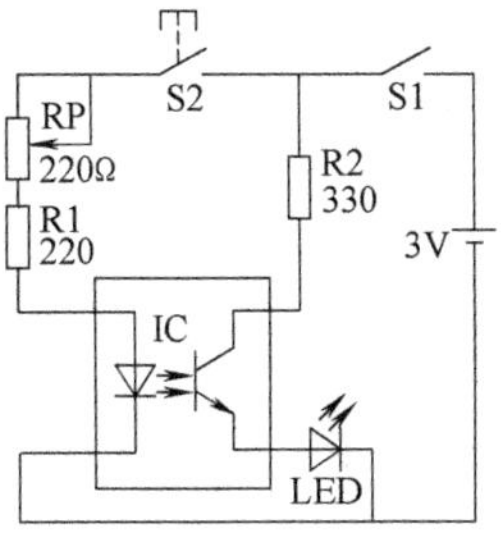
</td><td>简易测试：当接通电源后。LED 不发光，按下 S2，LED 会发光，调节 RP，LED 发光强度会发生变化。说明光耦器是好的
对于在线的光耦合器，最好的方法是“比较法”，即拆下怀疑有问题的光耦合器，用万用表测量其内部二极管、晶体管的正向和反向电阻值，并与好的同型号光耦合器对应脚的测量值进行比较，若阻值相差较大，则说明被测光耦合器已损坏</td></tr>
</table>

（续）

测试	图解	说明
对地电压测量法	这是一种在通电情况下，用万用表直流电压挡对直流供电电压、外围元器件的工作电压进行测量，检测集成电路各引脚对地直流电压值，并与正常值相比较，进而缩小故障范围，找出损坏元器件的测量方法 对于输出交流信号的输出端，此时不能用直流电压法来判断，要用交流电压法来判断。检测交流电压时要把万用表挡位置于“交流挡”，然后检测该脚对电路“地”的交流电压。若电压异常，则可断开引脚连线测接线端电压，以判断电压变化是由外围元器件引起，还是由集成电路引起的 对于一些多引脚的集成电路，不必检测每一个引脚的电压，只要检测几个关键引脚的电压值即可大致判断故障位置。开关电源集成电路的关键是电源脚 V_{CC}、激励脉冲输出脚 V_{OUT}、电压检测输入脚、电流检测输入端 IL	

3. MOS 集成电路使用注意事项（见表 4-16）

表 4-16　MOS 集成电路使用注意事项

MOS 集成电路易击穿的原因	MOS 输入阻抗极高，若栅极感应了电荷将很难泄放，又因为栅衬底之间的分布电量极小，少量的感应电荷都会在栅衬之间产生高压击穿管子。因此，MOS 集成电路在测试和使用时都要非常注意					
保管方法	置于金属盒中与外界隔离	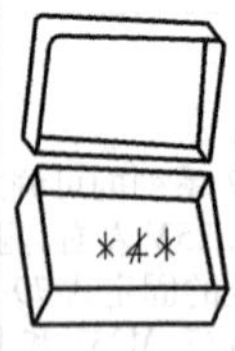	用锡纸包裹	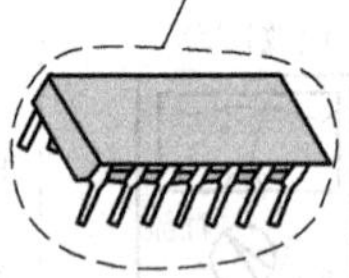	用金属将管脚短路	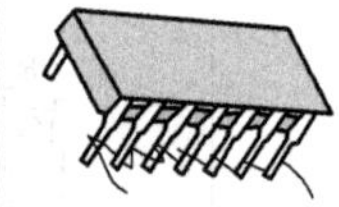
焊接时注意事项	①避免用手指碰触管脚，避免人体静电 ②用电烙铁必须要接地，且断电焊接；也可先将引脚短路再焊接，焊好后再把短路线取消 ③使用 MOS 器件最好使用 IC 插座，待插座都焊好后再插入 MOS 集成电路					

第五章

机电与保护元件

在我国的电子电力行业中，把接插件、开关与键盘等统称为电接插元件，而电接插元件与继电器则统称为机电元件。机电元件在电子设备，以及电力系统中的应用非常广泛。

各类电器都离不开保护元件。它们接在电路中，当电路出现过电压，过电流和过热等不正常情况时，保护元件就会发挥作用，来保护整体或局部电路的安全。

第一节 开　　关

一、开关概述

开关是一种在电路中起控制、选择和连接等作用的元件，大量应用于电子、电力设备中。在电路中开关用文字符号“S”或“SA”、“SB”（旧标准用“K”）等表示，开关的种类和图形符号如图5-1所示。

二、常见开关的实物图及特点（见表5-1）

表5-1　常见开关的实物图及特点

开关名称与实物图	特点及应用
按钮 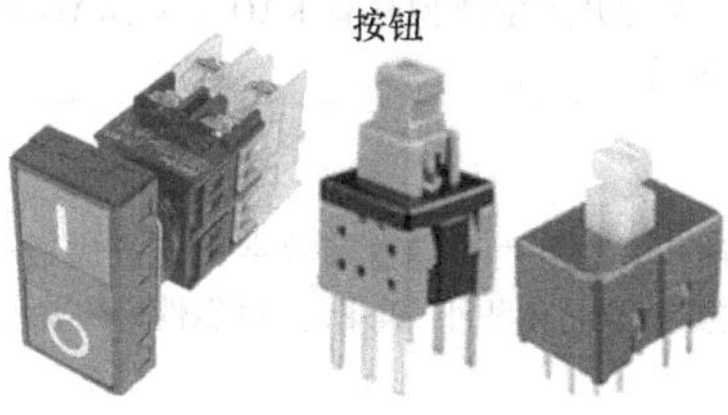	按钮有单极双位开关或双极开关，按功能与用途又可分为起动按钮、复位按钮、检查按钮、控制按钮和限位按钮等多种 微型按钮用导电橡胶或金属片等作导体，可作为状态选择开关，用于小型半导体收音机、遥控器和验钞器等产品中。主要特点是体积小、重量轻、按动操作方便、手感舒适和价格低廉等

（续）

开关名称与实物图	特点及应用
拨动开关 	拨动开关是通过拨动开关柄来带动滑块或滑片的滑动，从而控制开关触点的接通与断开。拨动开关分为单极双位和双极双位两种结构形式，主要用于收音机、录音机等小电器及普及型仪器仪表中，一般用在电路状态转换和低压电源控制等
旋转开关 	旋转式开关主要有旋转式波段开关和旋转式功能转换开关两种。适用于收音机、收录机、电视机及各种仪器仪表 旋转开关靠旋转开关手柄来控制开关触点的接通与断开 由高频陶瓷或环氧玻璃布胶板制成的绝缘基片、跳步定位机构、旋转轴、开关动片、定片以及其他固定件组成 铆接在轴上的绝缘基体上能随开关旋转轴一起转动的金属片为开关动片；固定在绝缘基体上不动的接触片为定片。始终和开关动片相连的定片叫“刀”，一般用 D 表示；其他的定片叫“位”或者“掷”，用 W 表示 波段开关主要用于电路状态的切换，一般有单刀多位和多刀多位两种。常见有指针式万用表的挡位切换等
琴键开关 	琴键开关常用于仪器、仪表及各种电子设备多极电路转换中，主要特点是每只开关可有 2 极、4 极、8 极，可多只组合或自锁、互锁、无锁等多种形式。S 锁定是指按下开关键后位置即被固定，复位需另按复位键或其他键。它的组成形式上有带指示灯、带电源开关和不带灯（电源开关）数种
按键开关 	按键开关一般由手柄、滑板、活动触片、固定端子、压簧和外壳等构成，它是通过按动开关手柄来控制活动触点与固定端子触点的接通与关断。按键开关有单键式和多键组合式两种类型。按键开关常用于家用电器、电信设备、自控设备、计算机及仪表中，有时用在电路转换中，主要特点是嵌卡式安装可靠，指示灯、轻触式操作 国产按键开关主要型号有 KAQ × ×、KAD × ×、KJJ × ×等
轻触开关 	轻触开关主要用于键盘等数字化设备面板的控制，主要特点是体积小，重量轻，可靠性好寿命长

（续）

开关名称与实物图	特点及应用
钮子开关 	钮子开关是电子设备中常用的一种电源开关，触点有单刀、双刀和三刀等多种，接通状态有单掷和双掷两种 主要用于小型电源开关电路转换，主要特点是螺纹圆孔安装，加工方便
行程开关 	行程开关的结构较复杂，属于单极多位多列开关，有一个动触点和多个静触点，主要用于机械传动系统中作状态检测用 它是一个机械控制开关器件，当机械运动达到一定位置时，行程开关被执行，将常闭触点断开，常开触点闭合，从而控制电路执行机械运动的停止或返回
波动开关 	波动开关常用于一般电气设备电源开关及电路转换，主要特点是嵌卡式安装，操作方便。国产波动开关主要有 KNDXX 等
拨码开关 	拨码开关主要用于不经常动作的数字电路转换，主要特点是体积小，安装方便，可靠性高。图示为 8 位拨码开关内部接线图 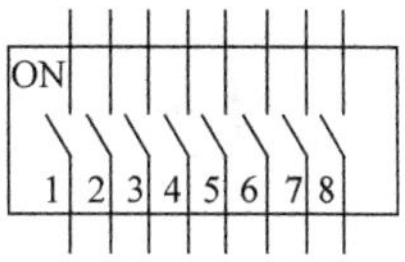
薄膜开关 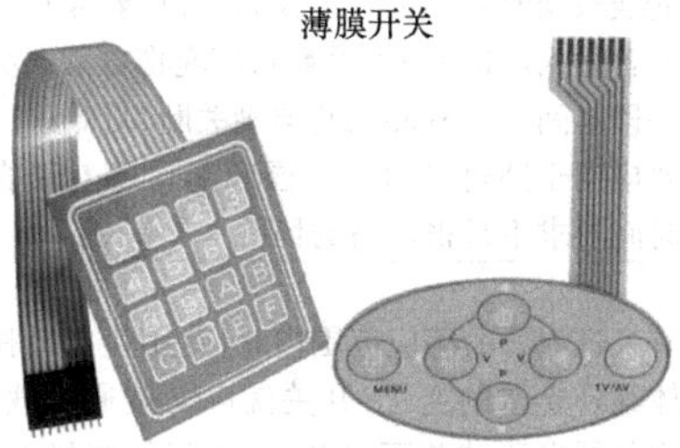	又称为触摸开关或轻触式键盘，是采用 PC、PVC、PET、FPC 及双面胶等软性材料，运用丝网印制技术制作而成的多平面组合密封的集按键开关、开关线路、文字图形标记、读数显示透明窗、指示灯、透明窗、面板装饰等功能于一体的新型电子元器件。适用于机电一体化产品、计算机、电子设备、医疗仪器、高档家用电器、工控设备、塑胶工业设备、模具工业设备、程控通信等 薄膜开关由引出线、上部电极电路、下部电极电路、中间隔离层及面板层等构成。背面有强力压敏胶层，将防粘纸撕掉后，便可贴在仪器的面板上，且开关的引出线为薄膜导电带，并配以专用插座连接

（续）

开关名称与实物图	特点及应用
汞开关 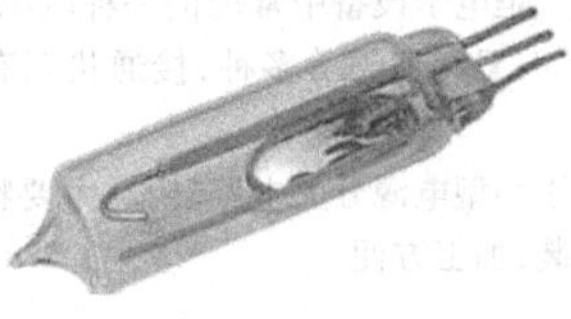	水银开关，又称为倾侧开关，是电路开关的一种，以一接着电极的小巧容器储存着一小滴水银，容器中多数注入惰性气体或真空 汞（水银）开关是利用汞作导体，它采用玻璃外壳或金属外壳封装，主要用在报警器等产品中。汞开关可分为单向型和万向型
振动开关  	振动开关，正确的名称应该称为振动传感器，也就是在感应振动力大小将感应结果传递到电路装置，并使电路启动工作的电子开关。振动开关主要应用于电子玩具、小家电、运动器材以及各类防盗器等产品中
光电开关 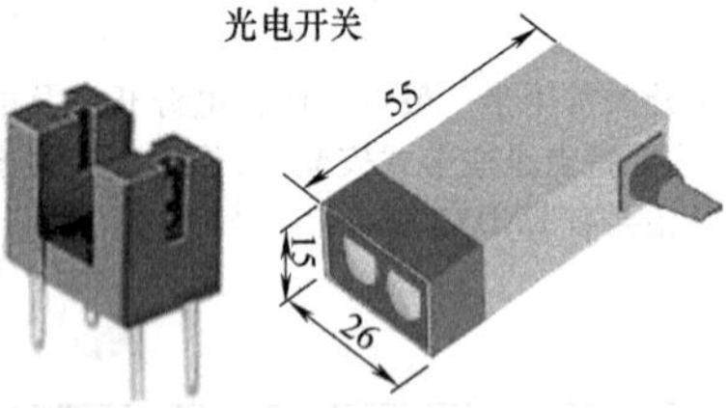 	光电开关（光电传感器）是光电接近开关的简称，它是利用被检测物对光束的遮挡或反射，由同步回路选通电路，从而检测物体有无的 按检测方式可分为反射式、对射式和镜面反射式三种类型。对射式检测距离远，可检测半透明物体的密度（透光度）。反射式的工作距离被限定在光束的交点附近，以避免背景影响。镜面反射式的反射距离较远，适宜作远距离检测，也可检测透明或半透明物体 除了安防系统中常见的光电开关烟雾报警器，工业中经常用它来记数机械臂的运动次数
触摸延时开关 	当人的手接触金属片时，人体所带有的电荷就经手转移到金属片上，此时所形成的瞬间电流经放大后推动晶体管的开关电路，其开关信号可以控制晶体闸流管的导通和关断，并与延时电路一起控制触摸式延时照明电路
声光控开关 	采用集成电路构成，利用声音控制电路工作的电子开关。通电后，白天停止工作（灯不亮），当周围环境光线较暗时自动进入工作状态，只要靠近开关产生声音输入（如拍一下手掌），灯泡将自动点亮并持续一段时间（2～3min），再自动关断，灯熄灭 主要应用于路灯、工厂、公园和港口等对于自动开启时间要求不是很严格的场所
人体红外感应开关 	当有人进入开关感应范围内时，专用传感器探测到人体红外光谱的变化，开关就自动接通负载；人在感应范围内活动并不离开，开关就始终接通；在人离开后，开关延时并自动关闭负载

（续）

开关名称与实物图	特点及应用
温控开关 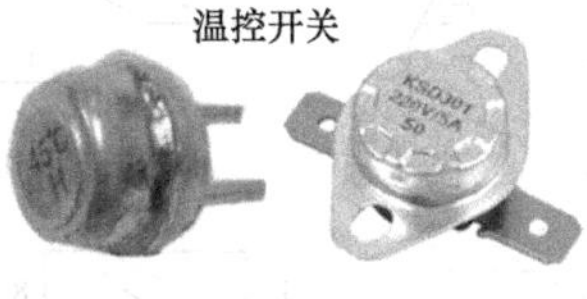	根据工作环境的温度变化，在开关内部发生物理形变，从而产生某些特殊效应，产生导通或者断开动作的一系列自动控制元件，叫做温控开关，也叫温度保护器或温度控制器。主要有机械式（蒸气压力式）和电子式两大类
接近开关 	接近开关又称为无触点接近开关，是理想的电子开关量传感器，可分为电感式和光电式两种类型。当金属检测体接近开关的感应区域时，开关就能无接触、无压力、无火花、迅速地发出电气指令，准确反映出运动机构的位置和行程。其定位精度、操作频率、使用寿命、安装调试的方便性和对恶劣环境的适用能力，是一般机械式开关所不能相比的

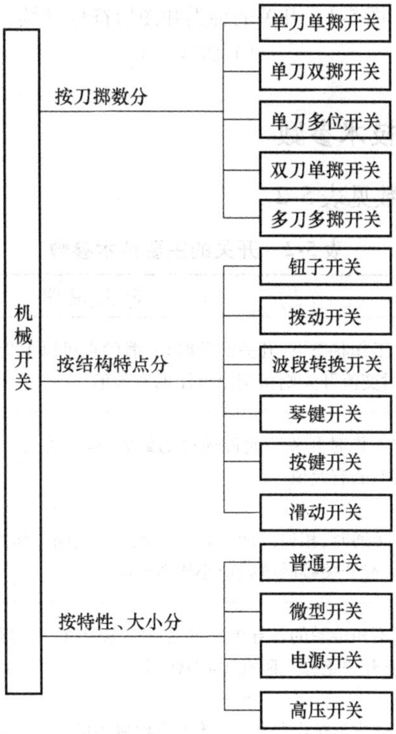

a)

图 5-1　开关的种类和图形符号

a）种类

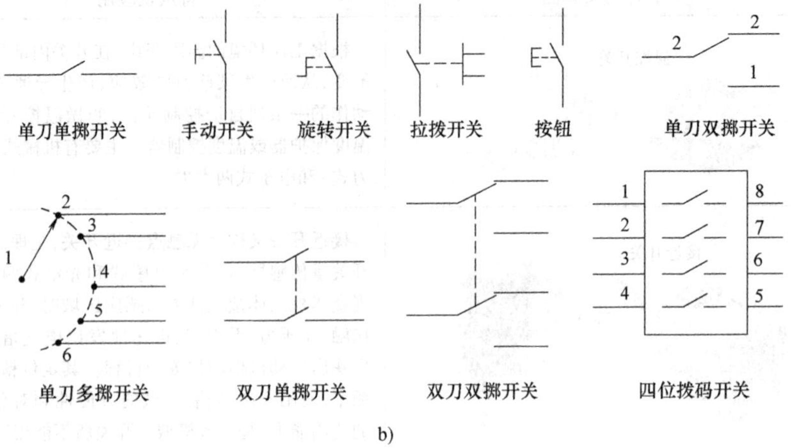

图 5-1　开关的种类和图形符号（续）
b）图形符号

三、开关的主要技术参数

开关的主要技术参数见表 5-2。

表 5-2　开关的主要技术参数

参数	定 义 说 明
额定电压	正常工作状态下，开关断开时动、静触点可以承受的最大电压，称为开关的额定电压，对交流开关则指交流电压的有效值
额定电流	正常工作时开关所允许通过的最大电流，称为开关的额定电流，在交流电路中指交流电的有效值
接触电阻	开关接通时，相通的两个触点之间的电阻值，称为开关的接触电阻。此值越小越好，一般开关接触电阻应小于 20mΩ
绝缘电阻	开关不相接触的各导电部分之间的电阻值，称为开关的绝缘电阻。此值越大越好，一般开关绝缘电阻在 100MΩ 以上
耐压	耐压也称为抗电强度，指开关不相接触的导体之间所能承受的最大电压值。一般开关耐压大于 100V，对电源开关而言，耐压要求不小于 500V
工作寿命	开关在正常工作条件下的有效工作次数，称为开关的工作寿命。一般开关为 5000～10000 次，要求较高的开关可达 5×10^4～5×10^5 次

四、开关的检测（见表 5-3）

表 5-3　开关的检测

项目	图示	操作步骤
接触电阻和绝缘电阻的检测	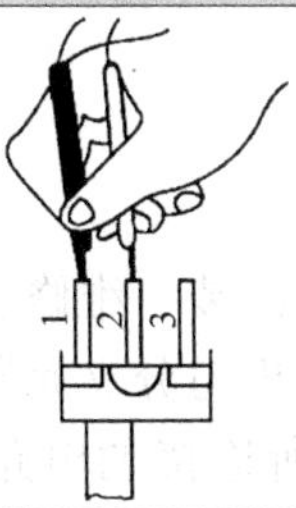	当开关接通时，用万用表欧姆挡测量相通的两个接点引脚之间的电阻值，此值越小越好，一般开关接触电阻应小于 20mΩ(0.02Ω)，测量结果基本上是零。如果测得的电阻值不为零，而是有一定电阻值或为无穷大，说明开关已损坏，不能再使用 对于开关不相接触的各导电部分之间的电阻值应越大越好，用万用表欧姆挡测量，显示电阻值基本上是无穷大，如果测量结果为零或有一定阻值，则说明开关已短路损坏 当开关断开时，导电部分应充分断开，用万用表欧姆挡测量断开导电部分电阻值，阻值应为无穷大，如果不是则说明开关已损坏
汞开关的检测	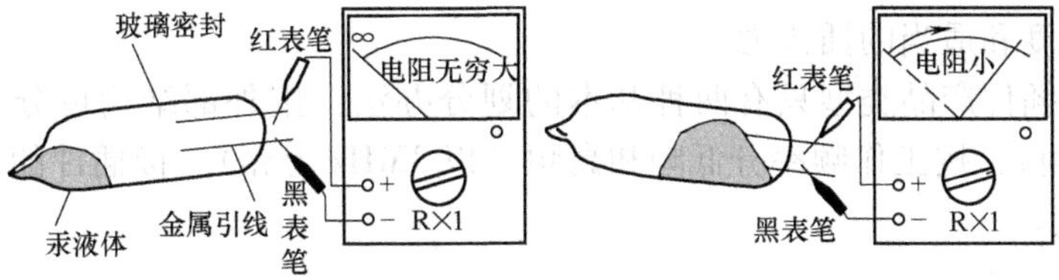	当汞开关左低右高时，汞流向左侧，二引线间电阻为无穷大 当汞开关左高右低时，汞流向右侧，二引线间电阻极小
薄膜开关的检测	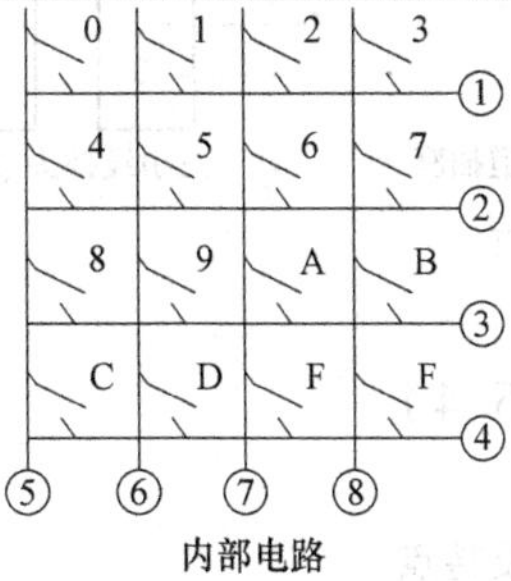	薄膜开关采用 16 键标准键盘，为矩阵排列方式，仅八根引线。检测时，将万用表置于 R×10 挡两支表笔分别接 1 和 5，当用手指按下数字键 1 时，电阻值应为 0，说明 1 和 5 接通，当松开手指时，电阻值应无穷大，对其他键的检查依此类推 再将万用置于 R×10K 挡，不按薄膜开关上任何一键保持全部按键均处于抬起状态。先把一只表笔接在引出端 1 上，用另一只表笔依次去接触 2～3；然后再把一只表笔接 2，用另一只表笔接触 3～8，以下参照此法依次进行，直到测完 7～8 端之间的绝缘情况。整个检测过程中，万用表指针都应停在位置不动，如果发现某对引出端之间的电阻不是无穷大，则说明该对引线之间有漏电性故障
光电开关的检测	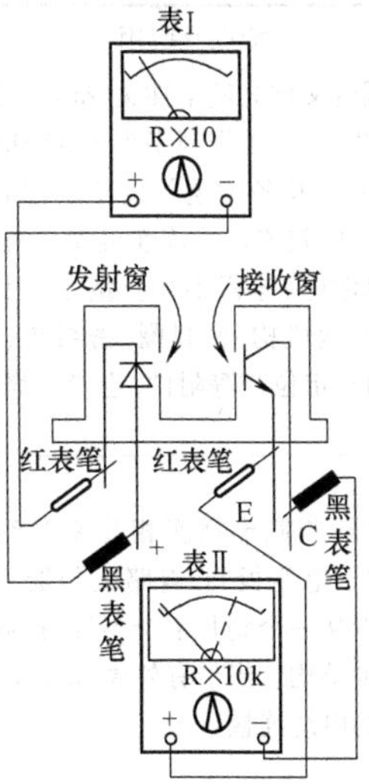	检测发射管：将万用表置于 R×10 挡，测量光电开关发射管的正、反向电阻值，应具有单向导电特性 检测接收管：将万用表置于 R×1k 挡，红表笔接触接收管的 E，黑表笔接触接收管的 C。正常时，用万用表 R×1k 挡测量，光电开关接收管的穿透电阻值多为无穷大 检测发射管与接收管之间的隔离性能：将万用表置于 R×10k 挡，测量发射管与接收管之间的绝缘电阻应为无穷大。否则，如果发射管与接收管之间测出电阻值，说明两者有漏电现象 检测灵敏度：测试电路如图所示。第一只万用表置于 R×10 挡，红表笔接发射管负极，黑表笔接发射管正极，第二只万用表置于 R×10k 挡。红表笔接接收管 E，黑表笔接接收管 C，将一黑纸片插在光电开关的发射窗与接收窗中间，用来遮挡发射管发出的红外线，测试时，上下移动黑纸片，观察第二只万用表的指针应随着黑纸片的上下移动有明显的摆动，摆动的幅度越大，说明光电开关的灵敏度越高。注意，为了防止外界光线对测试的影响，测试操作应在较暗处进行

第二节　接　插　件

一、接插件概述

接插件又称为连接器，在现代电子系统中为了便于组装、维修、置换、扩充而设计了许多类型的接插件，用在集成电路、印制电路板与分立元器件、基板与面板等之间。接插件主要用于传输信号和电流及控制所连接的电路的接通和断开。在具体应用中要求接插件接触可靠、良好的导电性、较高的绝缘性、足够的机械强度和适当的插拔力。

接插件产品类型只有两种基本的划分办法：按外部结构可分为圆形和矩形（横截面）；按工作频率分低频和高频（以 3MHz 为界）。接插件的图形符号如图 5-2 所示。

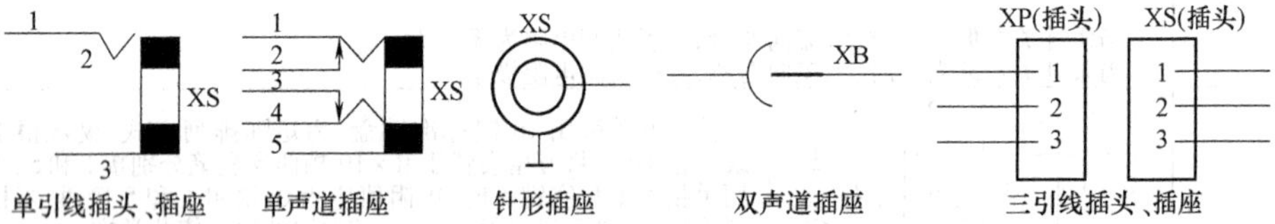

图 5-2　接插件的图形符号

二、常见的接插件实物图及特点（见表 5-4）

表 5-4　常见的接插件实物图及特点

接插件名称和实物图	特点及应用
圆形连接器 	圆形连接器：又称为航空插头、插座，主要有插接式和螺接式两大类，工作频率小于 3MHz，广泛应用于各种军事电台及各种电气设备或车载电气设备与电缆之间的电路连接。该连接器具有快速插拔、耐环境、密封性好、体积小和质量小等特点。连接部位有螺旋锁紧机构、密封圈、密封垫、电缆夹、连接环、定位销及定位键等附件，连接可靠，抗振密封性能良好
矩形连接器 	矩形连接器：与圆形插座相比有节约空间的优点，广泛应用于电路板间，电路板与器件等之间的连接。接触点从一个到几十个不等，接触点有针式和簧片式两种结构。当带有外壳或锁紧装置时，也可用于机外的电缆连接

（续）

接插件名称和实物图	特点及应用
印制板连接器 	印制板连接器：它的结构形式有直接型、绕接型、间接型等。从矩形插件过渡而来。其接触点从一个到几十个不等，可以配合条型连接器使用，或者直接配合电路板插接，应用场合有计算机主机中的各种板卡与主机板的连接。为了确保连接可靠，一般对触点镀金以加强可靠性，俗称金手指
带状电缆连接器 	带状电缆连接器：连接时不需要剥去电缆的绝缘层，依靠连接器的U形接触簧片的尖端刺入绝缘层中，使电缆的导体滑进接触簧片的槽中并被夹持住，从而使电缆导体和连接器簧片之间形成紧密的电气连接性。它仅需简单的工具，但必须选用规定线规的电缆。目前已广泛应用于各种印制板的连接器中，常用于数字信号传输
D形连接器 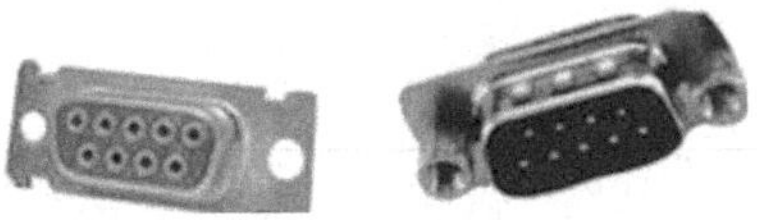	D形连接器：其具有非对称定位和连接锁紧机构，可靠性高，定位准确。广泛应用于各种电子产品机内和机外连接
条形连接器 	条形连接器：又叫做电路板接插件，主要用于印制电路板与导线的连接
AV连接器  音频连接器   直流电源连接器 同心连接器	AV连接器：也称为音视频连接器或视听设备连接器，用于各种音响设备中，如常用的CD机、电视机、DVD等以及多媒体等部件的连接 音频连接器：常用于音频设备信号传输，一般使用屏蔽线与插头连接 直流电源连接器：常用于小型电器产品直流电源的连接 同心连接器：也称为莲花插头座，常用于音响及视频设备中传输音视频信号，使用时一般用屏蔽线与插头座连接，芯线接插头座中心接点

（续）

接插件名称和实物图	特点及应用
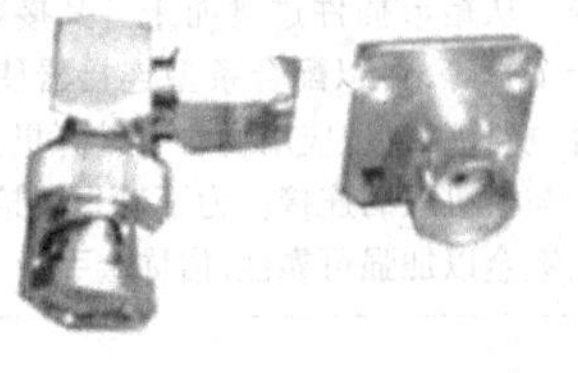 射频同轴连接器	射频同轴连接器：又称为射频转接器，用于射频信号传输和通信、网络等数字信号的传输，与专用射频同轴电缆连接。常用于示波器探头与示波器接口，信号源引线与信号源之间的连接等
光纤连接器 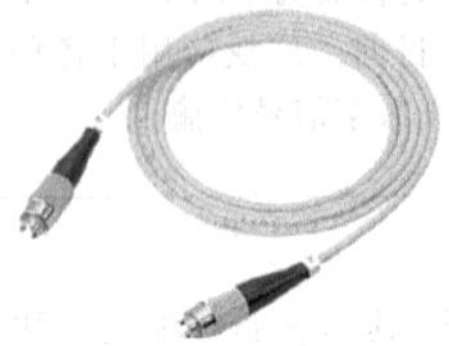	光纤连接器，它是光纤与光纤之间进行可拆卸（活动）连接的器件，它是把光纤的两个端面精密对接起来，以便发射光纤输出的光能量能量最大限度地耦合到接收光纤中去，并使由于其介入光链路而对系统造成的影响减到最小
集成电路插座 	集成电路插座：它的主要好处是IC不必永久性固定在印制电路板上，而是将插座永久焊接在电路板上，便于一些特殊场合的频繁插拔，比如存储器，计算机CPU同时兼有散热功能
电源插头、插座 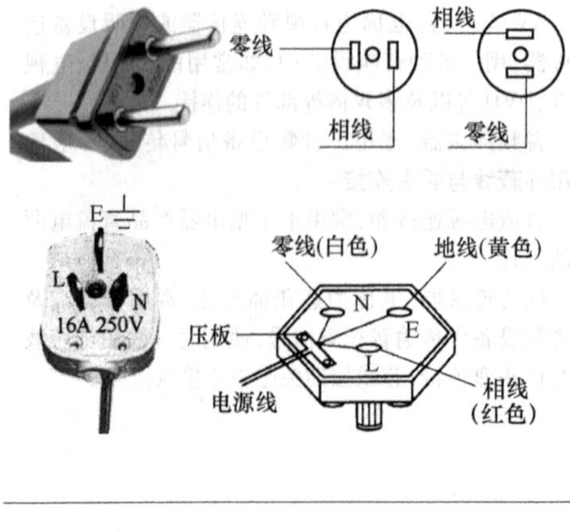 	插头、插座一般是配套使用的。按接线数量分为二线（芯）、三线（芯）和多线（芯）电源插头、插座等 ①用于一般电器中的电源插头，L表示相线，N为零线，E或G表示地线。16A、250V表示该插头的极限工作条件。家用大型电器一般采用三芯电源插头插座 ②插座一般不用开关控制，始终带电。双孔插座水平安装时左零右相；竖直排列时下零上相；三孔插座左零右相上地；三相四孔插座，下面三个较小的孔分别接三相电源的相线，上面较大的孔接保护地线

（续）

<table>
<tr><th>接插件名称和实物图</th><th>特点及应用</th></tr>
<tr><td>
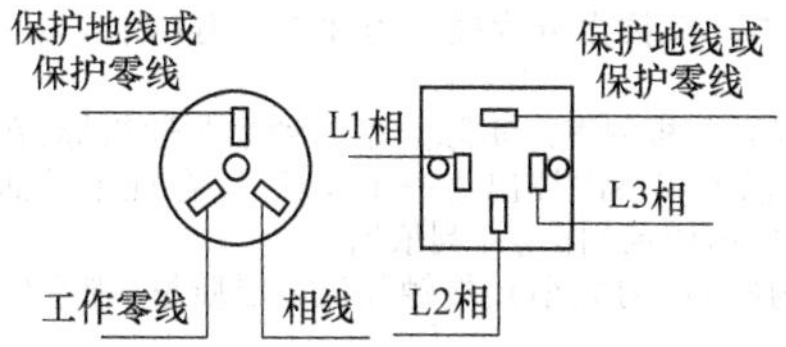

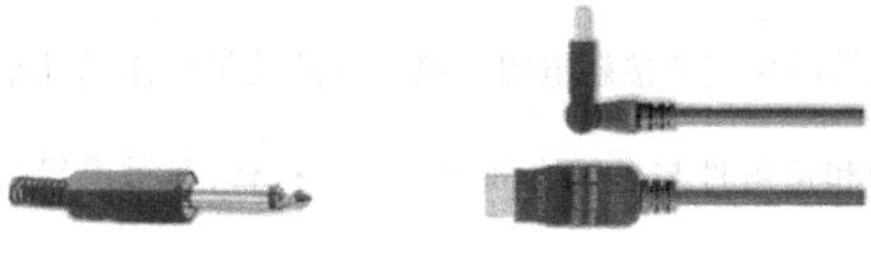
二线

三线
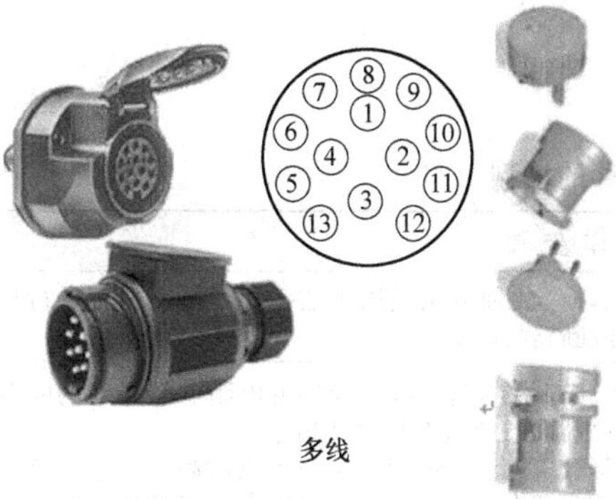

多线
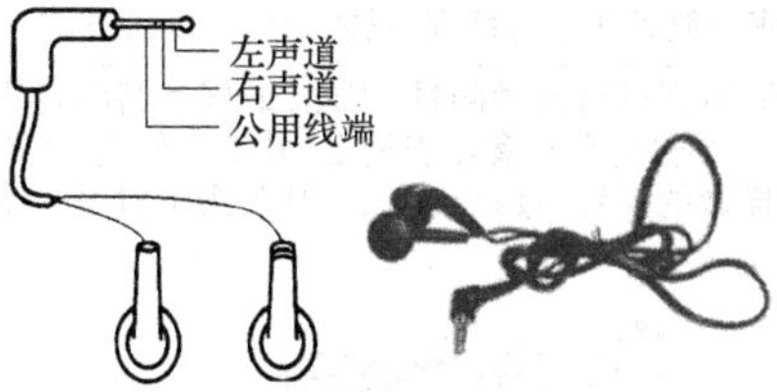

立体声耳机
</td><td>
③在有插头没有插入插座时，插座的动簧片、定簧片接通。当插座插入插座时，动簧片被插头推起，动簧片、定簧片脱离接触。二芯插头插座有多种接线方式，如图 a、b、c 所示
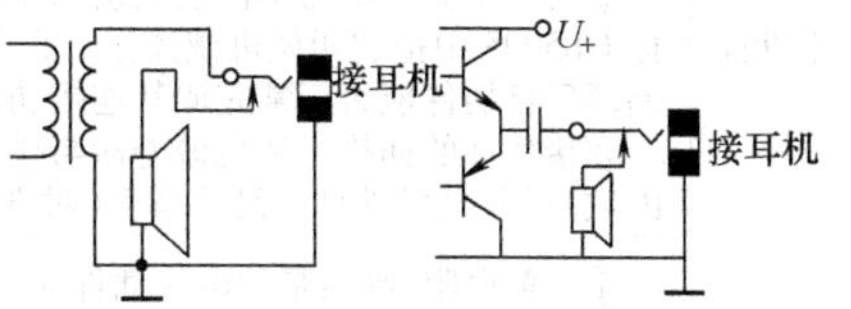

a)　　b)
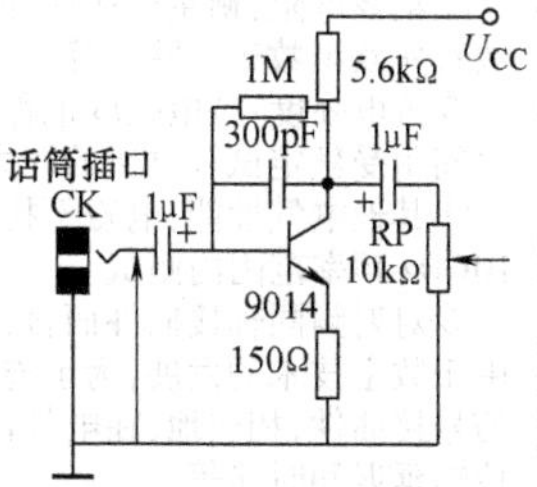

c)
④立体声耳机常用三芯插头，图 d 中的 CK1、CK2 分别是左声道和右声道外接扬声器的插座；CK3 是立体声耳机插座；在 CK3 的 4 脚和 8 脚所连接的金属片上各镶有一块硬塑料片；当耳机插头插入后，塑料硬片被顶开，使 4 脚和 5 脚、7 脚和 8 脚分别断开，同时使 4 脚和 2 脚、8 脚和 9 脚短接，如图中虚线所示；集成功放 HA1392 右声道的输出端 7 脚输出的音频信号经 2C65、CK3 的 8 脚、9 脚和 2R79 再经过 3 脚送入右声道耳机放音。左声道耳机放音的原理同右声道相同。图中的电阻为防耳机过载而设
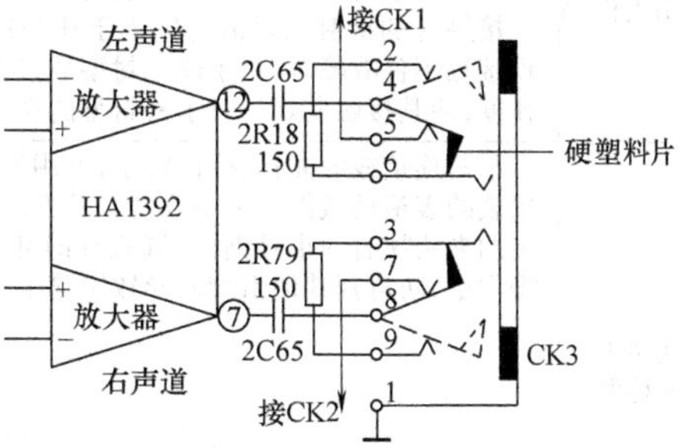

d)
</td></tr>
</table>

三、接插件的基本性能（见表5-5）

表5-5　接插件的基本性能

名称	性能说明
力学性能	①就连接功能而言，插拔力是重要的力学性能。插拔力分为插入力和拔出力（拔出力又称为分离力），两者的要求是不同的 ②另一个重要的力学性能是接插件的机械寿命。机械寿命实际上是一种耐久性指标，在国标GB5095中把它叫做机械操作。它是以一次插入和一次拔出为一个循环，以在规定的插拔循环后接插件能否正常完成其连接功能（如接触电阻值）作为评判依据 ③接插件的插拔力和机械寿命与接触件结构（正压力大小）、接触部位镀层质量（滑动摩擦因数）以及接触件排列尺寸精度（对准度）有关
电气性能	①接触电阻：高质量的电接插件应当具有低而稳定的接触电阻。接插件的接触电阻从几毫欧到几十毫欧不等 ②绝缘电阻：衡量电接插件与接触件之间和接触件与外壳之间绝缘性能指标，其数量级为数百兆欧至数千兆欧不等 ③抗电强度：抗电强度也称为耐电压、介质耐压，是表征接插件接触件之间或接触件与外壳之间耐受额定试验电压的能力 ④其他电气性能：电磁干扰泄漏衰减是评论接插件的电磁干扰屏蔽效果，一般在100MHz～10GHz频率范围内测试 ⑤对射频同轴接插件而言，还有特性阻抗、插入损耗、反射系数和电压驻波比等电气指标。由于数字技术的发展，为了连接和传输高速数字脉冲信号，出现了一类新型的接插件即高速信号接插件，相应地，在电气性能反面，除特性阻抗外，还出现了一些新的电气指标，如串扰、传输延迟和时滞等
环境性能	常见的环境性能包括耐温、耐湿、耐盐雾、耐振动和耐冲击等

四、接插件的检测（见表5-6）

表5-6　接插件的检测

名称	操作步骤
直观检查	直观检查是指查看有否断线和引线相碰故障。此种方法适用于插头外壳可以旋开进行检查的接插件，通过视觉查看是否有引线相碰或断路故障等
万用表检测	用万用表检测是通过万用表的欧姆挡检查接触对的断开电阻和接触电阻。接触对的断开电阻值均应为∞，若断开电阻值为零，说明有短路处，应检查是何处相碰 接触对的接触电阻值均应小于0.5Ω；若大于0.5Ω，说明存在接触不良故障。当连接器出现接触不良故障时，对于非密封型插接件可用砂纸打磨触点，也可用尖嘴钳修整插座的簧片弧度，使其接触良好。对于密封型的插头、插座一般无法进行修理，只能采用更换的方法
连接线的检测	某些连接线的插孔、插口较小，万用表的表笔不宜进行接触测量，因此，最好是将测量用万用表的表笔稍微作一下小改动。其方法是：把一小号鳄鱼夹套在表笔上，并加绝缘套，用鳄鱼夹的夹头挟着一小号钢针（缝衣针即可）。这样做的探针，接触点较小，但在测量时手一定要操作稳，防碰到其他引脚而导致短路了 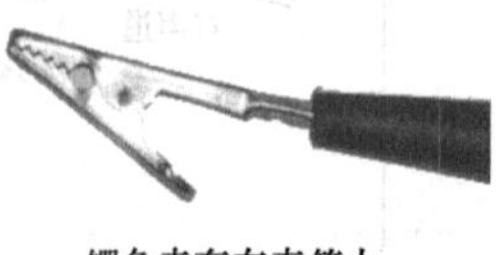 鳄鱼夹套在表笔上 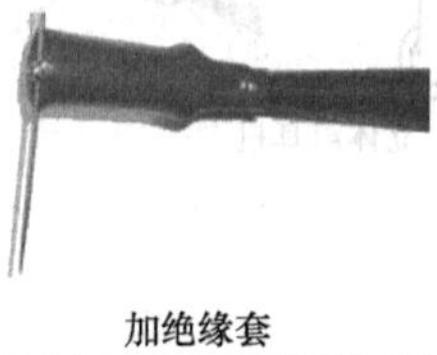 加绝缘套

第三节 继 电 器

一、继电器概述

1. 继电器的特点与种类

继电器是一种电控器件，它具有控制系统（又称为输入回路）和被控制系统（又称为输出回路），通常用于自动控制电路中。它实际上是用较小的电流去控制较大电流的一种“自动开关”，在电路中起着自动调节、安全保护、电路转换等作用。当输入量（如电压、电流、温度等）达到规定值时，继电器使被控制的输出电路导通或断开。

输入量可分为电气量（如电流、电压、频率、功率等）及非电气量（如温度、压力、速度等）两大类。具有动作快、工作稳定、使用寿命长、体积小等优点，广泛用于电子保护、自动化、遥控、测量和通信等装置中。

继电器可分为：信号继电器、热继电器、干簧式继电器、大功率继电器、时间继电器、直流电磁继电器、中间继电器、汽车继电器、交流电磁继电器、固态继电器、极化继电器、磁保持继电器、温度继电器、延时继电器、步进继电器、真空继电器、混合电子继电器、斩波器等。

在电力系统继电器保护回路中，继电器的实现原理随相关技术的发展而变化。目前仍在使用的继电器按照动作原理可分为电磁型、感应型、整流型、电子型和数字型等，按照反应的物理量可分为电流继电器、电压继电器、功率继电器、阻抗继电器、频率继电器和气体继电器等，按照继电器在保护回路中所起的作用可分为起动继电器、速度继电器、时间继电器、中间继电器、信号继电器和出口继电器等。

继电器和接触器的工作原理一样。主要区别在于接触器的主触点可通过大电流，而继电器的触点只能通过小电流。所以，继电器一般不用来直接控制主电路（而是通过控制接触器和其他开关设备对主电路进行间接控制）。

2. 继电器的常用图形符号

继电器的常用图形符号如图 5-3 所示。

二、常见的继电器实物图、特点及应用（见表 5-7）

三、继电器的主要技术参数（见表 5-8）

四、继电器的型号命名方法

继电器型号由五部分构成。其命名格式如图 5-4 所示。继电器型号中字母的意义见表 5-9。

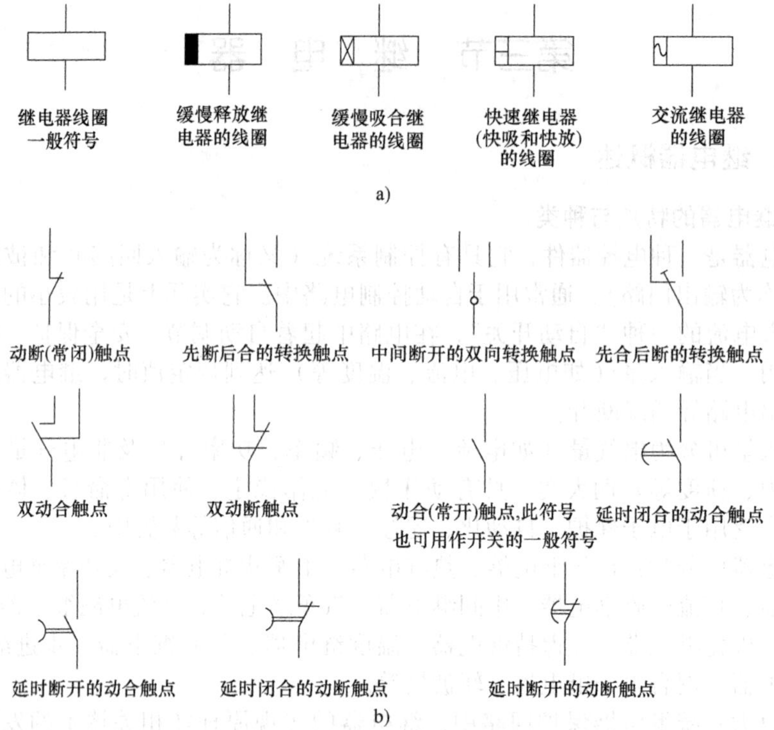

图 5-3　继电器的常用图形符号

a）线圈　b）触点

表 5-7　常见的继电器实物图、特点及应用

实物图	特点	应用
电磁继电器  	电磁继电器是一种电磁开关器件。它其实是一个带有触点的电磁铁,由电磁系统与触点系统两部分组成。在线圈未通电时,动触点 3 与静触点 5 闭合,称为常闭状态;而动触点 3 与静触点 4 断开,则称为常开状态。当线圈的 1 和 2 两端有电时,而与静触点 4 闭合,这一过程为继电器吸合。线圈断电后,衔铁在弹簧拉力的作用下恢复到原来的位置,从而使触点复位,这一过程成为继电器释放	烘箱温度控制电路:将开关 S 闭合后,通过电阻丝 4 给箱内 1 加热,随着时间的推移,箱内温度不断升高,当达到预先设定值时,温度计内的汞柱上升使触点 5 和 6 接通,继电器 3 的线圈通过电流后产生电磁力吸引衔铁,使继电器常闭触点 7 断开,从而切断了电阻丝加热的电源电路。随着箱内温度逐渐下降,温度计的汞柱也随着下降,从而断开触点 5 和 6,继电器的线圈中就没有电流通过,继电器触点 7 又接通电阻丝的电源电路,于是电阻丝又发热,再次给烘箱 1 加温。如此周而复始,利用继电器自动调温度

（续）

实物图	特点	应用
电磁继电器的结构 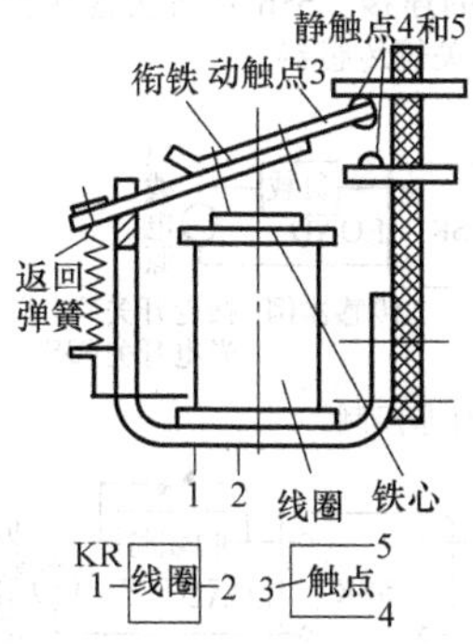 	对于继电器的“常开、常闭”触点，可以这样来区分：继电器线圈未通电时处于断开状态的静触点，称为“常开触点”；处于接通状态的静触点称为“常闭触点”。继电器一般有两条电路，为低压控制电路和高压工作电路	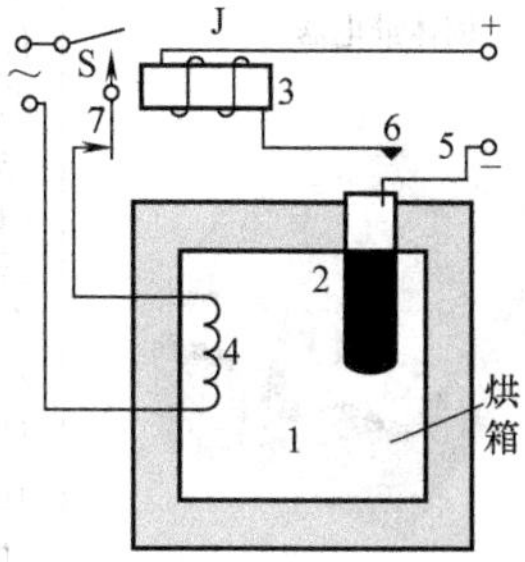
磁簧(干簧)继电器  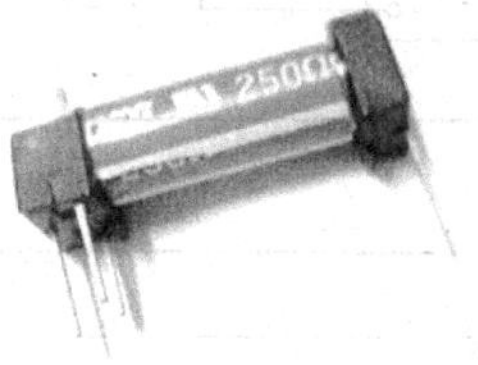 磁簧继电器的结构 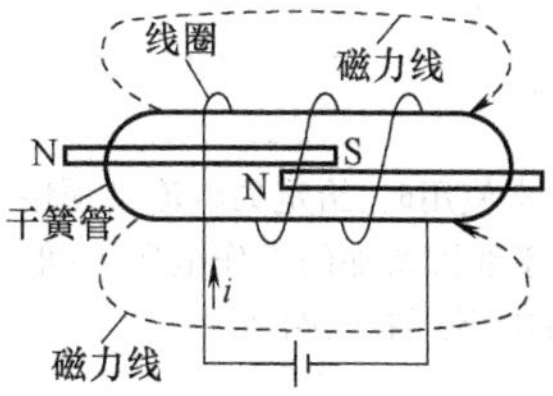 	磁簧继电器由磁簧开关和线圈组成。磁簧开关是此类继电器的核心，是用磁性材料制成的，被密封于玻璃管内的一对或多个簧片而形成的开关元件，能在磁力驱动下使触点接通或断开，以达到控制外电路的目的。磁簧继电器在线圈通电或永久磁铁的驱动下，簧片间的间隙处就会形成磁通并将簧片磁化，从而使两簧片间产生了磁性吸力 可以反映电压、电流、功率以及电流极性等信号，在检测、自动控制、计算机控制技术等领域中应用广泛。还可以用永磁体来驱动，反映非电信号，用作限位及行程控制以及非电量检测等。主要部件为干簧继电器的干簧水位信号器，适用于工业与民用建筑中的水箱、水塔及水池等开口容器的水位控制和水位报警	图 a 为由双向晶闸管 VT 构成的接近式开关电路，其中 R 为门极限流电阻，JAG 为干簧管。平时 VT 也关断，仅当小磁铁移近时，JAG 吸合，使双向晶闸管导通。将负载电源接通。由于通过干簧管的电流很小。所以开关的寿命很长。该电路的负载可以是灯泡，也可以是蜂鸣器和电动机等 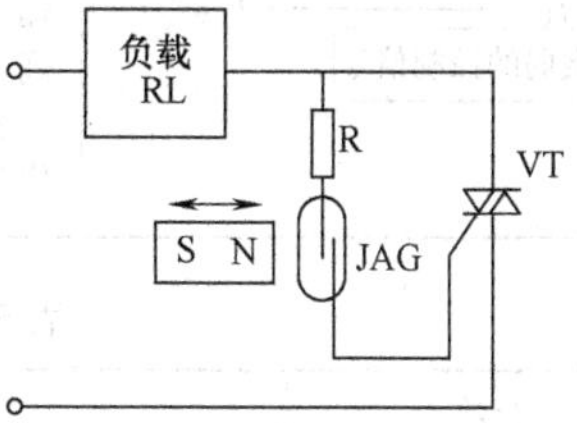 a) 图 b 是计数器的工作原理，当有产品经过时，干簧管吸合一次，计数器不断累加 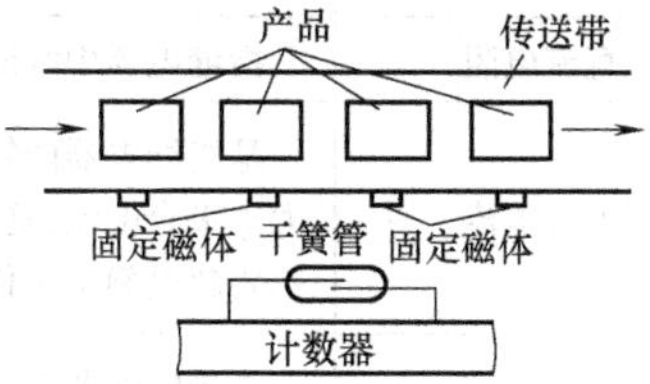 b)

（续）

实物图	特点	应用
固体继电器   固体继电器等效电路 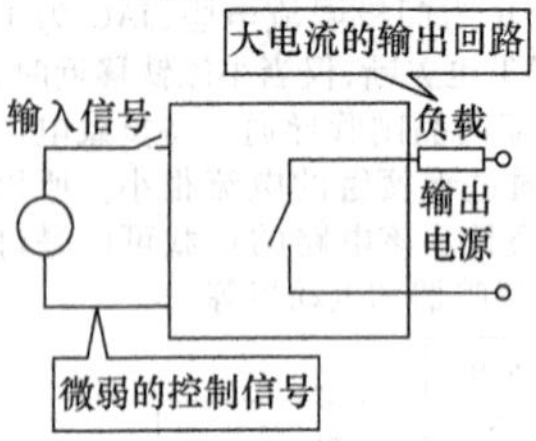 	简称SSR，是一种新型无触点电子开关器件。它以实现用微弱的控制信号控制大电流负载，进行无触点接通或分断。固体继电器是一种四端器件，两个输入端和两个输出端。输入端接控制信号，输出端接负载。按其控制的电源区分，可分为交流固态继电器和直流固态继电器两类。AC-SSR为四端器件，以双向晶闸管作为开关器件，DC-SSR有四端和五端两种结构形式，以大功率晶体管，功率场效应晶体管作为开关器件 固态继电器在开关过程中无机械接触部件，具有逻辑电路兼容，耐振动，耐机械冲击，安装位置无限制，输入功率小，灵敏度高，控制功率小，电磁兼容性好，噪声低和工作频率高等特点	①与传感器的连接。SSR可直接连接接近开关、光电开关等传感器 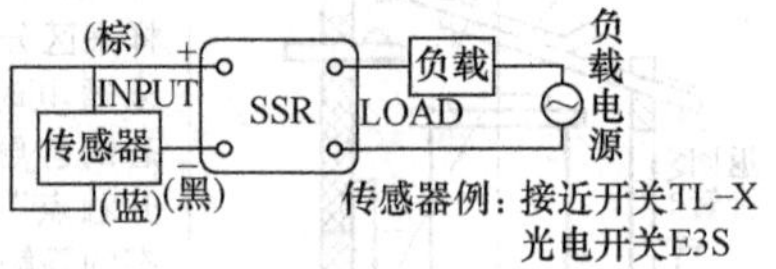 ②白炽灯的闪烁控制 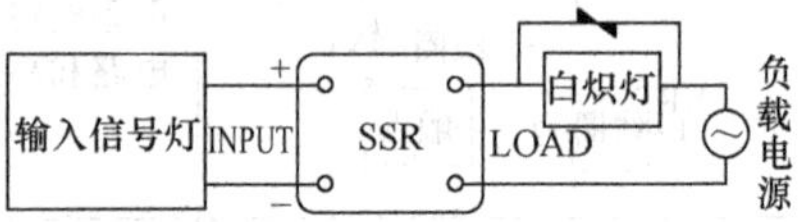 ③电气炉的温度控制  ④单相异步电动机的正反运转控制 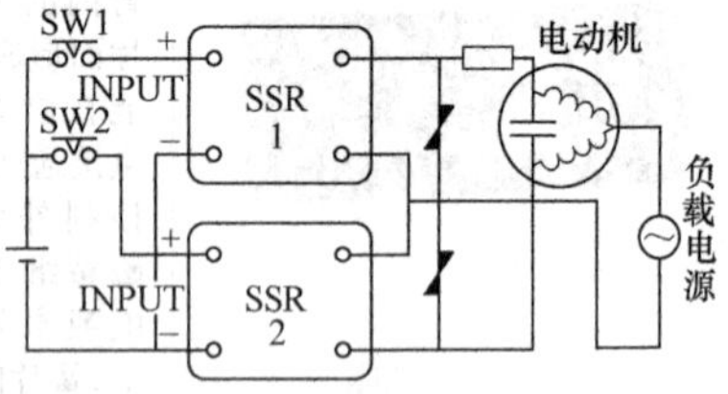

表5-8　继电器的主要技术参数

参数	说　明
额定工作电压	是指继电器正常工作时线圈所需要的电压，也就是控制电路的控制电压。根据继电器的型号不同，可以是交流电压，也可以是直流电压
直流电阻	指继电器中线圈的直流电阻，可以通过万用表测量
吸合电流	是指继电器能够产生吸合动作的最小电流。在正常使用时，给定的电流必须略大于吸合电流，这样继电器才能稳定地工作。而对于线圈所加的工作电压，一般不要超过额定工作电压的1.5倍，否则会产生较大的电流而把线圈烧毁
释放电流	是指继电器产生释放动作的最大电流。当继电器吸合状态的电流减小到一定程度时，继电器就会恢复到未通电的释放状态。这时的电流远远小于吸合电流
触点切换电压和电流	是指继电器允许加载的电压和电流。它决定了继电器能控制电压和电流的大小，使用时不能超过此值，否则很容易损坏继电器的触点

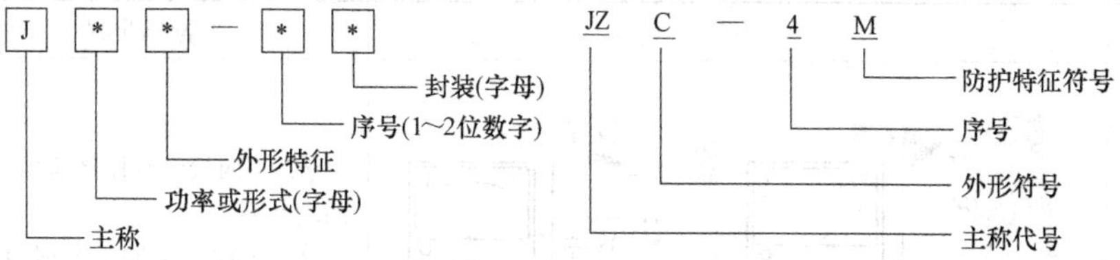

图 5-4 继电器的型号命名格式

表 5-9 继电器型号中字母的意义

序号	名称	型号				
		第一部分	第二部分	第三部分	第四部分	第五部分
		主称	外形型号	短划线	序号	防护特征
1	直流电磁继电器		W(微型) C(超小型) X(小型)			M(密封) F(封闭)
	微功率	JW				
	弱功率	JR				
	中功率	JZ				
	大功率	JQ				
2	磁保持继电器	JM				
3	高频继电器	JP				
4	延时继电器	JSB				M(密封)

五、继电器的测量方法（见表 5-10）

表 5-10 继电器的测量方法

项目	图解	操作步骤
继电器线圈	①用万能表 R×10 挡测量继电器阻值的大小应与该继电器的线圈电阻基本相符，指示值过大或过小都说明线圈存在故障。继电器正常时，其电磁线圈的电阻值为 25～2kΩ 。额定电压较低的电磁继电器，其线圈的电阻值较小；额定电压较高的继电器，线圈的电阻值较大 ②检查继电器触点的方法是给继电器接上规定的电压，用万用表 R×1 挡检测触点的通判情况。未加上工作电压时，常闭触点应导通，当加上工作电压时，应能听到继电器吸合声，这时常开触点应导通，否者应检查触点是否清洁，是否氧化发黑及触点压力是否够足	
干簧管	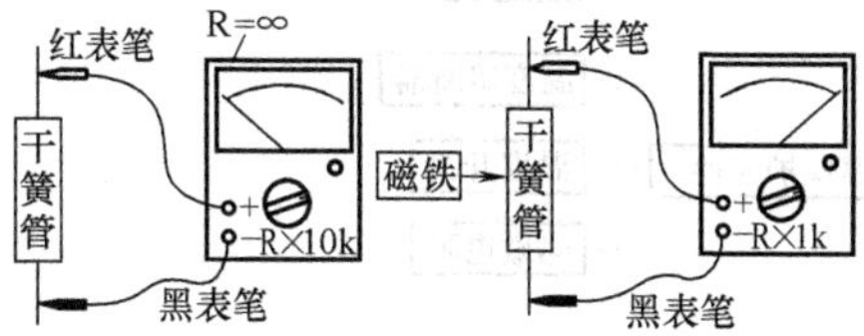	①静止状态检测：干簧管两个触点间的电阻值∞ ②当磁铁靠近一定程度，万用表针指零时，说明干簧管两个触点接通

（续）

项目	图解	操作步骤
干簧继电器	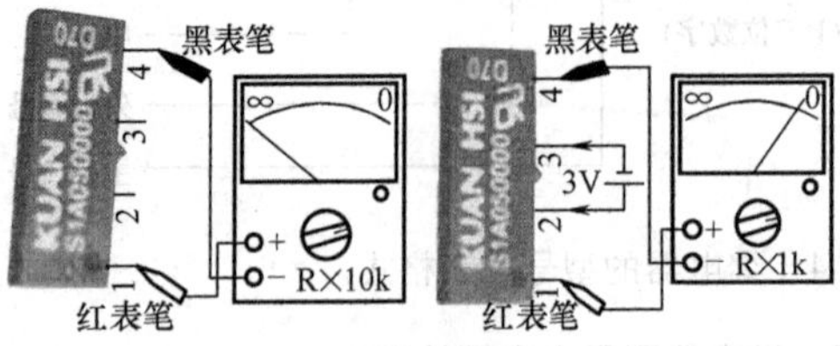	①2、3 两端没有控制信号时，1、4 两端断开 ②2、3 加入控制信号时，1、4 两端接通
固体继电器	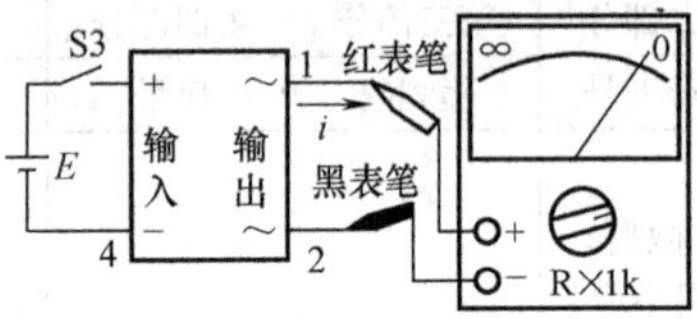	①接线前要认真阅读固体继电器表面铭牌标示的参数 ②在输入端 3、4 接上直流电源（3～32V）时，输出端 1、2 两端的电阻值应很小（R×1k） ③当输入端电压为零时，输出端的电阻值为无穷大

第四节　电路保护元件

一、电路保护元件概述

常用电路保护元件的分类如图 5-5 所示。

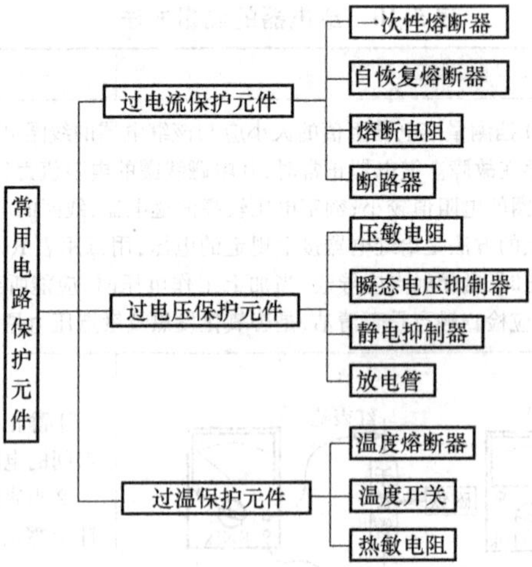

图 5-5　常见电路保护元件的分类

二、常见电路保护元件的实物图、特点及应用（见表 5-11）

表 5-11 常见电路保护元件的实物图、特点及应用

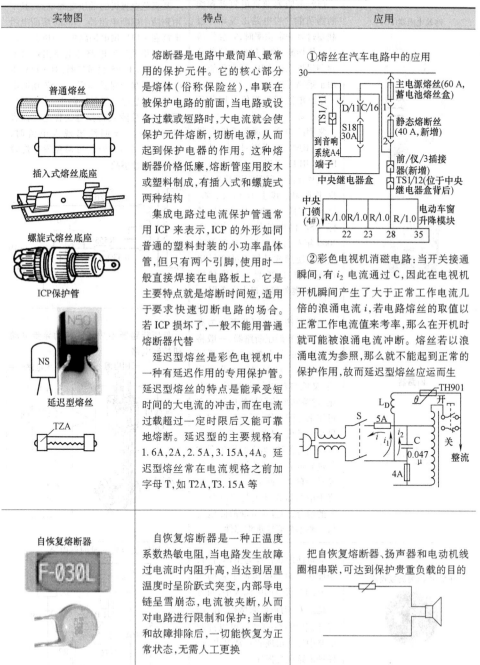

<table>
<tr><th>实物图</th><th>特点</th><th>应用</th></tr>
<tr>
<td>普通熔丝
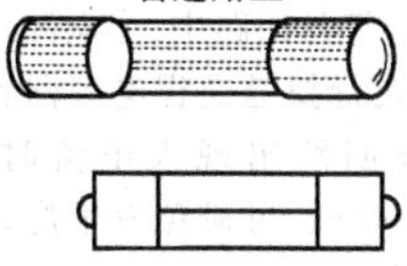
插入式熔丝底座
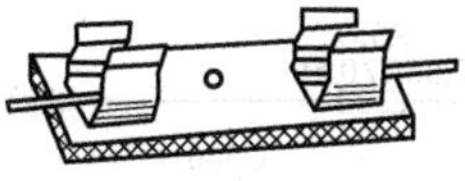
螺旋式熔丝底座
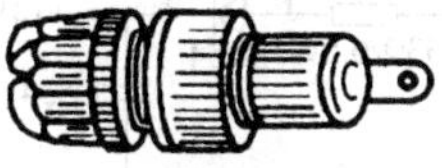
ICP保护管

延迟型熔丝
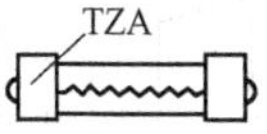</td>
<td>熔断器是电路中最简单、最常用的保护元件。它的核心部分是熔体(俗称保险丝)，串联在被保护电路的前面，当电路或设备过载或短路时，大电流就会使保护元件熔断，切断电源，从而起到保护电器的作用。这种熔断器价格低廉，熔断管座用胶木或塑料制成，有插入式和螺旋式两种结构
集成电路过电流保护管通常用 ICP 来表示，ICP 的外形如同普通的塑料封装的小功率晶体管，但只有两个引脚，使用时一般直接焊接在电路板上。它是主要特点就是熔断时间短，适用于要求快速切断电路的场合。若 ICP 损坏了，一般不能用普通熔断器代替
延迟型熔丝是彩色电视机中一种有延迟作用的专用保护管。延迟型熔丝的特点是能承受短时间的大电流的冲击，而在电流过载超过一定时限后又能可靠地熔断。延迟型的主要规格有 1.6A，2A，2.5A，3.15A，4A。延迟型熔丝常在电流规格之前加字母 T，如 T2A，T3.15A 等</td>
<td>①熔丝在汽车电路中的应用
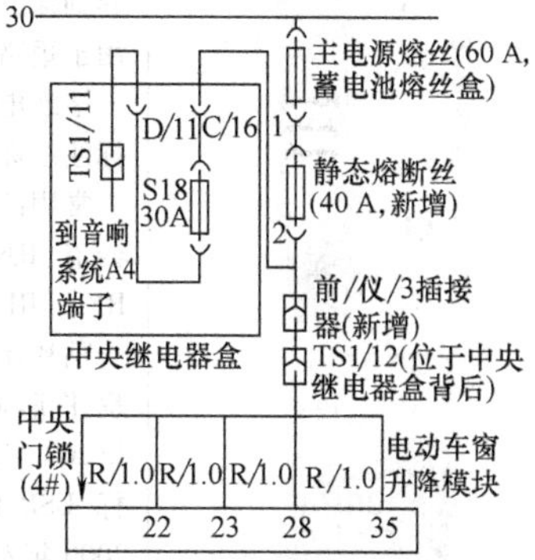
②彩色电视机消磁电路：当开关接通瞬间，有 i_2 电流通过 C，因此在电视机开机瞬间产生了大于正常工作电流几倍的浪涌电流 i，若电路熔丝的取值以正常工作电流值来考率，那么在开机时就可能被浪涌电流冲断。熔丝若以浪涌电流为参照，那么就不能起到正常的保护作用，故而延迟型熔丝应运而生
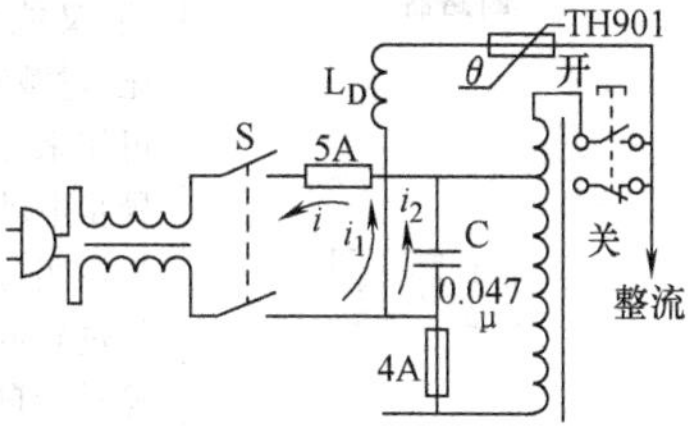</td>
</tr>
<tr>
<td>自恢复熔断器

</td>
<td>自恢复熔断器是一种正温度系数热敏电阻，当电路发生故障过电流时内阻升高，当达到居里温度时呈阶跃式突变，内部导电链呈雪崩态，电流被夹断，从而对电路进行限制和保护；当断电和故障排除后，一切能恢复为正常状态，无需人工更换</td>
<td>把自恢复熔断器、扬声器和电动机线圈相串联，可达到保护贵重负载的目的
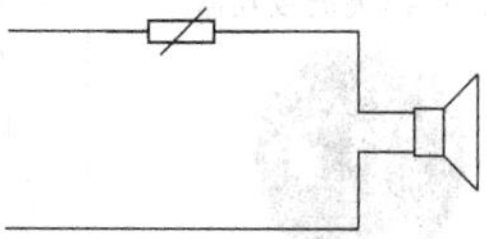</td>
</tr>
</table>

（续）

<table>
<tr><th>实物图</th><th>特点</th><th>应用</th></tr>
<tr>
<td>熔丝电阻器(FS)
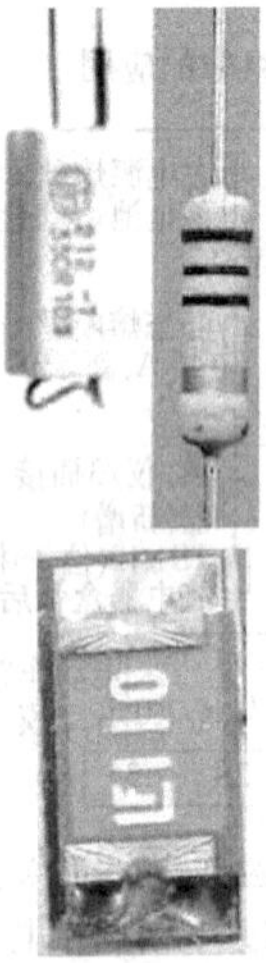</td>
<td>熔断电阻器兼具电阻器和熔断器功能。当电路出现异常过载超过其额定功率时，它会像熔丝一样熔断，使连接的电路断开起到保护元件作用，通常仅能应用于短路保护
熔断电阻器的阻值采用色环标注法标注
常用的国产金属膜熔断电阻器有 RJ90-A、FJ90-B 系列和 RF10、RF11 系列
贴片保险电阻类似贴片电感，扁平形状，其上有标注，如：LF200 字样。一般用于键盘，鼠标，USB 供电的接口。常见于 2000 年左右的主板。这类保险电阻在便携式计算机的 9 针串行通信接口，25 针并行通信接口，显示器外接接口中也常用</td>
<td>某彩色电视机的低压电源电路：其中用到两个熔断电阻器。R555 熔断电阻串接在 +14V 供电回路中，当电视机的扫描电路及伴音电路等电路出现大电流故障时，R555 将被熔断，对 +14V 供电的电路起到保护作用。R557 熔断电阻串接在显像管灯丝回路中，当电源出现破坏性故障或行扫描逆程电容器容量减小使灯丝回路出现大电流时，R557 便会很快熔断，可避免发生烧毁灯丝的恶性事故
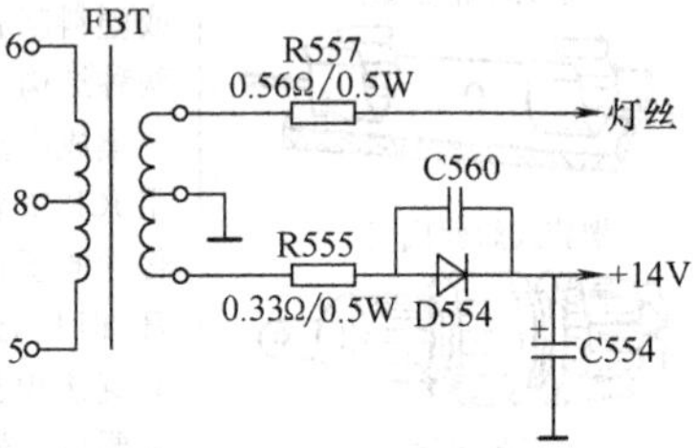
</td>
</tr>
<tr>
<td>断路器
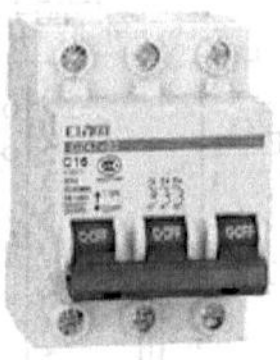</td>
<td>断路器按其使用范围分为高压断路器和低压断路器，一般将 3kV 以上的称为高压电器。低压断路器是一种既有手动开关作用，又能自动进行失电压、欠电压、过载和短路保护的电器。它可用来分配电能，不频繁地起动异步电动机，对电源电路及电动机等实行保护，当它们发生严重的过载或者短路及欠电压等故障时能自动切断电路，其功能相当于熔断器式开关与热继电器等的组合，而且在分断故障电流后一般不需要变更零部件</td>
<td>低压断路器不频繁地起动异步电动机控制电路
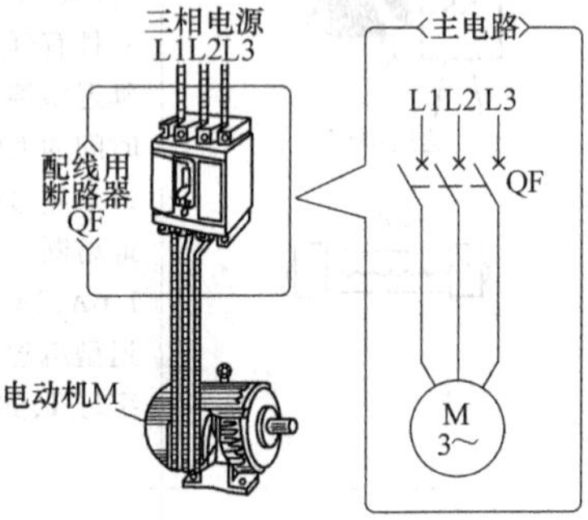
</td>
</tr>
<tr>
<td>压敏电阻(突波吸收器)
</td>
<td>大量使用氧化锌为主体材料；当加在上面的电压低于它的阈值 U_n 时，流过的电流极小，当电压超过 U_n 时电流激增相当阀门打开，利用这一功能，可以抑制电路中经常出现的异常过电压，保护电路免受损坏</td>
<td>采用压敏电阻的延时器电路
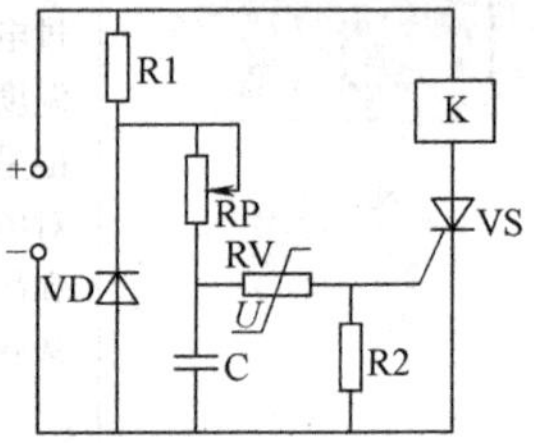
</td>
</tr>
</table>

（续）

实物图	特点	应用
TVS瞬态抑制二极管 	是目前国际上普遍使用的一种高效能电路保护器件，它的主要特点是在反向应用条件下，当承受高能量脉冲时，其阻抗立即降至极低的导通值，从而允许大电流通过，把电压钳制在预定水平，其响应时间仅为10～12ms	瞬态抑制二极管的应用电路（二次侧双向） 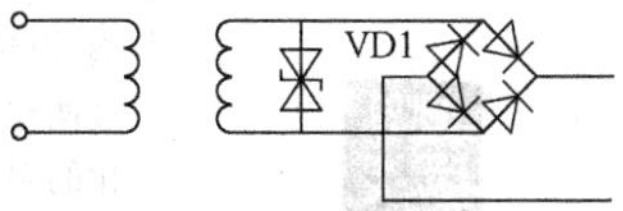
静电抑制器  	P—ESD静电抑制器是以Polymer技术为代表的ESD保护器件。高分子功能材料的内部菱形分子以规则离散状排列，当静电电压超过触发电压时，内部分子迅速产生尖端对尖端放电，将静电瞬间泄放到地 C—ESD静电保护器是以CERAMIC技术为代表的ESD保护器件。除了具有P—ESD产品所有功能和特点以外，兼有触发电压更低和工作寿命更长等优点，使之成为TVS，MLV，PESD等静电保护元器件大家庭中性价比最好的品种	静电抑制器典型应用电路 输入/输出端口 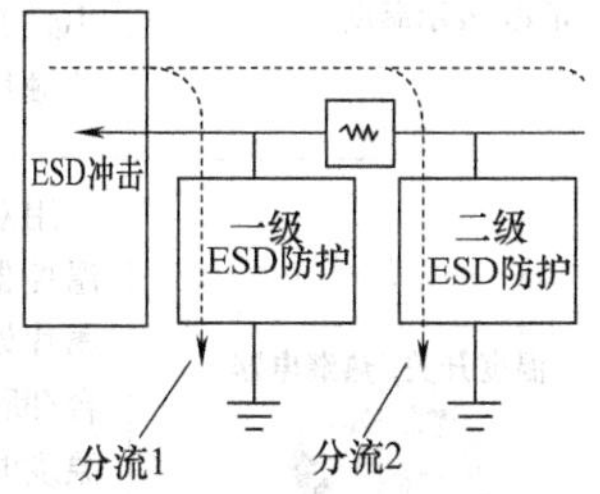
放电管  	气体放电管一般采用陶瓷封装，内部充满电气性能稳定的惰性气体，正常条件下是关断的，极间电阻达兆欧以上。当浪涌电压超过电路系统耐压强度时，气体放电管被击穿而发生弧光放电现象，由于弧光电压仅有几十伏，从而可在短时间内限制了浪涌电压的进一步上升 固体放电管是用晶闸管原理制成的过电压保护器件，依靠PN结的击穿电流触发器件导通放电，可以流过很大的浪涌电流或脉冲电流。其击穿电压的范围构成了过电压保护的范围。用于保护敏感易损的集成电路，使之免遭雷电和突波的冲击而造成的损坏。具有精确导通，快速响应，浪涌吸收能力强，可靠性高等特点	①气体放电管和压敏电阻组合构成的浪涌抑制电路 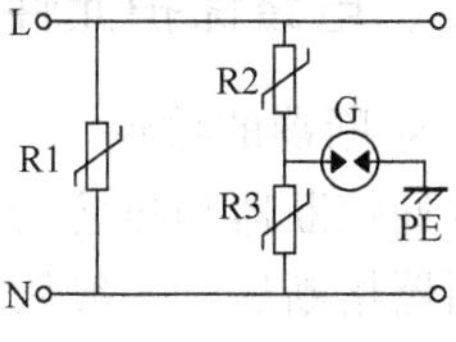 ②电话机/传真机等各类通信设备防雷应用 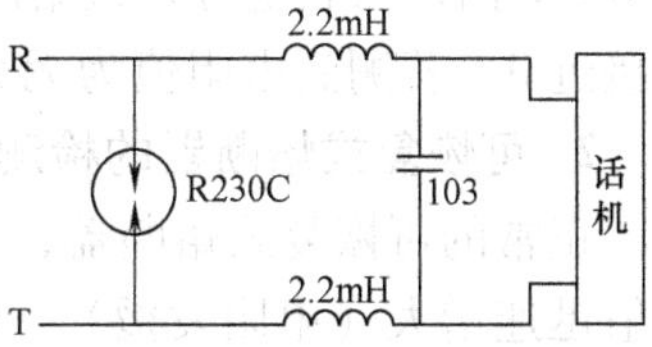

（续）

实物图	特点	应用
热熔断器  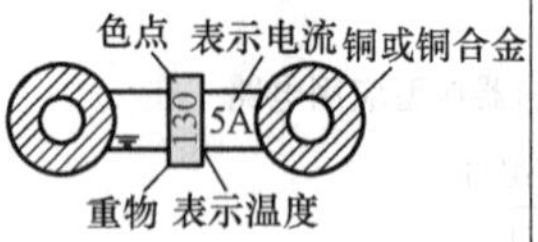	熔断器是防止发热电器或易发热电器温度过高而进行保护的，例如：电吹风、电熨斗、电饭锅、电炉、变压器、电动机等，通过调整合金的配方就能调节熔化的温度 感温触发热熔断体有效触发机构是一种具有独特结构不导电的小感温体，在正常操作温度下，固态的小感温体顶住弹簧使引线与壳体保持接触，从而连通电路，当达到某一预定温度时，小感温体熔化，使得行程弹簧推动触片，电路被断开	通常安装在易发热的电子整机的变压器、功率管上。例如电风扇、电饭锅和电钻等 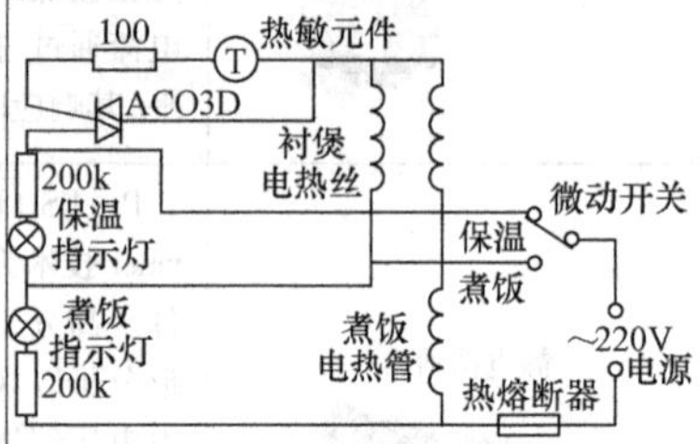
温度开关/热继电器 	用双金属片作为感温组件的温控器，电器正常工作时，双金属片处于自由状态，触点处于闭合/断开状态，当温度达到动作温度时，双金属片受热产生内应力而迅速动作，打开/闭合触点，切断/接通电路，从而起到控温作用。当电器冷却到复位温度时，触点自动闭合/断开，恢复正常工作状态	温度开关在电饭锅中的应用电路 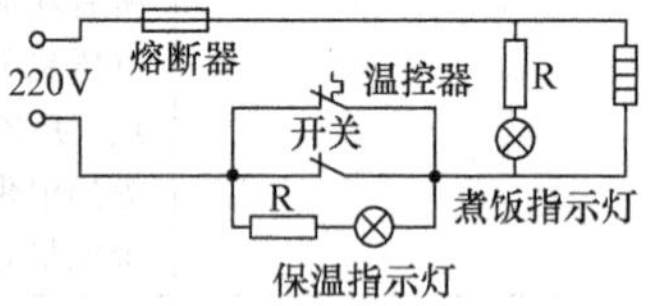

三、电路保护元件的检测

1. 熔断器的检查

普通熔断器和热熔断器是否熔断，可通过直观检查和万用表测量来判断。普通熔断器熔断后，一般从玻璃管外面可以看到器内部熔丝已熔断的痕迹，而热熔断器从外观上很难判断是否已熔断，只能用万用表来测量。测量时，可用万用表的 R×1 挡，两表笔分别接熔断器的两端。正常的普通熔断器和热熔断器电阻值均接近 0。若测到电阻值为无穷大。则说明该熔断器已熔断。

2. 可恢复式熔断器的检测

正常的可恢复式熔断器，在常温下电阻值较小。在过电流保护动作后，其电阻值迅速增大（电阻发烫），电流恢复正常后，电阻体恢复常温，同时也会自动由高阻状态变为低阻状态。检测时，可在常温下用万用表 R×1 挡测量可恢复式熔断器的电阻值。若测到熔断器的阻值增大或无穷大，则说明该熔断器已损坏。

3. 保险电阻的检测

保险电阻的检测方法与普通电阻的检测方法一样，若测出保险电阻的阻值远大于它的标称阻值，则说明被测保险电阻已损坏。对于熔断后的保险电阻所测阻值应为无穷大。常见保险电阻的电路图形符号如图 5-6 所示。

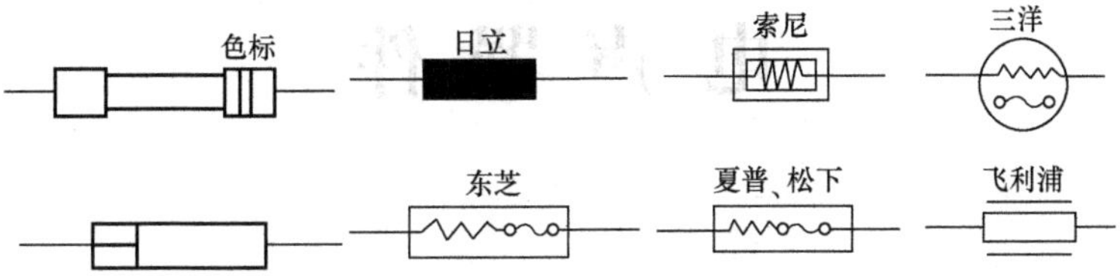

图 5-6　常见保险电阻的电路图形符号

第六章

电 声 器 件

电声器件通常是指能将音频信号转换成声音信号，或者能将声音信号转换成音频信号的器件。电声器件的种类很多，除了传声器和扬声器外，还有耳机、拾音器、受话器、送话器和蜂鸣器等，它们在收音机、录音机、扩音机、电视机、计算机及通信设备上都被广泛应用。

第一节 传 声 器

一、传声器概述

传声器就是把声音信号转换为音频电信号的电声器件，又称为话筒或麦克风。其在电路中用文字符号“B”或“BM”表示，也有的电路用文字符号“M”或“MIC”表示（旧符号）。其分类与电路符号如图 6-1 所示。

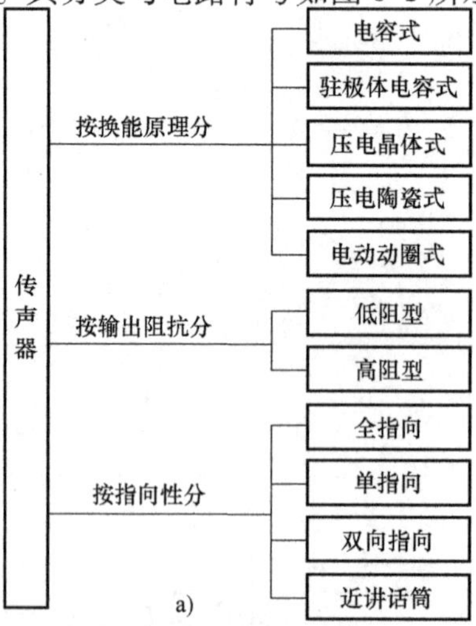

图 6-1　传声器的分类与电路符号

a）传声器的分类

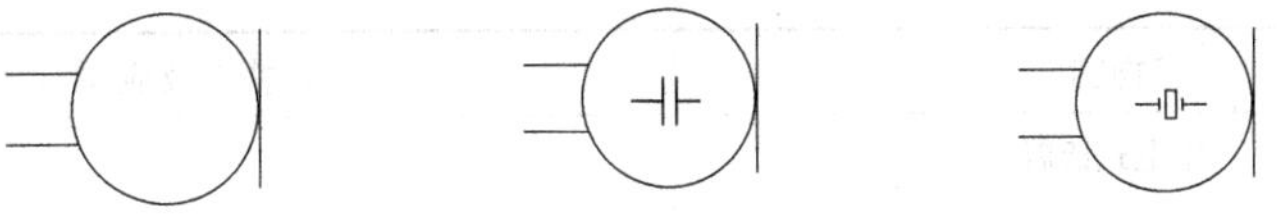

b)　　　　　　c)　　　　　　d)

图 6-1　传声器的分类与电路符号（续）
b）一般话筒符号　c）电容式话筒符号　d）压电（晶体）式话筒符号

二、常见传声器的实物图、特点及应用（见表 6-1）

表 6-1　常见传声器的实物图、特点及应用

<table>
<tr><th>实物图</th><th>特点及应用</th></tr>
<tr><td>

动圈式传声器

话筒

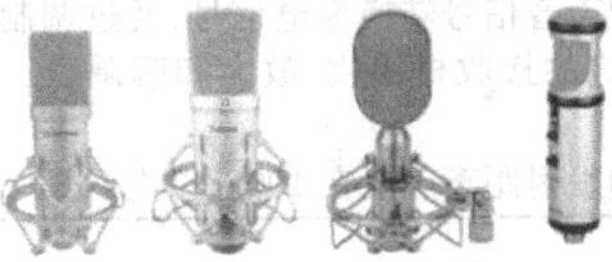

铝带式话筒

</td><td>

传声器主要由振动膜片、音圈、永久磁铁和升压变压器等组成。它的工作原理是当人对着话筒讲话时，振动膜片就随着声音前后颤动，从而带动音圈在磁场中作切割磁力线的运动。根据电磁感应原理，在线圈两端就会产生感应音频电动势，从而完成了声电转换。为了提高传感器的输出感应电动势和阻抗，还需装置一只升压变压器

动圈式传声器结构简单、稳定可靠、使用方便、固有噪声小，被广泛用于语言广播和扩声系统中。其缺点是灵敏度较低、频率范围窄。近几年已有专用动圈式传声器，其特性和技术指标都较好

铝带式话筒是动圈式话筒的一种。它主要是通过金属片自是根据声压变化而发生的振动，来带动磁场中电流的变化，从而最终产生声音信号的。铝带式话筒频率响应范围宽，音质好，瞬时响应特性快速，但价格较高，常用于专业录音

</td></tr>
<tr><td>

电容式传声器

电容式话筒

驻极体话筒

</td><td>

电容式话筒的电声性能较好、频率范围宽、灵敏度高、噪声小、失真小、瞬时响应特性快速、体积小、重量轻，最适合装配在无线话筒上；缺点是工作稳定性不够好，工作时需要直流电源

驻极体话筒属于最常用的电容式话筒。它具有体积小、结构简单、电声性能好、价格低等优点特点。图示为驻极体话筒的结构

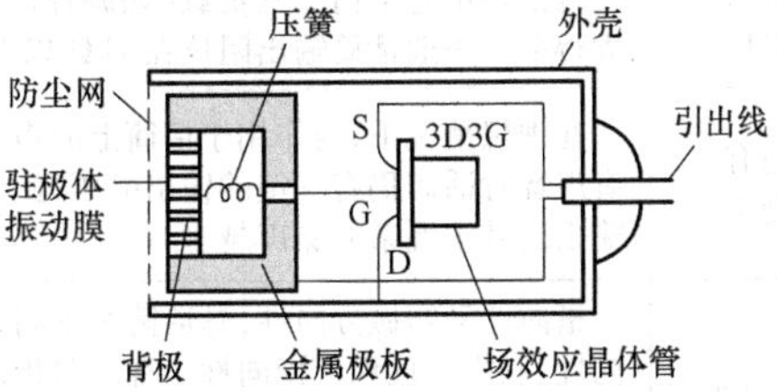

</td></tr>
</table>

（续）

实物图	特点及应用
压电式话筒 	压电式话筒又叫做晶体式或陶瓷式话筒，优点是灵敏度高、结构简单、价格便宜、使用方便，但易损坏
碳粒式话筒 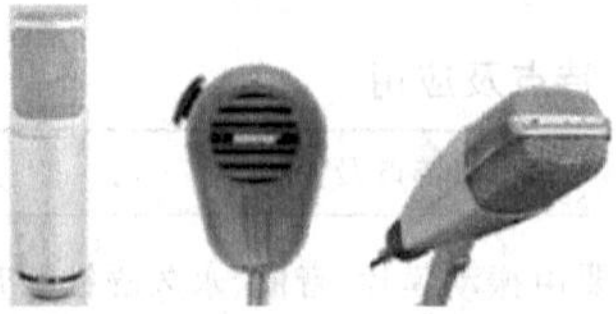	碳粒式话筒是依靠碳粒间的接触电阻变化而工作的，具有灵敏度高、结构简单、价格便宜、输出功率大等优点，但频率特性较差，噪声大
无线话筒 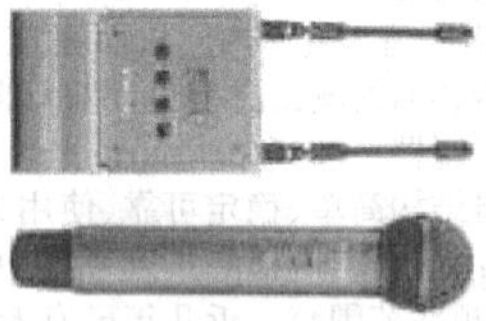	无线话筒实际上是普通话筒和无线发射装置的组合体，其工作频率在 88 ~ 108MHz 的调频波段内，用普通调频收音机即可接收 无线话筒由受音头、调制发射电路、天线和电池组成。受音头把声音信号转换为电信号，通过调制再发射出去，由相应的接收机接收、放大和解调后送入扩音设备 无线话筒的发射距离一般在 100m 以内

三、传声器的主要技术参数（见表 6-2）

表 6-2　传声器的主要技术参数

参数	定义说明
灵敏度	灵敏度是表示话筒电声转换能力的一个指标，是指单位声压作用下能产生音频信号电压的大小。灵敏度越高，相同大小声音输出的音频信号越强。在实际使用中，通常说明书中都给出灵敏度的大小
频率响应	话筒的灵敏度与频率有关，不同的频率其灵敏度不一定相同，这种反应灵敏度随频率变化的特性称为传声器的频率响应或频率特性。通常采用灵敏度与频率之间的关系曲线来表示，称为话筒的频响曲线。若话筒的频率特性好，则还原出来的音频信号失真就小
输出阻抗	输出阻抗是话筒与其负载（如调音台等）的配接问题。要求负载阻抗比话筒的输出阻抗大得多。一般话筒输出阻抗在 1kΩ 以下为低阻抗，20kΩ 以上为高阻抗
固有噪声	在理想情况下，当作用于话筒上的声压为零时，话筒的输出电压应为零。实际上外界没有声音时话筒仍有一定的输出电压，此电压称为噪声电压。话筒的固有噪声越大，工作时输出信号中混杂的噪声越多
指向性	指向性又叫做方向性，是话筒对不同方向入射的声波的响应特性。话筒的指向性有单指向性、双指向性和全指向性三种。单指向性的话筒对正前方的声波最灵敏；双指向性的话筒对前后方的声波灵敏度高于其他方向；全指向性的话筒对所有方向来的声波灵敏度一样高

四、传声器的型号命名

国产传声器的型号命名一般由四部分组成，如图 6-2 所示。

主称与代表符号的对应关系是：扬声器-Y、扬声器组-YZ、传声器-C、传声器组-CZ、送话器-O、受话器-S、花筒-H、耳机-E、耳机花筒组-EH。

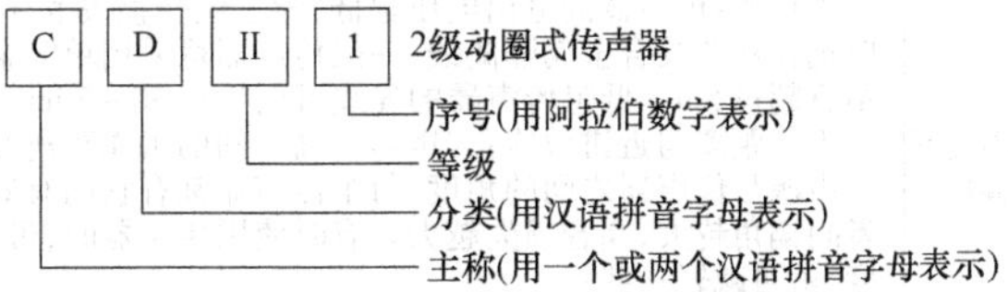

图 6-2　国产传声器的型号命名组成

分类与代表符号的对应关系是：电磁式-C、电动及动圈式-D、压电式-Y、静电与电容式-R、碳粒式-T、铝带式-A、接触式-J、压差式-C、压强式-不表示。

五、话筒的测试与使用（见表 6-3）

表 6-3　话筒的测试与使用

项目	图　解	操作步骤
驻极体话筒的检测	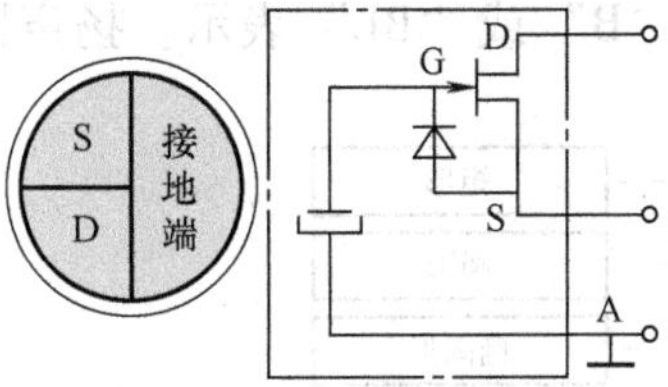	驻极体话筒的漏极 D 和源极 S 的识别：A 为接地点，且它的面积比 D、S 大，一般均与外壳相连。将万用表拨至 R×1k 挡，黑表笔接任一极，红表笔接另一极。然后对调两表笔，比较两次检测结果。阻值较小时，黑表笔接的是源极，红表笔接的是漏极
	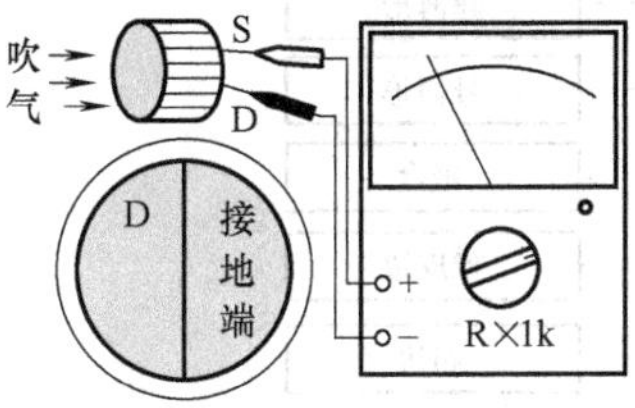	驻极体话筒的性能检测：对二端式驻极体话筒，万用表负表笔接话筒的 D 端，正表笔接话筒的接地端，这时用嘴向话筒吹气，万用表表针应有指示。指示范围越大，说明该话筒灵敏度越高，若无指示，则说明该话筒存在故障；对三端式驻极体话筒，万用表负表笔接话筒的 D 端，正表笔同时接话筒的 S 端和接地端，然后按相同方法吹气检测
动圈式话筒的检测	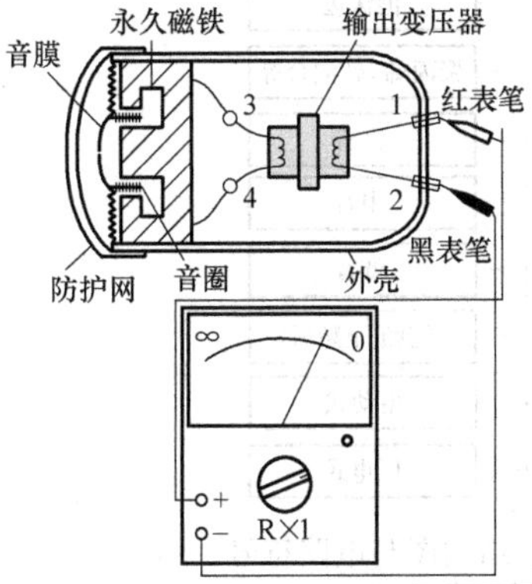	两表笔（不分正、负）断续碰触话筒的两引出端，话筒中应发出清脆的“咯，咯”声。如果无声，说明该话筒有故障。在判断有故障的前提下，拆开话筒，用万用表进一步检测。测 1、2 端，判断输出变压器二次线圈是否断线；拆开 3、4 端，分别检测输出变压器一次线圈和音圈是否断线 注意：对有些带引线的话筒，可直接在插头处进行测量。有的话筒上装有一个开关（NO／OFF），测试时要将此开关拨到“ON”的位置。否则，将无法进行正常测试，以至于造成误判

（续）

项目	图　　解	操作步骤
使用注意事项	阻抗匹配：在使用传声器时，传声器的输出阻抗与放大器的输入阻抗两者相同是最佳的匹配，若失配比在 3∶1 以上，则会影响传输效果 连接线：传声器的输出电压很低，为了免受损失和干扰，连接线必须尽量短，高质量的传声器应选择双芯绞合金属隔离线，一般传声器可采用单芯金属隔离线。高阻抗式传声器传输线长度不宜超过 5m。低阻传声器的连线可延长至 30～50m 工作距离与近讲效应：传声器与嘴之间的工作距离在 30～40cm 为宜 声源与传声器之间的角度：每个传声器都有它的有效角度，一般声源应对准传声器中心线，两者间偏角越大，高音损失越大。有时使用传声器时，带有失真的声音，这时把传声器偏转一些角度，就可减轻一些 传声器位置和高度：在扩音时，传声器不要先靠近扬声器放置或对准扬声器，否则会引起啸鸣 传声器在使用中应防止敲击或摔碰。用吹气或敲击的方法试验，很容易损坏传声器 传声器在室外使用时，应使用防风罩，避免录进风的“噗噗”及防止灰尘玷污传声器	

第二节　扬　声　器

一、扬声器概述

扬声器是一种能够将电信号转换为声音的电声器件，是音响系统中的重要器材。

电动式扬声器在电路中常用文字符号“B”或“BL”表示。扬声器的分类、结构图与电路符号如图 6-3 所示。

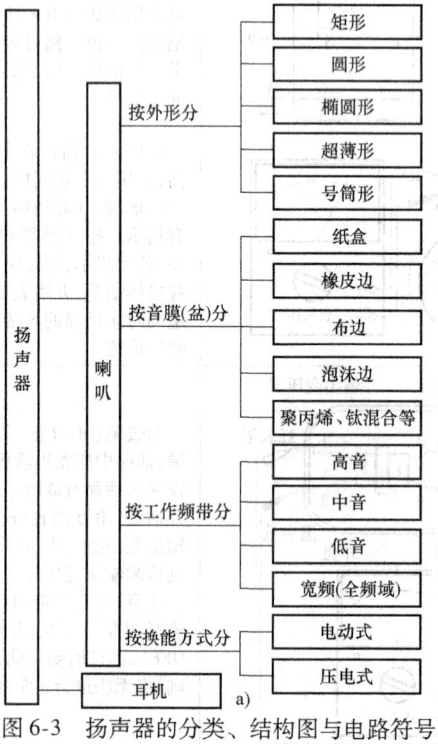

图 6-3　扬声器的分类、结构图与电路符号

a）扬声器的分类

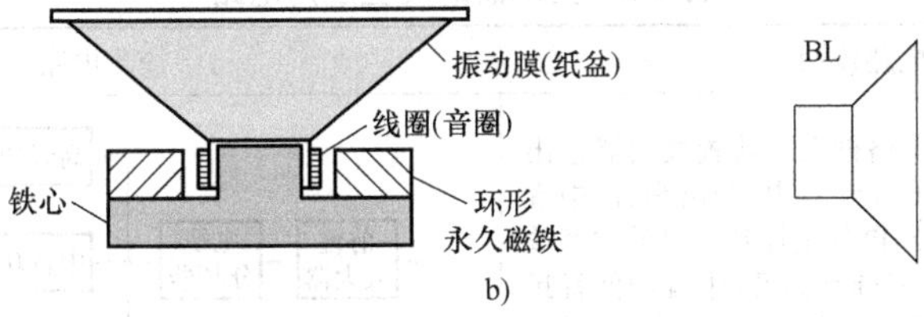

图 6-3　扬声器的分类、结构图与电路符号（续）
b）扬声器结构图与电路符号

二、常见扬声器的实物图、特点及应用

常见扬声器的实物图、特点见表 6-4。其典型应用电路见表 6-5。

表 6-4　常见扬声器的实物图、特点

实物图	特　点
电磁式扬声器 	电磁式扬声器发声是靠通过交变电流信号的线圈产生交变磁场，吸引或排斥磁片，引起振膜、纸盆振动，再通过空气介质传播声音
电动式扬声器 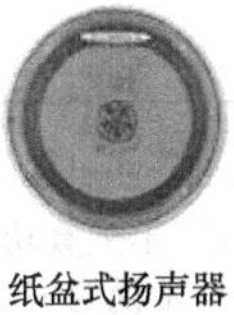 纸盆式扬声器 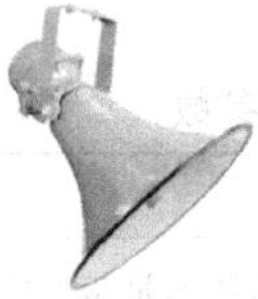 号筒式扬声器 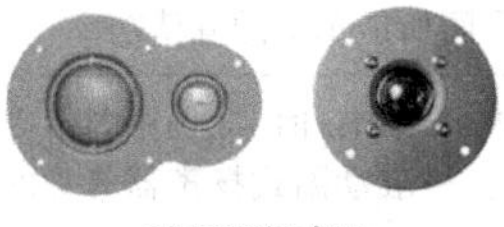 球顶形扬声器	电动式扬声器发声原理是通过交变电流信号的线圈在磁场中的运动，使于音圈相连的振膜振动，从而牵制纸盆振动，再通过空气介质，将声波传送出去。电动式扬声器应用最广泛，它又分为纸盆式、号筒式和球顶形三种 纸盆式扬声器又称为动圈式扬声器 号筒式扬声器由振动系统（高音头）和号筒两部分构成。振动系统与纸盆扬声器相似，不同的是它的振膜不是纸盆，而是一球顶形膜片 球顶形扬声器是目前音箱中使用最广泛的电动式扬声器之一，它最大优点是中高频响应优异和指向性较宽。此外，它还具有瞬态特性好、失真小和音质较好等优点
静电式扬声器 	静电式扬声器是极薄的振膜在静电力的作用下作前后移动的，它和依靠电磁力来使振膜作前后移动的电动式扬声器是不相同的。静电式扬声器的振膜质量极轻，因而解析力极佳，能捕捉音乐信号中极其细微的变化，充分表现音乐的神韵

表 6-5　扬声器的典型应用电路

电路说明	应用电路
图示为电子分频电路框图。前置放大器输出的音频信号加到电子分频器中,分出高音、中音和低音3个频段信号,再分别加到各自的功率放大器中放大,然后分别推动高音、中音和低音扬声器。这种分频电路结构复杂,成本高,用于相当高级的音响系统中	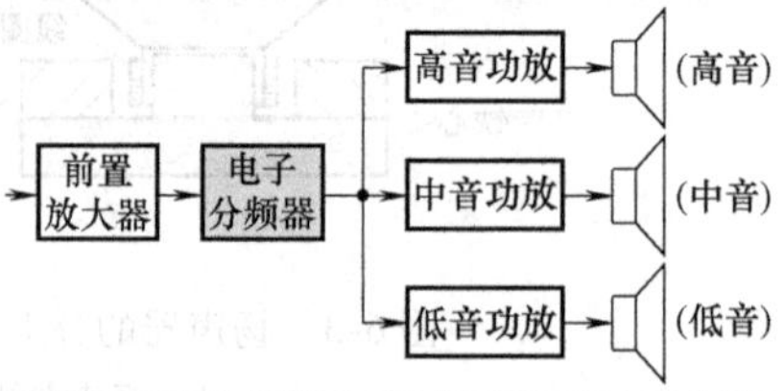
图示为功率分频电路。它的特点是音频信号先经过前置和功率放大,然后通过分频电路进行分频,再送到各扬声器中,所以只需要一个音频功率放大器,电路简单,成本低	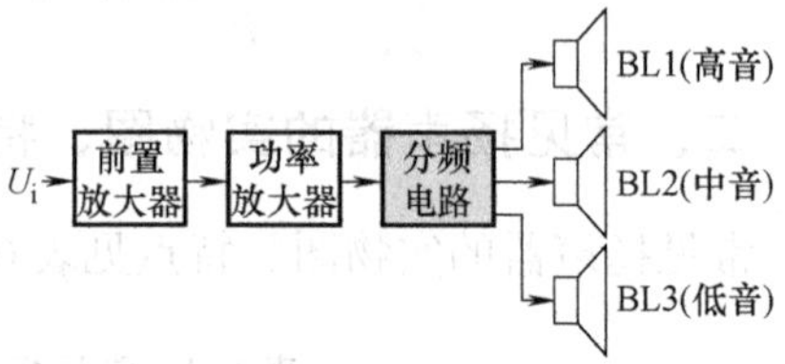
图示为二分频扬声器电路。它是在一只音箱中设有高音扬声器和中、低音扬声器。电路中的BL1是低音扬声器,BL2是高音扬声器,C1是分频电容,通过适当选取分频带电容C1的容量,使C1只让高频段信号通过,不让中、低频段信号通过,这样BL2就重放高音,中音和低音由BL1重放而实现了二分频重放	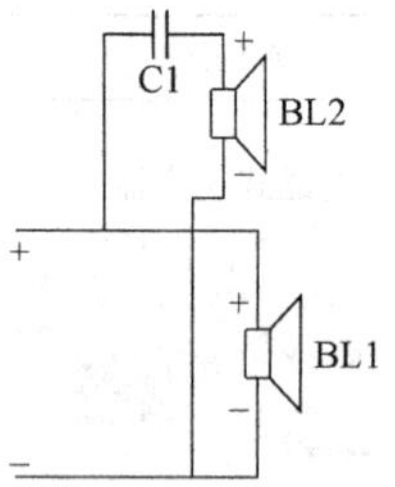

三、扬声器的主要技术参数（见表6-6）

表 6-6　扬声器的主要技术参数

参数	定义说明
额定功率	扬声器的功率有标称功率和最大功率之分。标称功率是指额定功率、不失真功率,它是扬声器在额定不失真范围内允许的最大输入功率,在扬声器的商标、技术说明书上标注的功率即为标称功率值。最大功率是指扬声器在某一瞬间所能承受的峰值功率
额定阻抗	扬声器的阻抗一般和频率有关。额定阻抗是指音频为400Hz时,从扬声器输入端测得的阻抗。额定阻抗一般是音圈直流电阻的1.2~1.5倍。一般动圈式扬声器常见的额定阻抗有4Ω、8Ω、16Ω、32Ω等
频率响应	给一只扬声器加上相同电压而不同频率的音频信号时,其产生的声压将会产生变化
失真	扬声器不能把原来的声音逼真地重放出来的现象叫失真。失真有两种:频率失真和非线性失真
指向特性	用来表征扬声器在空间各方向辐射的声压分布特性,频率越高指向性越狭,纸盆越大指向性越强
灵敏度	灵敏度是衡量扬声器重放音频信号的细节指标。扬声器的灵敏度通常是指输入功率为1W的噪声电压时,在扬声器轴向正面1m处所测得的声压大小,故灵敏度又称为声压级

四、扬声器的型号命名

国产扬声器的型号命名如图6-4所示。

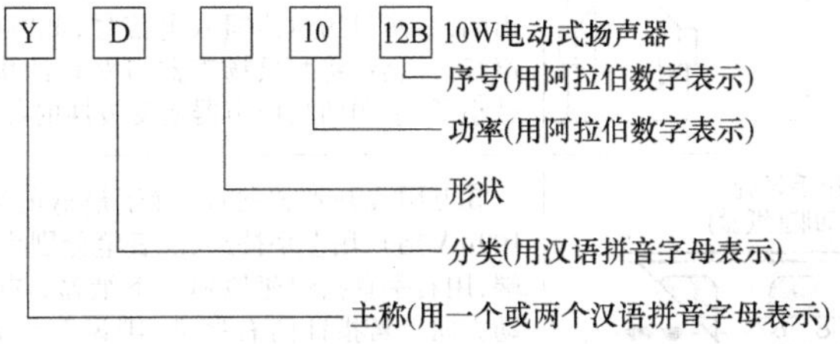

图6-4 国产扬声器的型号命名

主称与代表符号的对应关系是：号筒式-H、椭圆式-T、圆形-不表示、耳塞式-S、飞机用通话帽-F、坦克用通话帽-T、舰艇用通话帽-J、一般工作用通话帽-G。

五、扬声器的测试与使用（见表6-7）

表6-7 扬声器的测试与使用

项目	图解	操作步骤
扬声器的好坏检测	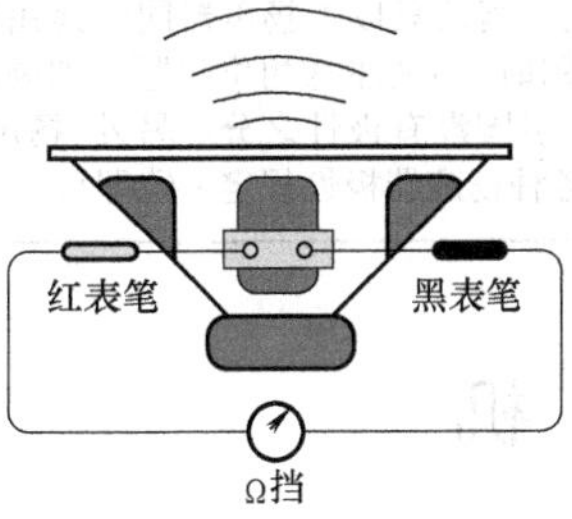	①一般在扬声器磁体的商标上都标有阻抗值。但有时也可能遇到标记不清或商标脱落的情况。这时，可用下述方法进行估测。将万用表置R×1挡，调零后，测出扬声器音圈的直流电阻R，然后用估算公式Z=1.17R算出扬声器的阻抗。例如，测得一只无标记扬声器的直流电阻为6.8Ω，则阻抗Z=1.17×6.8Ω=7.9Ω。一般电动扬声器的实测电阻值约为其标称阻抗的80%~90%，例如，一只8Ω的扬声器，实测电阻值为6.5~7.2Ω ②扬声器是否正常，除可用以上方法测其阻抗外，还可用以下方法进行简单判断：扬声器的直流电阻通常只有几欧姆，并且在表笔接通瞬间能听到扬声器发出的“喀啦”响声 ③若测量的电阻很大或为无穷大，则说明扬声器已经开路
扬声器相位的检测	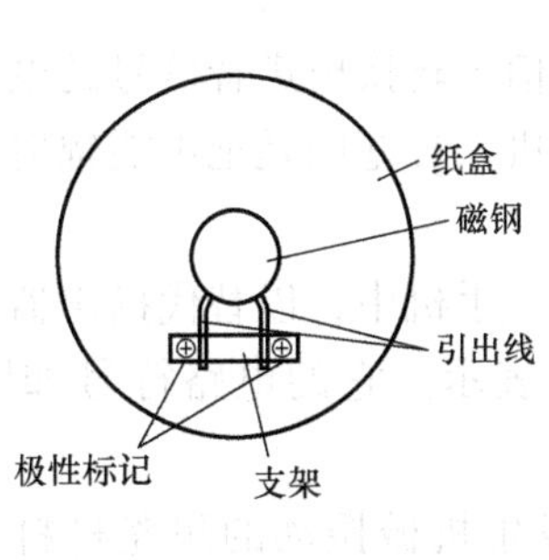	在制作安装组合音响时，高低音的相位不能接反。有的扬声器在出厂时，厂家已在相应的引出端上注明了相位，但有许多扬声器上没注明相位 ①直接识别方法：从扬声器背面的接线架示意图可以看出，在支架上已经标出了两根引线的正、负极性，此时可以直接识别出来

（续）

项目	图解	操作步骤
扬声器相位的检测	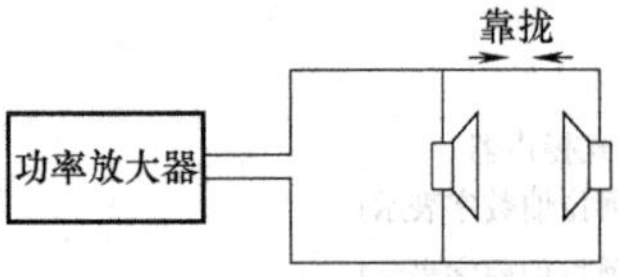	②试听判别方法：将两只扬声器按图示方式接好线，即将两只扬声器两根引脚任意并联起来，再接在功率放大器的输出端，给两只扬声器馈入电信号，此时两只扬声器同时发出声音。然后，将两只扬声器口对口的接近，此时若声音越来越小了，说明两只扬声器是反极性的负极相并联了
	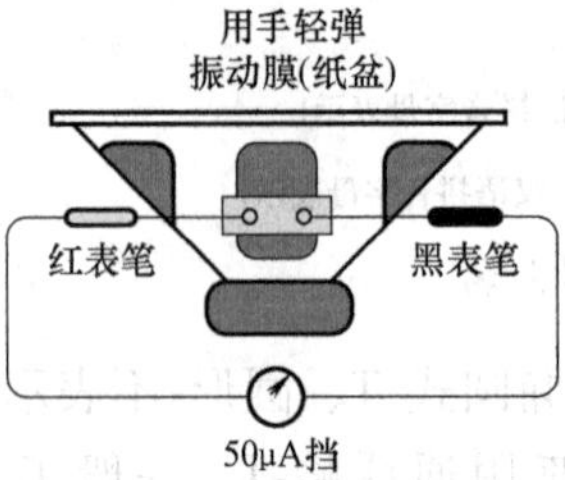	③万用表判别方法：将置于最低的直流电流挡（50μA 或 100μA 挡），用左手持红、黑表笔分别跨接在扬声器的两引出端，用右手食指快速地弹一下纸盆，同时仔细观察指针的摆动方向。若指针向右摆动，则说明红表笔所接的一端为正端，而黑表笔所接的一端则为负端；若指针向左摆，则红表笔所接的为负端，而黑表笔所接的为正端。测试时应注意，在弹纸盆时不要用力过猛，切勿使纸盆破裂或变形将扬声器损坏；而且千万不要弹音圈的防尘保护罩，以防使之凹陷
使用注意事项	①扬声器的功率不得超过它的额定功率，否则，将烧毁音圈或将音圈振散。电磁式和压电陶瓷式扬声器工作电压不要超过 30V ②注意扬声器的阻抗应与输出线路配合 ③要正确选择扬声器的型号。如在广场使用，应选用高音扬声器；在室内使用，应选用纸盆式扬声器，并选好辅助扬声器。也可将高、低音扬声器做成扬声器组，以扩展频率响应范围 ④在布置扬声器时，要做到扬声均匀且有足够的声级，如用单只（点）扬声器不能满足需要，可进行多点设置，使每一位听众得到几乎相同的声音响度，且保证有良好的声音清晰度；扬声器应安装在高于地面 3m 以上，使听众能够“看”到扬声器，并尽量使水平方位的听觉（声源）—视觉（讲话者）尽量保持一致，而且两只扬声器之间的距离不宜过大 ⑤电动式号筒扬声器，必须把音头套在号筒上后才能使用，否则很易损坏发音头 ⑥扬声器有两个引脚，它们分别是音圈的头和尾引出线。当两只以上扬声器同时运用时，要注意扬声器两根引脚的极性。两只以上扬声器放在一起使用时，必须注意相位问题。如果是反相，声音将显著削弱。当电路中只用一只扬声器时，它的两个引脚没有极性之分。另外，扬声器的引脚极性是相对的，不是绝对的，只要在同一电路中运用的各种扬声器极性规定一致即可	

第三节　耳　　机

一、耳机和蜂鸣器概述

耳机、耳塞同扬声器一样也是一种把音频电信号转换成声音信号的电声换能器件。只是扬声器是向自由空间辐射声能；而耳机、耳塞则是把声能辐射到人耳的小小空间里。

耳机、耳塞主要用于袖珍式收音机、单放机、手机中，以替代扬声器作放声用。它们在电路中用文字符号“B”或“BE”表示。它的电路符号如图 6-5a 所示。

压电陶瓷发声器件是选用在电场作用下能发生机械振动的陶瓷材料来制成

的。它工作在高频状态下，音量较小，是压电蜂鸣器的主要构件，也可以制成小功率的高频扬声器。

蜂鸣器是一种小型化的电声器件，又称为音响器、讯响器。它具有体积小、重量轻、声压电平高、耗能少、寿命长以及使用方便等特点，广泛应用于仪器仪表、微型通信、计算机、报警器、电子玩具、汽车电子设备、定时器等电子产品中作发声器件。

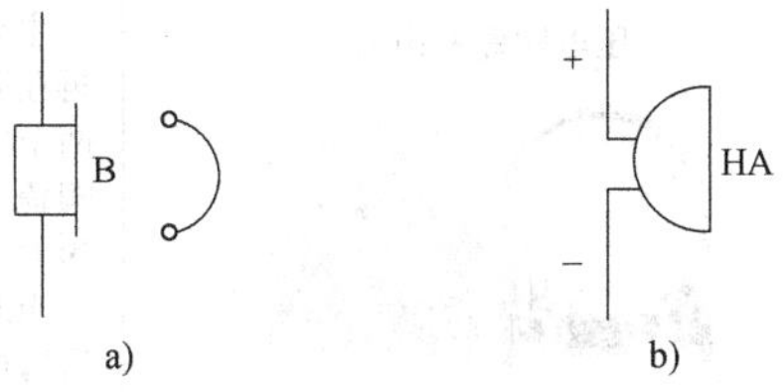

图 6-5　耳机和蜂鸣器电路符号

a）耳机、耳塞　b）蜂鸣器

蜂鸣器在电路中用文字符号“H”或“HA”表示。它的电路符号如图 6-5b 所示。其体积大小不同，规格型号各异。按工作原理分为压电式和电磁式两种类型；按音源的类型分为有源和无源两种类型。

二、常见耳机和蜂鸣器的实物图、特点及应用（见表 6-8）

表 6-8　常见耳机和蜂鸣器的实物图、特点及应用

实物图	特点及应用
耳机 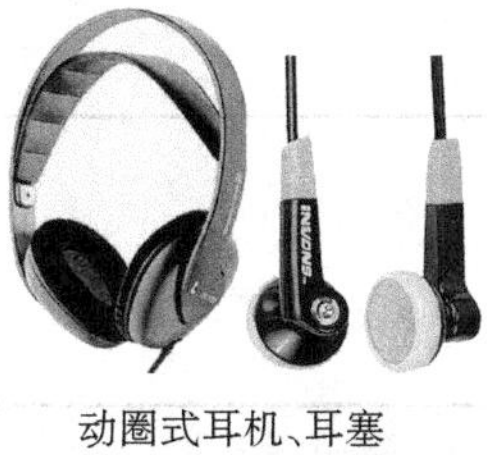 动圈式耳机、耳塞  等磁式耳机 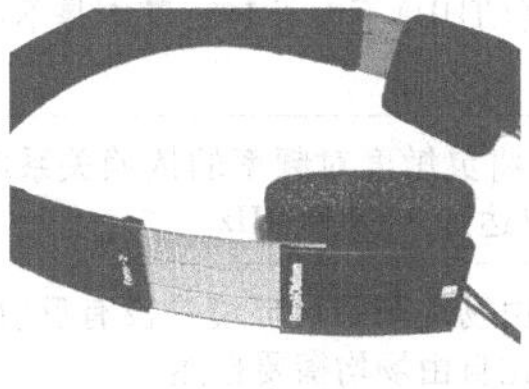 静电式耳机	一只耳机主要由头带、耳罩、左右发声单元和引线四个部分组成。 ①动圈式耳机是最普通、最常见的耳机，它的驱动单元基本上就是一只小型的动圈扬声器，由处于永磁场中的音圈驱动与之相连的振膜振动。图示为动圈式耳机的结构图 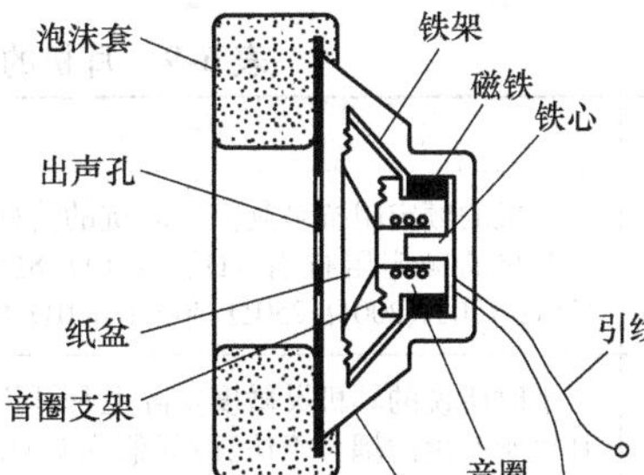 ②等磁式耳机的驱动器类似于缩小的平面扬声器，它将平面的音圈嵌入轻薄的振膜里，像印制电路板一样，可以使驱动力平均分布 ③静电式耳机有轻而薄的振膜，由高直流电压极化，极化所需的电能由交流电转化，也有电池供电的。振膜悬挂在由两块固定的金属板（定子）形成的静电场中，当音频信号加载到定子上时，静电场发生变化，驱动振膜振动

（续）

实物图	特点及应用
压电陶瓷发声器 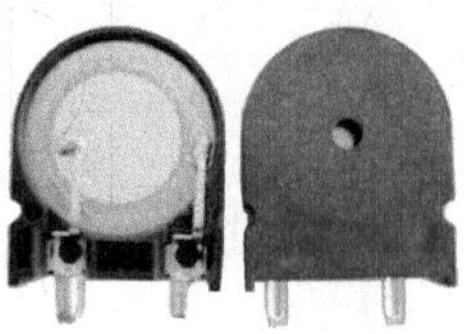	压电陶瓷发声器件是利用压电效应工作的进行声电相互转换的两用器件，既可以作发声器件又可以作接收声音的器件。它主要在圆形薄金属底片上涂覆一层厚约1mm的压电陶瓷，再在陶瓷表面沉积一层涂银层，涂银层和薄金属底片就是它的两个电极。其中，薄金属片表面上紧密贴合的两片或多片压电陶瓷薄片相邻间的极化方向相反，且薄片的数量越多，声压越大 当对压电陶瓷发声元件讲话时，它受到声波的振动而发生前后弯曲，在其两电极就会有音频电压输出。反之，把一定的音频电压加在压电陶瓷发声元件的两极，由于音频电压的极性和大小不断变化，压电陶瓷片就会产生相应的弯曲运动，推动空气发出声音
压电蜂鸣片 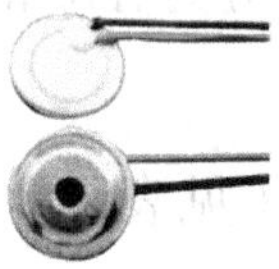 电磁式蜂鸣器 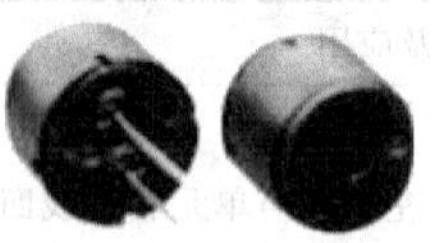	压电式蜂鸣器主要由多谐振荡器、压电蜂鸣片、阻抗匹配器及共鸣箱、外壳等组成。有的压电式蜂鸣器外壳上还装有发光二极管。压电蜂鸣片由锆钛酸铅或铌镁酸铅压电陶瓷材料制成。在陶瓷片的两面镀上银电极，经极化和老化处理后，再与黄铜片或不锈钢片粘在一起 电磁式蜂鸣器由振荡器、电磁线圈、磁铁、振动膜片及外壳等组成。接通电源后，振荡器产生的音频信号电流通过电磁线圈，使电磁线圈产生磁场。振动膜片在电磁线圈和磁铁的相互作用下，周期性地振动发声

三、耳机的主要技术参数（见表6-9）

表6-9　耳机的主要技术参数

参数	定义说明
额定阻抗	耳机的额定阻抗是其交流阻抗的简称，它的大小是线圈直流电阻与线圈的感抗之和。常见耳机的额定阻抗有4Ω、5Ω、6Ω、8Ω、16Ω、20Ω、25Ω、32Ω、35Ω、37Ω、40Ω、50Ω、55Ω、125Ω、150Ω、200Ω、250Ω、300Ω、600Ω、640Ω、1kΩ、1.5kΩ、2kΩ等多种规格
灵敏度	平时所说的耳机灵敏度实际上是耳机的灵敏度级，它是施加于耳机上1mW的电功率时，耳机所产生的耦合于仿真耳（假人头）中的声压级，1mW的功率是以频率1000Hz时耳机的标准阻抗为依据计算的。灵敏度的单位是dB/mW
失真	耳机的失真一般很小，在最大承受功率时其总谐波失真（THD）不大于1%，基本是不可闻的，较扬声器的失真小得多
频率响应	灵敏度在不同的频率有不同的数值，这就是频率响应，将灵敏度对频率的依赖关系用曲线表示出来，便称为频率响应曲线。优秀的耳机已经可以达到5～40000Hz
扩散场均衡	耳机的均衡方式有两种：自由场均衡和扩散场均衡，自由场均衡假设环境是没有反射的，如旷野；扩散场均衡则模拟一个有反射的房间，它的听感比自由场均衡要自然

四、耳机和蜂鸣器的检测与修理（见表6-10）

表 6-10 耳机和蜂鸣器的检测与修理

<table>
<tr><th>项目</th><th colspan="2">检测与修理方法</th></tr>
<tr><td rowspan="2">压电陶瓷蜂鸣片的检测</td><td>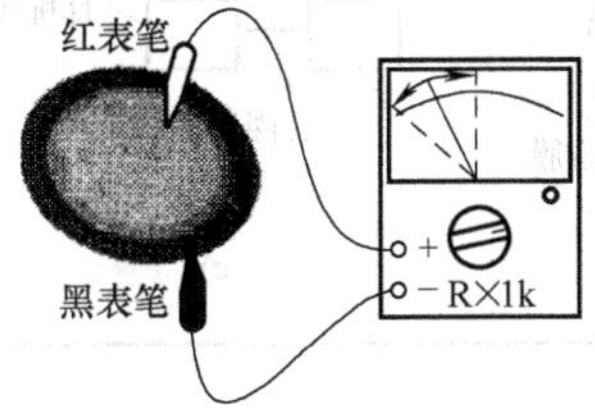
</td><td>将万用表拨至直流 2.5V 挡，将待测压电蜂鸣片平放木制桌上，带压电陶瓷片的一面朝上；然后将万用表的一只表笔横放在蜂鸣片的下面，与金属片相接触，用另一只表笔在压电蜂鸣片的陶瓷片上轻轻触、离。仔细观察，万用表指针应随表笔的触、离而摆动，摆动幅度越大，则说明压电蜂鸣片的性能越好，灵敏度越高；若指针不动，则说明被测蜂鸣片已损坏</td></tr>
<tr><td>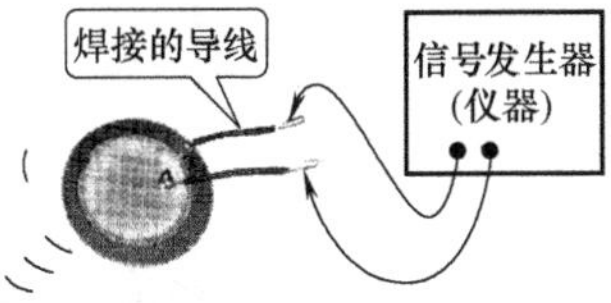
</td><td>调整信号发生器的信号频率为 2 ~ 3kHz，通过观察压电陶瓷蜂鸣片的发声响度来判定其灵敏度</td></tr>
<tr><td>压电陶瓷蜂鸣器的检测</td><td>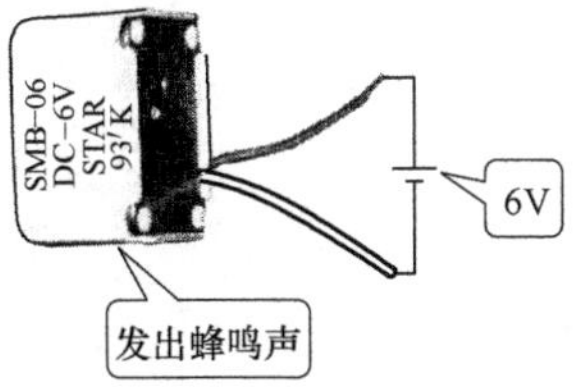
</td><td>将一稳压直流电源的输出电压调到 6V 左右。当正极接压电陶瓷蜂鸣器的正极，负极结压电陶瓷蜂鸣器的负极时，若蜂鸣器发出悦耳的响声，说明器件工作正常，如果通电后蜂鸣器不发声，说明其内部有元器件损坏或引线根部断线。检测时应注意，不得使加在压电陶瓷蜂鸣器两端的电压超过规定的最高工作电压。国产压电蜂鸣器的工作电压一般为直流 6 ~ 15V，有正负极两个引出线</td></tr>
<tr><td>耳机的检测</td><td colspan="2">利用万用表可方便地检测耳机的通断情况。目前，双耳道耳机使用较多，耳机插头有三个引出点，一般插头后端的接触点为公共点，前端和中间接触点分别为左、右声道引出端。检测时，将万用表置 R×1 挡，任一表笔接在耳机插头的公共点上，然后用另一表笔分别碰触耳机插头的另外两个引出点相应的左或右声道应发出“喀喀”声，指针应偏转，指示值分别为 20Ω 或 30Ω 左右，而且左、右声道的耳机阻值应对称。如果测量时无声，指针也不偏转，说明相应的耳机有引线断裂或内部焊点脱开的故障。若指针摆至零位附近，说明相应耳机内部引线或耳机插头处有短路的地方。若指针指示阻值正常，但发声很轻，一般是耳机振膜片与磁铁间的间隙不对造成的</td></tr>
<tr><td>耳机的修理</td><td colspan="2">引线齐根折断：修理时，将耳机线齐根剪断，剥下外面的海绵套，用螺钉旋具在后盖引出线部分的下部轻轻向上撬，就可以把后盖与耳机体脱开。然后取下后盖，可以看到内部有两个焊片，将残留的引线焊下，从后盖的引线孔穿进去，分别焊在两个焊片上
信号弱时无声，信号强时只有“喀喀”声：这一般是音圈与音膜脱落所致。修理时，可取下耳机的海绵套，就可以看到耳机的正面为一个多孔金属片，如图 a 所示。将螺钉旋具插入一个小孔里（注意插入的深度要适量，以免刺破下面的音膜），轻轻向上挑，前盖便可卸下。这时可以看见如图 b 所示的音膜。按照图 a 上的位置伸入一支螺钉旋具，顺着耳机的外沿转一圈，将音膜取下来（注意：不要损伤两根音圈引出线）。将耳机翻过来，轻轻拍打，音圈就会掉下来。然后用少许 502 胶涂在音膜中心的一个圆形压痕上。将音圈与圆形压痕对准放好，轻捏几下，放置一段时间后，装入耳机。再在耳机边缘上沿涂少许 502 胶，将多孔金属片盖好，压紧即可
耳机完全无声：这是因为音圈引出线断线所致，用万用表 R×100 挡测试时电阻为无穷大。检修时可先按照前面的步骤将前、后盖都打开（注意：这时不必剪短耳机线，可以沿着耳机线把后盖推上去），用镊子把音圈从音膜上取下可以看到音圈上有两条引出线如图 c 所示。用镊子将其拉出少许，用电烙铁上锡后焊在耳机背后的焊片上，然后再将耳机装好即可</td></tr>
</table>

（续）

项目	检测与修理方法
耳机的修理	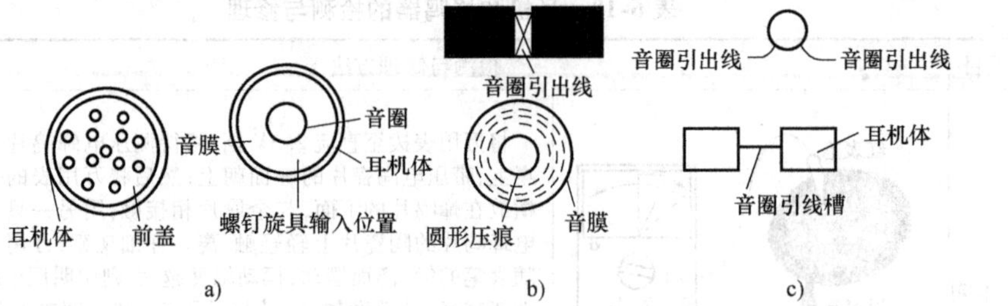

第七章

显示器件

显示器件是一种将电能转换成光能的器件。显示器件种类很多：有发光二极管显示器件，它是由半导体材料制成的；有由发光二极管构成的数码显示器件（英文缩写为 LED），是主动发光器件；还有液晶显示器件（英文缩写为 LCD）和液晶显示模块（英文缩写为 LCM），是被动显示器件，靠反差显示文字和图形。

第一节　数码显示器件（LED）

一、LED 显示器件概述

LED 显示器是由多个发光二极管芯片组合而成的结构型器件，它是通过发光二极管芯片的适当连接和合适的光学结构，可构成发光显示器的发光段和发光点。由这些发光段和发光点组成各种发光显示器。如数码管、符号管、“米字”管、矩阵管、电平显示器、平面显示器（面发光显示器）、多位显示器和专用显示器。一般把数码管、符号管、“米字”管、矩阵管统称为字符显示器；数码管、符号管、“米字”管又称为笔画显示器。LED 显示器件一般常用的有数码管和点阵。

数码管是目前最常用的一种数显器件。它是由发光二极管研究发展而来的。把发光二极管制成条状，再按一定方式连接，组成数字“8”，就构成 LED 数码管。使用时按规定使某些笔段上的发光二极管发光，即可组成 0 ~ 9 的一系列数字。

二、常见 LED 显示器件的实物图、特点及应用

常见 LED 显示器件的实物图、特点见表 7-1。其典型应用见表 7-2。

表 7-1　常见 LED 显示器件的实物图、特点

<table>
<tr><th>实物图</th><th>结构示意图</th><th>特点</th></tr>
<tr><td>单色发光二极管
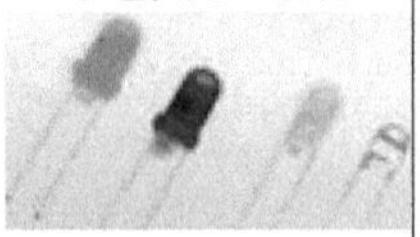</td><td>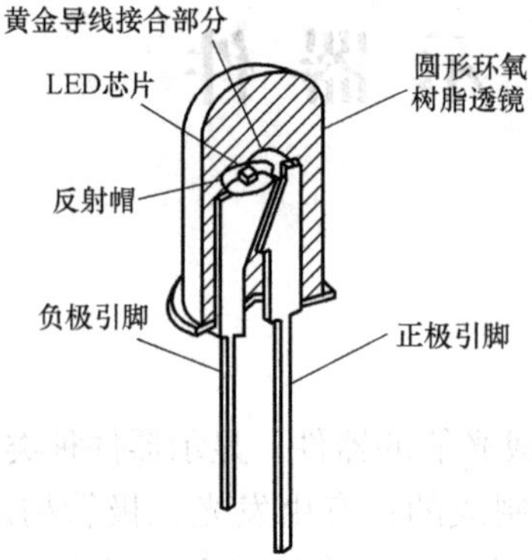</td><td>发光二极管由磷化镓、磷砷化镓等材料经特殊工艺制成，简称 LED。其核心是具有单向导电性的 PN 结，当注入一定的电流时，它就会发光。发光的颜色(波长)主要取决于半导体材料及掺杂成分，常用的有红(磷砷化镓)、黄(碳化镓)、绿(磷化镓)等颜色的发光二极管。另外，还有单色、双色、组合、单闪和七彩(内含集成电路)之分，以及普通与超亮的区别，体积大小也有多种类型。发光二极管具有体积小、工作电压低、工作电流小、发光均匀稳定、响应速度快及寿命长等优点，广泛应用于家用电器、电子仪器及电子设备中
发光二极管的正向工作电压一般在 1.4～3V，当外界温度升高时，将有所下降；工作电流为几毫安到十几毫安；反向漏电流一般在 10μA 以下。因发光二极管的发光强度正比于正向电流，所以它工作时电能消耗较小</td></tr>
<tr><td>单闪发光二极管、七彩发光二极管
</td><td>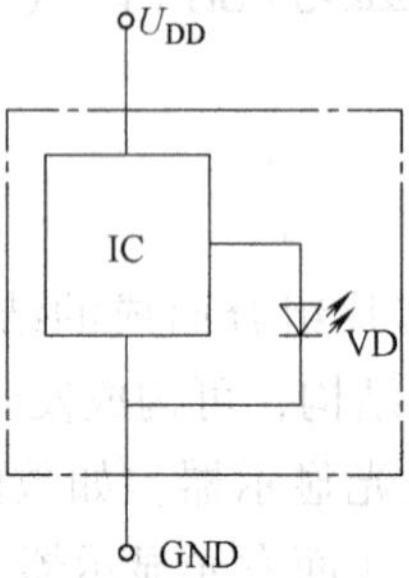</td><td>自闪发光二极管是一种特殊的发光器件，它与普通的发光二极管的主要区别就是当自闪发光二极管的两端加上额定的工作电压后，就可自行产生闪烁光。它是由一块 CMOS 集成电路和一只发光二极管组合而成的。CMOS 集成电路内部包括振荡器、分频器和驱动器。给 CMOS 集成电路接通 3～5V 直流电源后，振荡器即可起振，经分频后获得一个频率在 1.3～5.2Hz 的某一固定频率，再经放大后驱动发光二极管发出闪烁光</td></tr>
<tr><td>双色发光二极管</td><td>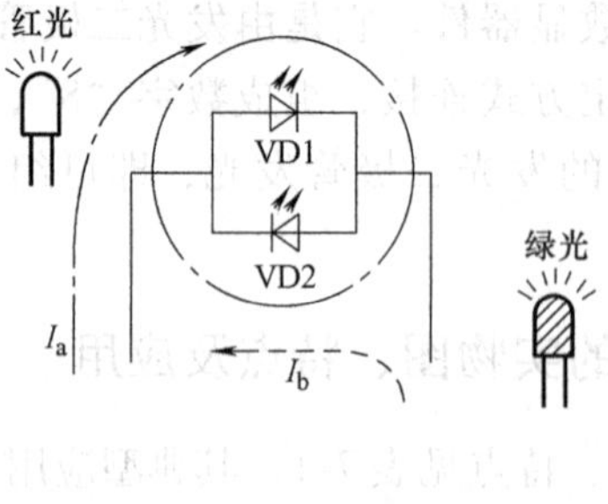</td><td>双色发光二极管是将两种颜色的管芯反向并联合后封装在一起。当工作电压为左正右负时，电流 I_a 通过 VD1 使其发红光。当工作电压为左负右正的时，电流 I_b 通过 VD2 使其发绿光</td></tr>
</table>

（续）

<table>
<tr><th>实物图</th><th>结构示意图</th><th>特点</th></tr>
<tr><td>变色发光二极管
</td><td>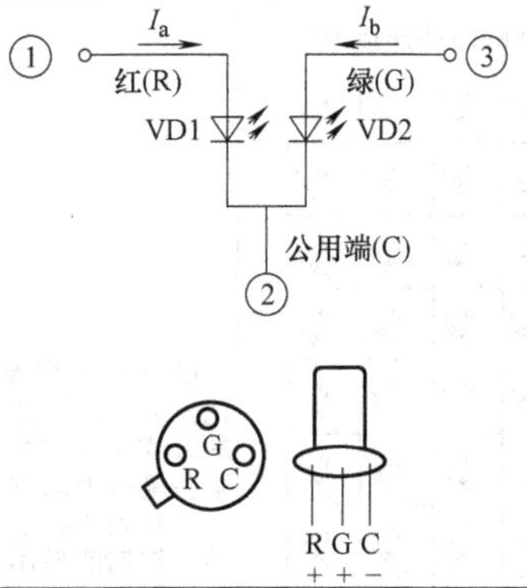
</td><td>变色发光二极管实际上是在一个管壳内装了两只发光二极管的管芯，一只是红色的，一只是绿色的，两管的负极连在一起。当①脚接入工作电压时，电流 I_a 通过 VD1 使其发红光；当③脚接入工作电流时，电流 I_b 通过 VD2 使其发绿光；当①、③脚同时接入工作电压时，变色二极管发橙色光；当 I_a 与 I_b 比例不同时，变色二极管的发光颜色按比例在“红—橙—绿”之间变化，这就是变色二极管的由来</td></tr>
<tr><td>LED数码管
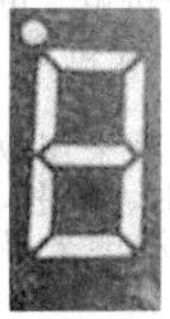</td><td>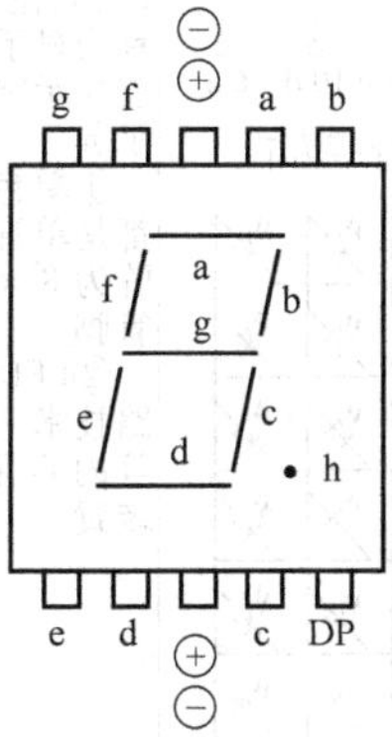
</td><td>LED 数码管是以发光二极管作为显示笔段，按照共阴极或者共阳极方式连接而成。将多个数字字符封装在一起成为多位数码管
基本的 LED 数码管是由八个发光二极管（7 段笔画和 1 个小数点）按一定规律排列而成，可以显示 0～9（十进制）和 0～15（十六进制）等 16 个数字字母，从而实现整数和小数的显示。a～g 代表七个笔段的驱动端，DP 是小数点的驱动端</td></tr>
<tr><td>双位 LED 数码管

四位 LED 数码管
</td><td colspan="2">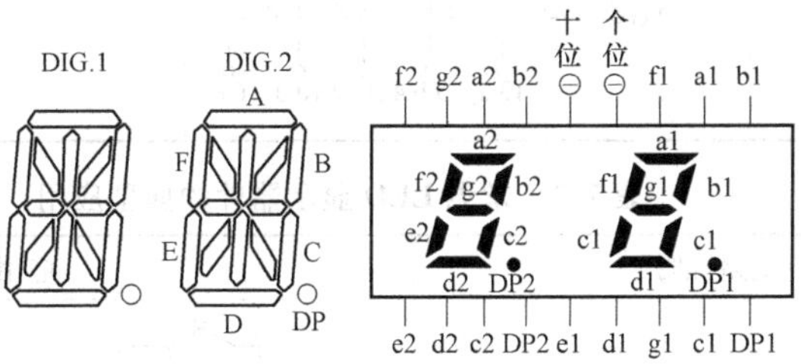

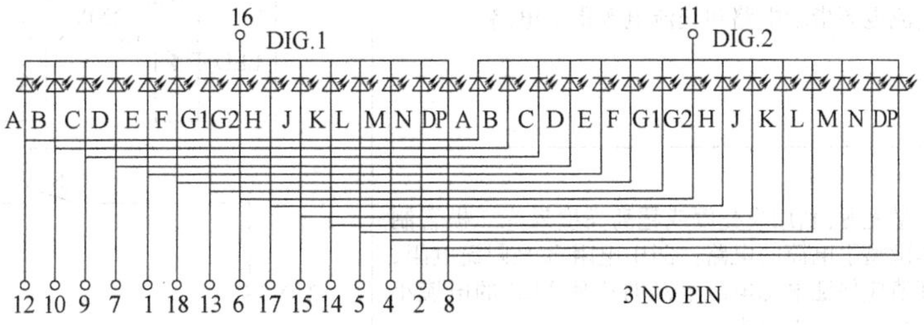

双位 LED 数码管是将两只数码管封装成一体，其特点是结构紧凑、成本较低</td></tr>
</table>

（续）

实物图	结构示意图	特点
LED 显示屏（点阵） 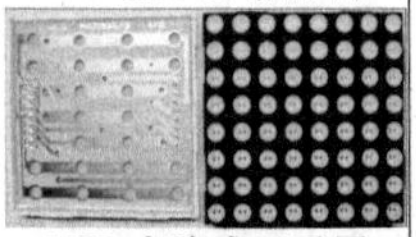 LED 点阵式显示屏  LED 电子数字钟显示屏	单色共阴极点阵的内部连接方式 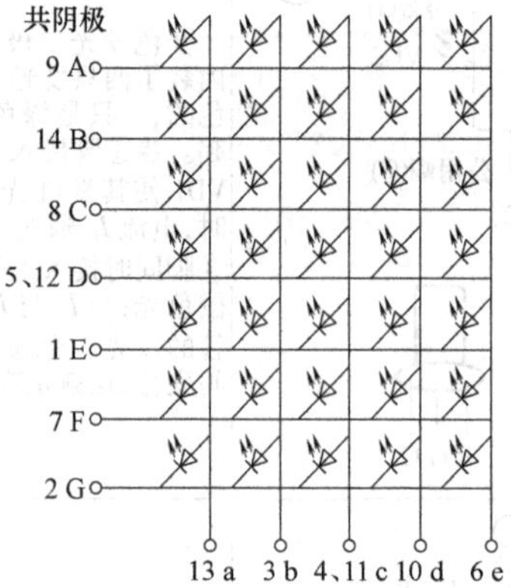 单色共阳极点阵的内部连接方式 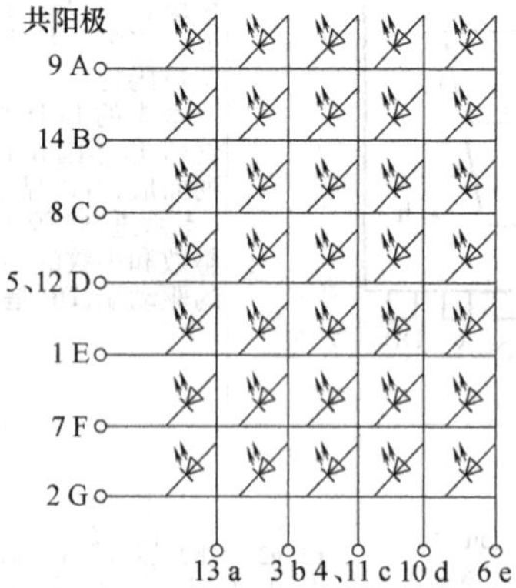 	LED 显示屏是一种常用的数显器件。把发光二极管的管芯制成条状，再按适当的方式连接成发光段或发光点，使用时让某些笔段上的发光二极管发亮，就可以显示从 0 到 9 的十个数字，即一位 LED 显示屏。根据能显示多少个“8”，可划分成一位、双位、多位显示屏。两位以上的一般称为显示屏。除显示数字的 LED 外，还有能显示字母、符号、文字和图形、图像的显示屏 ①单色、双色 LED 点阵式显示屏：点阵都是单管芯，一般都用 5V 供电。单色点阵为 8 × 8 = 16 根管脚。双色为 24 根管脚 ②LED 电子数字钟是一种采用数字电路技术实现对年、月、日、时、分、秒、温度等内容用 LED 组成的显示屏来显示的装置

表 7-2　常见 LED 显示器件的典型应用

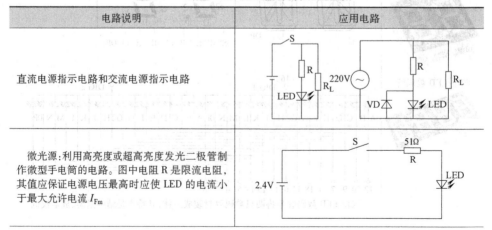

电路说明	应用电路
直流电源指示电路和交流电源指示电路	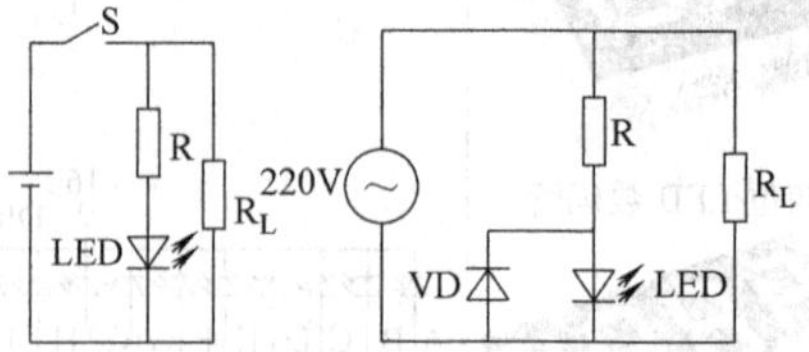
微光源：利用高亮度或超高亮度发光二极管制作微型手电筒的电路。图中电阻 R 是限流电阻，其值应保证电源电压最高时应使 LED 的电流小于最大允许电流 I_{Fm}	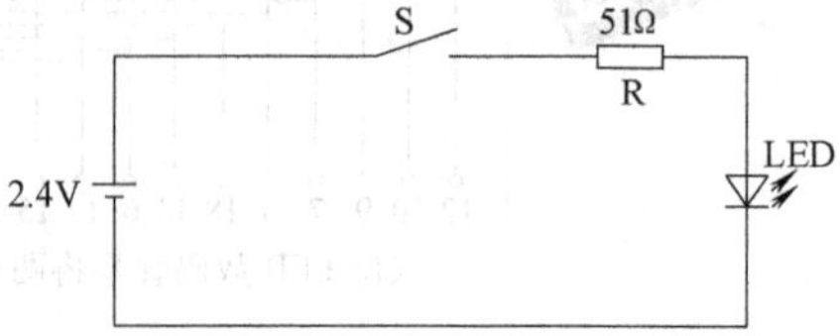

（续）

电路说明	应用电路
电平表：目前，在音响设备中大量使用LED电平表。它是利用多只发光二极管指示输出信号电平的，即发光的LED数目不同，则表示输出电平的变化。图示为由5只发光二极管构成的电平表。当输入信号电平很低时，全不发光。输入信号电平增大时，首先LED1亮，再增大LED2亮	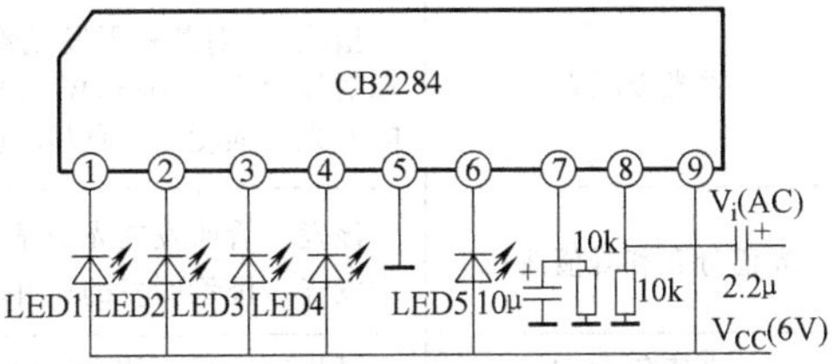
监视电池电压的应用电路。电路中稳压二极管VS稳压值应选电池额定电压70%左右	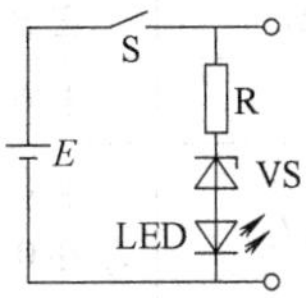
将两只发光二极管LED反向并联，用于移相式晶闸管调压电路中代替双向触发二极管	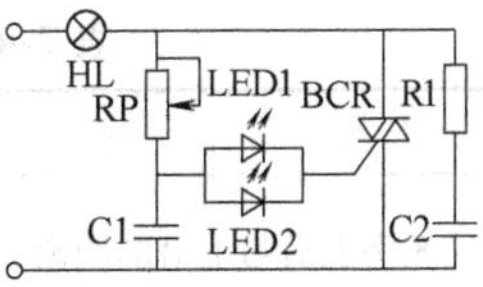
发光二极管LED工作指示电路，用于220V、50Hz市电中，作为电器具工作指示或熔丝熔断指示	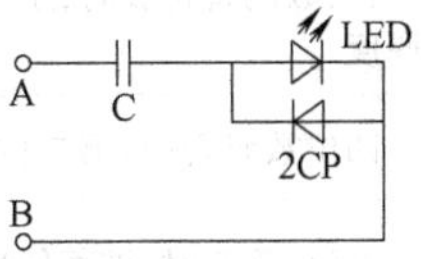
电源指示电路。用在固定输出三端稳压器电路中，用以提升输出电压，并兼作电源指示	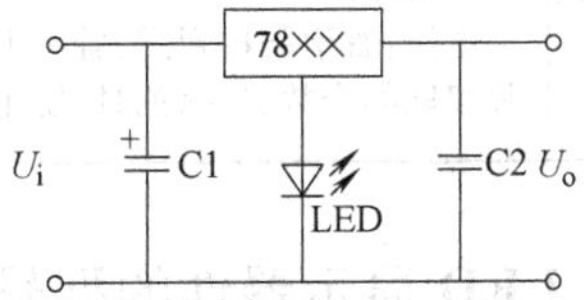
交通信号灯：由LED数码管和LED点阵组成的交通信号灯，应用在全国各个城市和乡镇交通路口上，发挥着重要的作用，图示的交通信号灯就是其中一种。它采用四元素超高亮LED发光二极管、恒流供电，电压适应范围宽。它外观美观轻盈，使用超薄双重密封结构和全PC灯箱体，坚固耐用、横竖安装简便，信号灯芯也可任意变换	

三、数码管的主要技术参数

LED发光二极管的主要技术参数见表7-3，数码管的主要技术参数见表7-4。

表 7-3　LED 发光二极管的主要技术参数

参数	定义说明
发光强度 I_V	指法线（对圆柱形发光管是指其轴线）方向上的发光强度。若在该方向上辐射强度为（1/683）W/sr 时，则发光 1 坎德拉（符号为 cd）。由于一般 LED 的发光二强度小，所以发光强度常用坎德拉（cd）作单位
光谱分布和峰值波长	该发光管所发之光中某一波长 λ_0 的光强最大，该波长为峰值波长。某一个发光二极管所发的光并非单一波长
半值角 $q1/2$	是指发光强度值为轴向强度值 1/2 的方向与发光轴向（法向）的夹角
光谱半宽度 $\Delta\lambda$	它表示发光管的光谱纯度
视角	半值角的 2 倍为视角（或称为半功率角）
正向工作电流 I_F	指发光二极管正常发光时的正向电流值。在实际使用中应根据需要选择 I_F 在 $0.6I_{Fm}$ 以下

表 7-4　数码管的主要技术参数

参数	定义说明
8 字高度	8 字上沿与下沿的距离。比外形高度小，通常用英寸来表示。范围一般为 0.25～20in
长×宽×高	长：数码管正放时，水平方向的长度；宽：数码管正放时，垂直方向上的长度；高：数码管的厚度
时钟点	四位数码管中，第二位 8 与第三位 8 字中间的两个点。一般用于显示时钟中的秒
数码管使用的电流与电压	电流：静态时，推荐使用 10～15mA；动态时，动态扫描时，平均电流为 4～5mA，峰值电流 50～60mA。 电压：查引脚排列图，看一下每段的芯片数量是多少？当红色时，使用 1.9V 乘以每段芯片串联的个数；当绿色时，使用 2.1V 乘以每段芯片串联的个数

四、LED 显示器件的型号命名（见表 7-5）

表 7-5　LED 显示器件的型号命名

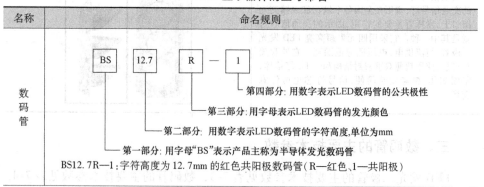

名称	命名规则
数码管	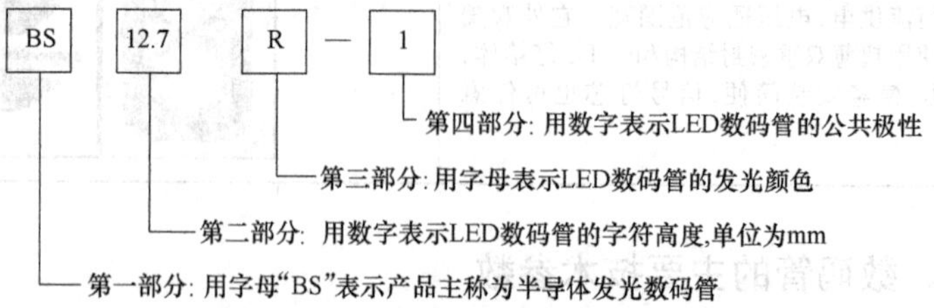 BS12.7R—1：字符高度为 12.7mm 的红色共阳极数码管（R—红色、1—共阳极）

（续）

名称	命名规则
点阵	点阵目前没有统一的命名方法，图示为型号 JM—S 05612AEG 的点阵命名示例 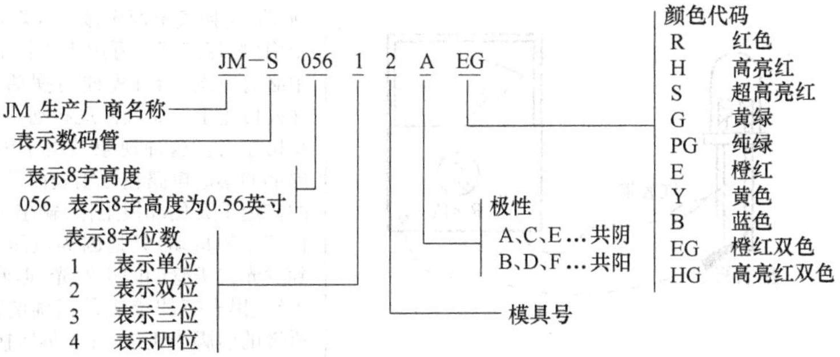

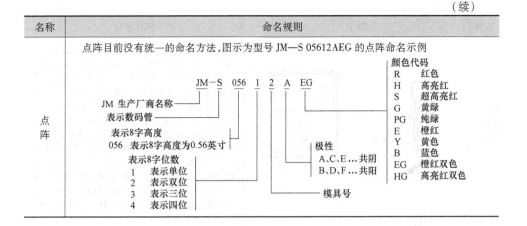

五、LED 显示器件性能的简易测试（见表 7-6）

表 7-6　LED 显示器件性能的简易测试

项目	图示	操作步骤
发光二极管的测量	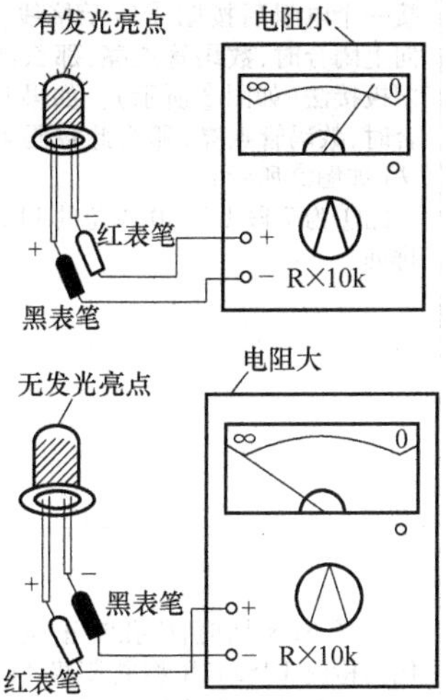	①检测发光二极管的方法与普通二极管基本相同。因为发光二极管的管压降 2V 左右，而万用表“R×1k”挡及其以下各电阻挡表内电池仅为 1.5V，低于管压降，无论加正向或反向偏置，发光二极管都不能导通，也就无法测量，所以必须使用具有高压电池的“R×10k”挡 ②如果发光二极管是正向偏转状态，可以观察到发光二极管有发光点亮，且万用表电阻挡电阻值较小；如果发光二极管是反向偏置状态，可以观察到万用表测得的电阻值大，且发光二极管无发光现象 ③如果无论正向接入还是反向接入，万用表指针都偏转到头或都不动，说明该发光二极管已损坏
	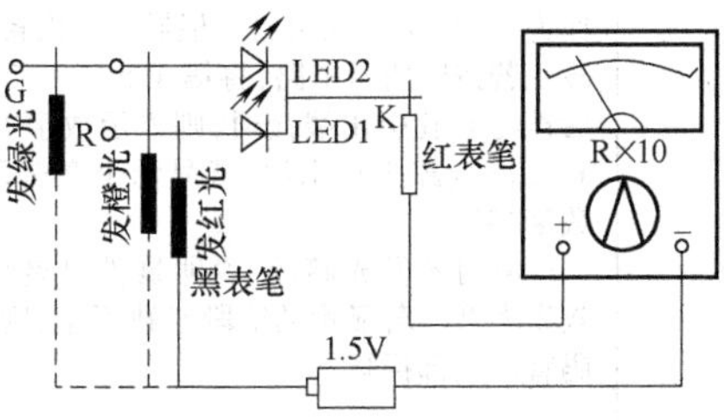	变色发光二极管的检测：将万用表置于 R×10 挡，在黑表笔上串接一只 1.5V 的电池，将红表笔接 K，黑表笔接 R，管子应发出红色光。将红表笔接 K，黑表笔接 G，管子应发出绿色光。将红表笔接 K，黑表笔接 R 和 G，管子应发出橙色复合光。在测试过程中，若发现某次测量时发光二极管不亮，表明其已损坏

（续）

项目	图示	操作步骤
发光二极管的测量	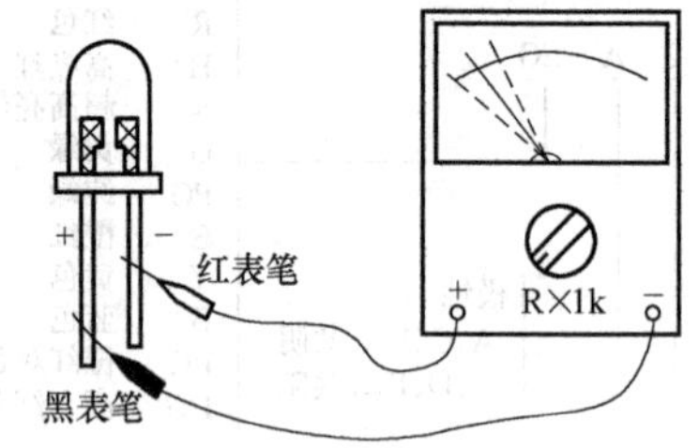	闪烁发光二极管的检测：将万用表置于R×1k挡，交换表笔两次接触闪烁发光二极管的两个引脚，仔细观察万用表指针的摆动情况。其中必有一次，指针先向右摆动一个角度，然后在此位置上开始轻微地抖动（振荡），摆幅在一小格左右。这种现象是由于闪烁发光二极管内部的集成电路在万用表内部1.5V电池电压的作用下开始起振工作，输出的脉冲电流使指针产生的抖动，只是因为电压过低，还观察不到发光二极管的闪烁发光，但此现象说明万用表红、黑表笔的接法是正确的接法，即黑表笔所接的引脚为正极，红表笔所接的引脚为负极
检测LED数码管接法	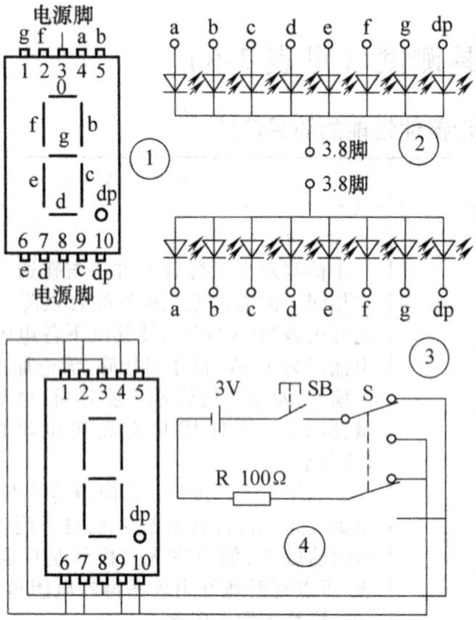	找公共阴极或公共阳极：将电源（3～5V）串接一个电阻后按图④所示接线。如果开关S向上闭合时，数码管点亮，那么此数码管为共阳极接法（如图③所示）。如果开关S向下闭合时，数码管点亮，那么此数码管为共阴极接法（如图②所示） 图①为7段1位10脚位的LED数码管引脚排列
数字式万用表检测LED数码管	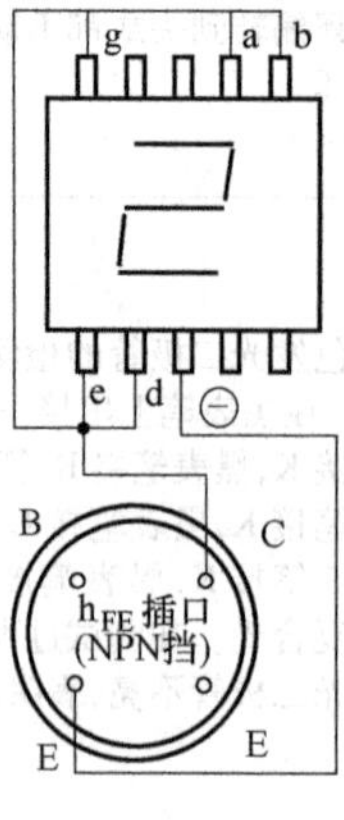	选择NPN挡时，C孔带正电，E孔带负电。例如检测LTS547R型共阳极LED数码管时，从E孔插入一根单股细导线，导线引出端接一极（第3脚与第8脚在内部连通，可任选一个作为-）；再从C孔引出一根导线依次接触各笔段。若按图所示电路，将第4、5、1、6、7脚短路后再与C孔引出线接通，则显示数字“2”。把a～g段全部接C引线，就显示全亮笔段，构成数字“8” 检测时若发光暗淡，说明器件已老化，发光效率太低。若显示的笔段残缺不全，则说明数码管已局部损坏

（续）

项目	图示	操作步骤
点阵检测	方法一：电池可简单测试点阵的颜色、亮度以及结构。将纽扣电池的斜边对应点阵引脚，使正负极分别接触点阵的两个引脚，依次逐个接触两两引脚，检测过程中会看到点阵的一些点会发光，从而判断点阵的颜色和亮度 方法二：用表置于电阻挡 R×10k 挡，先用黑表笔（接表内电源正极）随意选择一个引脚，红表笔分别接触余下的引脚，看点阵有没有点发光，没发光就用黑表笔再选择一个引脚，红表笔分别接触余下的引脚，当点阵发光，则这时黑表笔接触的那个引脚为正极，红表笔接触后发光的 8 个引脚为负极，剩下的 7 个引脚为正极 方法三：①表调至二极管挡或调至蜂鸣挡，红表笔（接表内电源正极）固定接触某一引脚，黑表笔分别接触其余引脚进行测试，看点阵有没有点发光，没发光就用红表笔再选择一个引脚，黑表笔分别接触余下的引脚。当点阵发光，则这时红表笔接触的那个引脚为正极，黑表笔接触的引脚为负极。通过测试可分别找出点阵引脚的正、负极 ②出引脚正、负极后，用红表笔接某一正极，黑表笔接某一负极，看是哪行哪列点被点亮，在红表笔所接引脚上标出对应行数字，黑表笔所接引脚上标出相应列字母。依此类推，可分别确定各引脚所对应的行或列	

第二节 液晶显示器件（LCD）

一、液晶显示器概述

液晶显示器（LCD）为平面超薄的显示设备，它由一定数量的彩色或黑白像素组成，放置于光源或者反射面前方。液晶显示器功耗很低，适用于使用电池的电子设备。它的主要原理是以电流刺激液晶分子产生点、线、面配合背部灯管构成画面。

液晶显示器是一种采用液晶为材料的显示器。液晶是介于固态和液态之间的有机化合物。将其加热会变成透明液态，冷却后会变成结晶的混浊固态。在电场作用下，液晶分子会发生排列上的变化，从而影响通过其的光线变化，这种光线的变化通过偏光片的作用可以表现为明暗的变化。就这样，人们通过对电场的控制最终控制了光线的明暗变化，从而达到显示图像的目的。

根据液晶分子的排列方式，常见的液晶显示器分为：扭曲向列型（TN）、超扭曲向列型（STN）、双层超扭曲向列型（DSTN）、薄膜晶体管型（TFT）等。液晶显示器的分类、结构和工作原理见表 7-7。

目前大多数的液晶显示器、液晶电视及部分手机均采用 TFT（通过有源开关的方式来实现对各个像素的独立精确控制）驱动。液晶显示器多用窄视角的 TN 模式，液晶电视多用宽视角的 IPS 等模式。它们通称为 TFT-LCD。TFT-LCD 的构成主要由荧光管（或者 LED Light Bar）、导光板、偏光板、滤光板、玻璃基板、配向膜、液晶材料、薄模式晶体管等构成。

液晶显示器实物如图 7-1 所示。

表 7-7　液晶显示器的分类、结构和工作原理

类型	结　　构	工 作 原 理
扭曲向列型	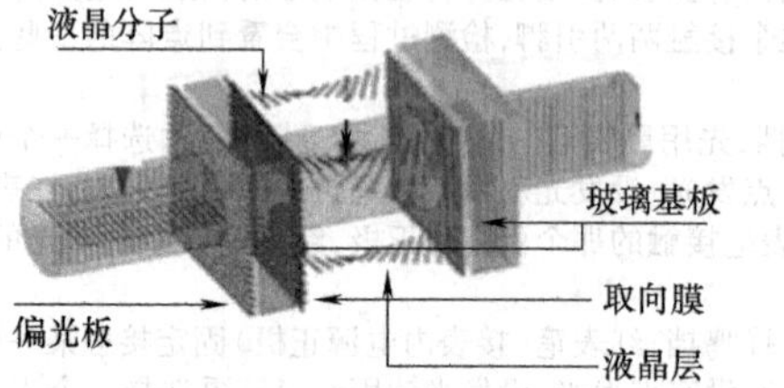 图示为 TN 型液晶显示器的简易构造，既有垂直方向与水平方向的偏光板，又有细纹沟槽的取向膜，液晶材料以及导电的玻璃基板	TN 型液晶显示器的显像原理是将液晶材料置于两片贴附光轴垂直偏光板的透明导电玻璃间，液晶分子会依附取向膜的细沟槽方向，按序旋转排列。如果电场未形成，光线就会顺利地从偏光板射入，液晶分子将其行进方向旋转，然后从另一边射出。如果在两片导电玻璃通电之后，玻璃间就会造成电场，进而影响其间液晶分子的排列，使分子棒进行扭转，光线便无法穿透，进而遮住光源。这样得到光暗对比的现象，称作扭转式向列场效应
超扭曲向列型	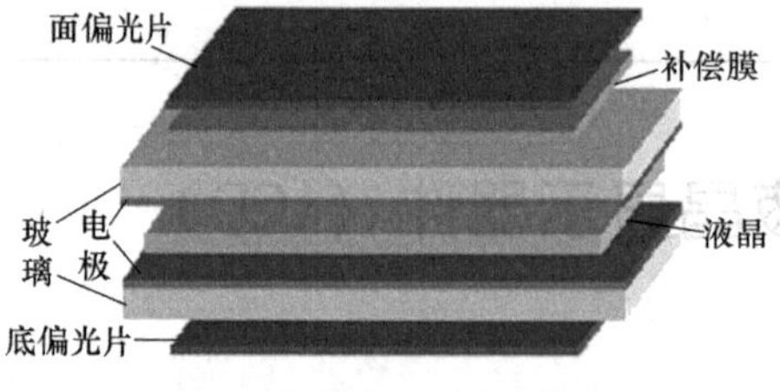 与 TN 型液晶显示器的基本显示原理相同，只是液晶分子的扭曲角度不同而已。STN 的液晶分子扭曲角度为 180°甚至 270°。TN 的液晶分子扭曲角度为 90°	从液晶显示原理来看，STN 的原理是通过电场改变原为 180°以上扭曲的液晶分子的排列，达到改变旋光状态的目的。外加电场则通过逐行扫描的方式改变电场，因此在电场反复改变电压的过程中，每一点的恢复过程都较慢，这样就会产生余辉现象。用户能感觉到拖尾（余晖）现象，也就是一般俗称的“伪彩”
双层超扭曲向列型	 与 TN 型液晶显示器的基本显示原理相同，只是液晶分子的扭曲角度不同而已。DSTN 的液晶分子扭曲角度为 180°甚至 270°。TN 的液晶分子扭曲角度为 90°	扫描屏幕被分为上下两部分，CPU 同时并行对这两部分进行刷新（双扫描），这样的刷新频率虽然要比单扫描（STN）重绘整个屏幕快一倍，提高了占空率，改善了显示效果；而且当 DSTN 分上下两屏同时扫描时，上下两部分就会出现刷新不同步的问题。所以当内部电子元器件的性能不佳时，显示屏中央可能会出现一条模糊的水平亮线

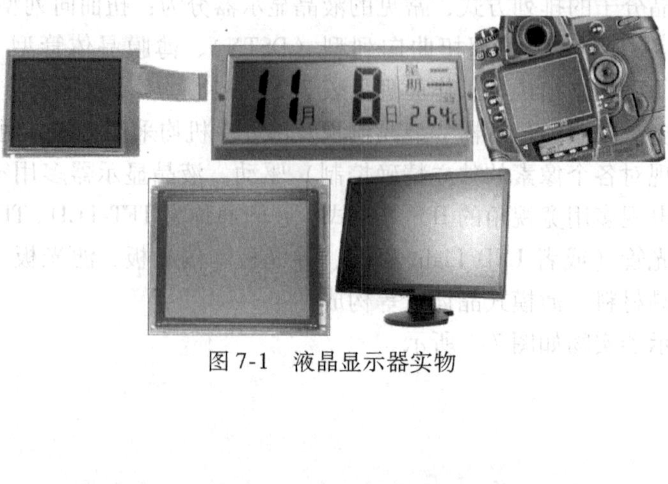

图 7-1　液晶显示器实物

二、液晶显示器的主要技术参数（见表7-8）

表7-8 液晶显示器的主要技术参数

参数	定义说明
可视面积	液晶显示器所标示的尺寸就是实际可以使用的屏幕范围。一个15.1in(1in=2.54cm)的液晶显示器约等于17inCRT屏幕的可视范围
可视角度	液晶显示器的可视角度左右对称，而上下则不一定对称。当背光源的入射光通过偏光板、液晶及取向膜后，输出光便具备了特定的方向特性，也就是说，大多数从屏幕射出的光具备垂直方向
点距	点距等于可视宽度/水平像素(或者可视高度/垂直像素)，即285.7mm/1024=0.279mm(或214.3mm/768=0.279mm) 例：一般14inLCD的可视面积为285.7mm×214.3mm，它的最大分辨率为1024×768
色彩度	LCD重要的是色彩表现度。自然界的任何一种色彩都是由红、绿、蓝三种基本色组成的。LCD面板上是由1024×768个像素点组成显像的，每个独立的像素色彩是由红、绿、蓝(R、G、B)三种基本色来控制。大部分液晶显示器，每个基本色(R、G、B)达到6位，即64种表现度，那么每个独立的像素就有64×64×64=262144种色彩。也有使用了所谓的FRC(Frame Rate Control)技术以仿真的方式来表现出全彩的画面，也就是每个基本色(R、G、B)能达到8位，即256×256×256=16777216种色彩了
对比值	对比值是定义最大亮度值(全白)除以最小亮度值(全黑)的比值。CRT显示器的对比值通常高达500:1，以致在CRT显示器上呈现真正全黑的画面是很容易的。但对LCD来说就不是很容易了，由冷阴极射线管所构成的背光源是很难去做快速地开关动作，因此背光源始终处于点亮的状态。为了要得到全黑画面，液晶模块必须完全把由背光源而来的光完全阻挡，但在物理特性上，这些元件无法完全达到达到这样的要求，总是会有一些漏光发生。一般来说，人眼可以接受的对比值约为250:1
亮度值	液晶显示器的最大亮度。通常由冷阴极射线管(背光源)来决定，亮度值一般都为200～250cd/m。液晶显示器的亮度略低，会觉得屏幕发暗。虽然技术上可以达到更高亮度，但是这并不代表亮度值越高越好，因为太高亮度的显示器有可能使观看者眼睛受伤
响应时间	响应时间是指液晶显示器各像素点对输入信号反应的速度。此值当然是越小越好。如果响应时间太长，就有可能使液晶显示器在显示动态图像时，有尾影拖曳的感觉。一般的液晶显示器的响应时间在20～30ms

三、液晶显示模块

液晶显示模块是一种将液晶显示器件、连接件、集成电路、PCB、背光和结构件装配在一起的组件，英文名称叫“LCD Module”，简称“LCM”，中文一般称为“液晶显示模块”。常见的液晶显示模块及使用注意事项见表7-9。

表7-9 常见的液晶显示模块及使用注意事项

名称	构造和用途
数显液晶模块	这是一种由段型液晶显示器件与专用的集成电路组装成一体的功能部件，只能显示数字和一些标志符号。段型液晶显示器件大多应用在便携、袖珍设备上。常见的数显液晶显示模块有以下几种：

（续）

名称	构造和用途
数显液晶模块	①计数模块：它是一种由段型液晶显示器件与译码驱动器，或再加上计数器装配成的计数显示部分。它具有记录、处理、显示数字的功能。一般来说，这种计算模块大都由斑马导电橡胶条、塑料（或金属）压框和 PCB 将液晶显示器件与集成电路装配在一起而成。其外引线端有焊点式、插针式、线路板插脚式几种 ②计量模块：它是一种由不同位数的 7 段液晶显示器件与译码、驱动、计数、A/D 转换功能的集成电路芯片组装而成的模块。由于所用的集成电路中具有 A/D 转换功能，所以可以将输入的模拟量电信号转换成数字显示出来 ③计时模块：计时模块将液晶显示器件用于计时，将一个液晶显示器件与一块计时集成电路装配在一起就是一个功能完整的计时器。计时模块虽然用途很广，但通用、标准型的计时模块却很难在市场上买到，只能到电子钟表生产厂家去选购或订购合适的表芯，计时模块和计数模块虽然外观相似，但它们的显示方式不同，计时模块显示的数字是由两位一组的数字组成的，而计数模块每位数字均是连续排列的。由于不少计时模块还具有定时、控制功能，因此这类模块广泛装配到一些家电设备上，如收录机、CD 机、微波炉、电饭煲等电器
液晶点阵字符模块	液晶点阵字符模块是由点阵字符液晶显示器件和专用的行（或列）驱动器、控制器及必要的连接件、结构件装配而成的，可以显示数字和英文字符。这种点阵字符模块本身具有字符发生器，显示容量大。功能丰富。一般该种模块最少也可以显示 8 位 1 行或 16 位 1 行以上的字符。这种模块的点阵排列是由 5×7、5×8 或 5×11 的一组组像素点阵排列组成的。每组为 1 位，每位间有一点的间隔，每行间也有一行的间隔，所以不能显示图形
点阵图形液晶模块	这种模块也是点阵模块的一种，其特点是点阵像素连续排列，行和列在排布中均没有空隔。因此可以显示了连续、完整的图形。由于它也是由 X-Y 矩阵像素构成的，所以除显示图形外，也可以显示字符
使用注意事项	①切忌过长时间施加直流电压；尽量避免长时间显示同一张画面；不要把亮度调得太大；不用时，最好关闭电源 ②保持使用环境的干燥，远离一些化学药品，不得超过指定工作温度范围 ③平常最好使用推荐的最佳分辨率 ④避免强紫外线照射并应保护 CMOS 驱动电路免受静电的冲击 ⑤不要用手去按压或用硬物敲击显示屏，防止液晶板玻璃破裂 ⑥保持器件表面清洁，采用正确方法清洗 ⑦在使用或更换液晶显示器时，一定要认清不同的驱动类型

四、LCD 液晶显示器的应用

LCD 液晶显示器件是一种新型显示器件，已广泛应用于液晶电子表、计算器、液晶电视机、数字式万用表、便携式计算机、手机等电子产品。其发展速度之快，应用范围之广，已远远超过其他发光型显示器件，具体见表 7-10。

表 7-10　LCD 液晶显示器的应用

种　　类	实 物 图	用　　途
通信工具	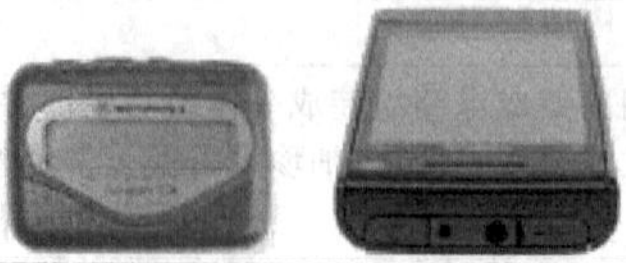	通信 LCD 产品，可应用于固定式电话机、寻呼机、可移动式电话机等设备

（续）

种　类	实 物 图	用　途
家用电器	 	万年历等设备用 LCD 产品，可应用于音响、VCD 等设备
MP3 随身听	 	休闲用 LCD 产品，可应用于游戏机、电子乐器等设备
文教器具	 	个人电子助理用 LCD 产品，可应用于计算器、电子辞典等设备

第八章

压电器件和霍尔器件

压电器件是指利用“压电”效应制成的一系列器件。目前应用比较广泛的压电器件有石英晶体、声表面波滤波器、陶瓷谐振器件等，这些器件的运用使电子产品的整体性能得到大幅度地提高。

霍尔器件是一种磁传感器。用它们可以检测磁场及其变化，可在各种与磁场有关的场合中使用。霍尔器件以霍尔效应为其工作基础。

第一节　石英晶体振荡器

一、石英晶体谐振器件概述

石英晶体也叫做石英谐振器，它是利用石英的压电特性按特殊切割方式制成的一种电谐振器件，被广泛用于石英钟表、通信设备、数字仪器仪表及家用电器中。此外，利用石英晶体还可成压力、压差传感器。

由物理学可知，按照一定轴向切割下来的石英单晶（水晶）片，具有高稳定的物理化学性能与弹性振动损耗极小的特性。若在晶片的两极板间加上电场，晶体就发生机械变形；若在两极板间施加力的作用，晶体就会在相应的方向上产生电场。这种现象称为压电效应，如图 8-1a 所示。若在极板间加交变电压，晶体就会发生机械振动，同时机械振动又会产生交变电场。一般情况下这种机械振动的振幅和交变电场的幅值都非常微小，但当外加交变电压的频率与晶体的固有频率或谐振频率（晶体的尺寸决定）相等时，振动会变得很强烈，这就是晶体的压电谐振特性，如图 8-1b 所示。图 8-1c 所示为石英晶体的内部等效电路。

石英晶体谐振器件在电子电路中一般用于稳定的振荡频率及作为晶体滤波器使用。石英晶体振荡器和石英晶体滤波器是利用具有压电效应的石英晶体片制成的。

石英晶体振荡器（俗称为晶振）在电路中通常用字母“X”、“G”、“Z”或“Y”表示。石英晶体振荡器的外形及电路图形符号如图 8-2 所示。石英晶体振荡器的分类如图 8-3 所示。

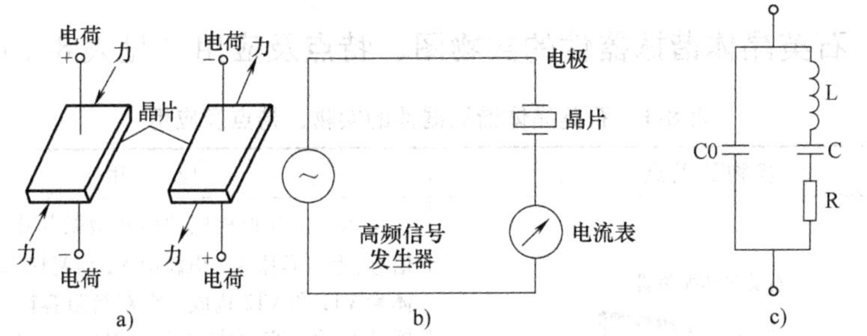

图 8-1 石英晶体特性及内部等效电路

a）压电效应 b）压电谐振 c）内部等效电路

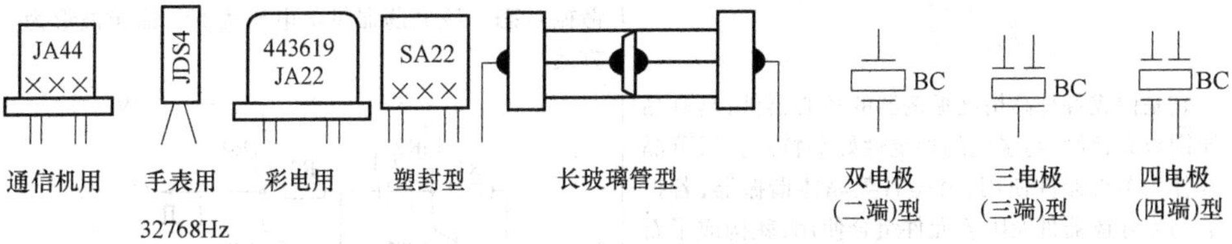

图 8-2 石英晶体振荡器的外形及电路图形符号

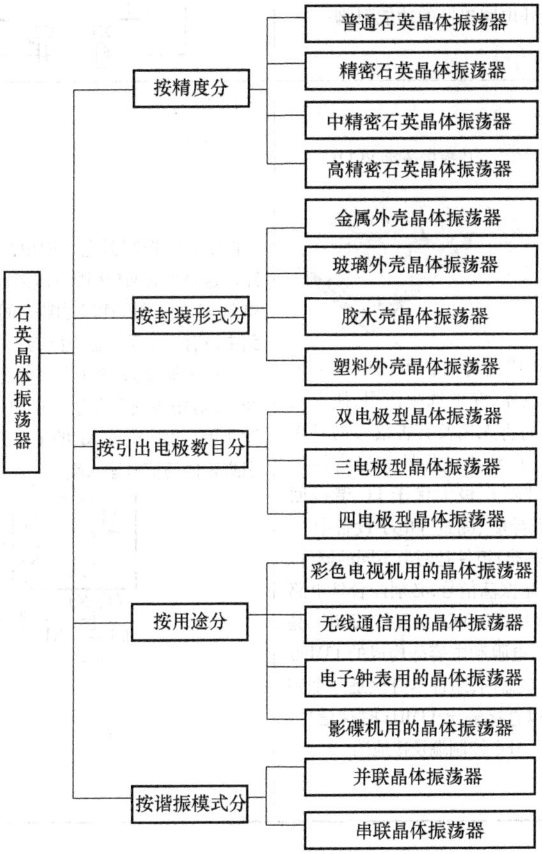

图 8-3 石英晶体振荡器的分类

二、石英晶体谐振器件的实物图、特点及应用（见表8-1）

表8-1　石英晶体谐振器件的实物、特点及应用

<table>
<tr><th>实物图、特点</th><th>应　用</th></tr>
<tr><td>石英晶体振荡器

它是构成各种高精度振荡器的核心器件，具有品质因数高，频率与温度的稳定性好等特点。石英晶体作为单独器件使用，就是石英晶体谐振器；若把它与半导体器件及阻容元件组合使用，就构成了石英晶体振荡器。石英晶体振荡器一般都封装于金属盒内，金属盒外留供外电路连接的功能引脚</td><td>图示为由晶振构成的串联型振荡器，U_o 是输出信号，为矩形脉冲。电路中X1为两根引脚晶振，晶体管VT1和VT2构成一个双管阻容耦合两极放大器，VT1和VT2均接成共发射极放大器。晶振X1相当于电感，它与电容C2构成LC串联谐振电路。C2为可变电容器，调节其容量即可使用电路进入谐振状态。该振荡器供电电压为5V，输出波形为方波
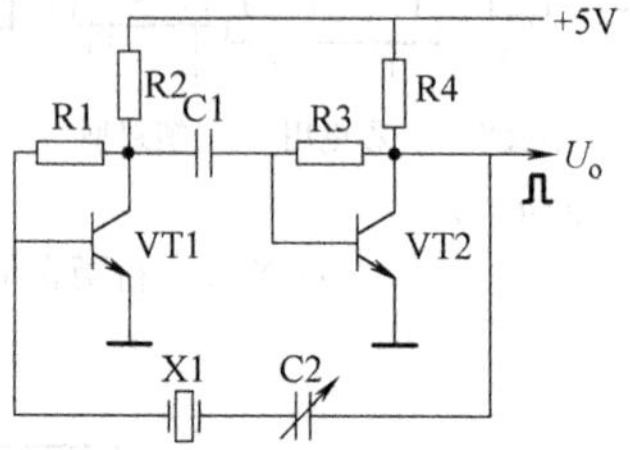
</td></tr>
<tr><td>石英晶体滤波器　　压控振荡器(VCO)

用石英晶体谐振器组成的滤波器可以取代多种LC谐振回路构成的滤波器，完成选频作用，使有用信号频率能顺利通过，而将无用及有害信号的频率滤去或有较大的衰减。在频率选择性和稳定性等诸多方面石英晶体滤波器都极大优于LC谐振回路，已广泛应用于通信、导航、测量等电子设备中
晶振和VCO(压控振荡器)组件是两类不同的器件。13MHz晶振本身不能产生振荡信号，必须配合外电路才能产生13MHz信号，而13MHz VCO组件将13MHz晶体、变容二极管、晶体管、电阻和电容等构成的13MHz振荡电路封装在一个屏蔽盒内，组件本身就是一个完整的晶振振荡电路，可以直接输出13MHz时钟信号。VCO组件的端口有电源、AFC控制端及接地端</td><td>图示为微控制器电路中由晶振构成一个振荡器电路。这是具有两根引脚的电路。X1是晶振，接在集成电路A1的1引脚和2引脚之间。集成电路A1的内电路中设有一个反向器电路与外接的X1和C1、C2构成一个振荡器，其振荡频率主要由晶振X1决定；电容C1和C2对振荡频率略有影响，可以起到对振荡频率的微调作用。集成电路A1的1引脚是振荡信号输出端，2引脚是振荡信号输入端
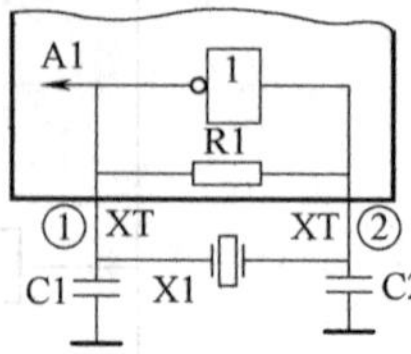
</td></tr>
</table>

三、石英晶体振荡器的主要技术参数（见表8-2）

表8-2　石英晶体振荡器的主要技术参数

参数	定义说明
标称频率	标称频率是指石英晶体振荡器的振荡频率，它与负载电容的容量值有关，通常标注在产品外壳上
负载电容	负载电容是指与石英晶体振荡器各引脚相关联的总有效电容（包括应用电路内部与外围各电容）之和
激励功率	激励功率是指石英晶体振荡器工作时所消耗的有效功率
工作温度范围	工作温度范围是指石英晶体振荡器正常工作时所允许的最低温度至最高温度（环境温度）
温度频差	温度频差是指石英晶体振荡器在工作温度范围内的工作频率相对于基准温度下工作频率的最大偏离值，它用来反映石英晶体振荡器的频率温度特性

四、石英晶体振荡器的测试与修理（见表8-3）

表8-3　石英晶体振荡器的测试与修理

<table>
<tr><th>方法</th><th>图示</th><th>操作步骤</th></tr>
<tr><td>电阻法测量</td><td>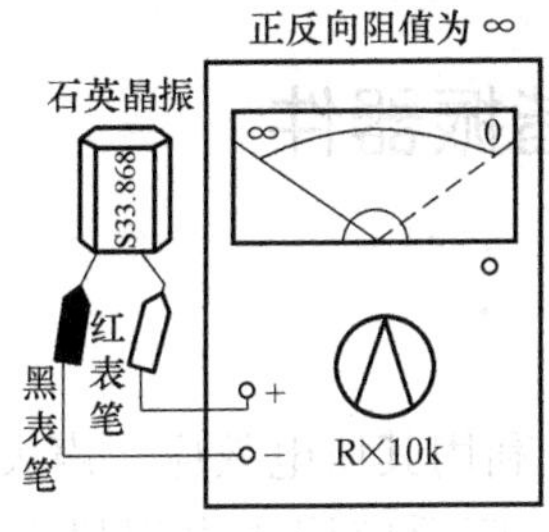
</td><td>用万用表R×10k挡测量石英晶体振荡器的正、反向电阻值，正常时均应为∞（无穷大）。若测得石英晶体振荡器有一定的阻值或为0，则说明该石英晶体振荡器已漏电或击穿损坏。但反过来则不能成立，即若用万用表测得阻值为无穷大，则不能完全判断石英晶体良好；当然，最有效的办法还是用替换法检查</td></tr>
<tr><td>简易测试器法</td><td>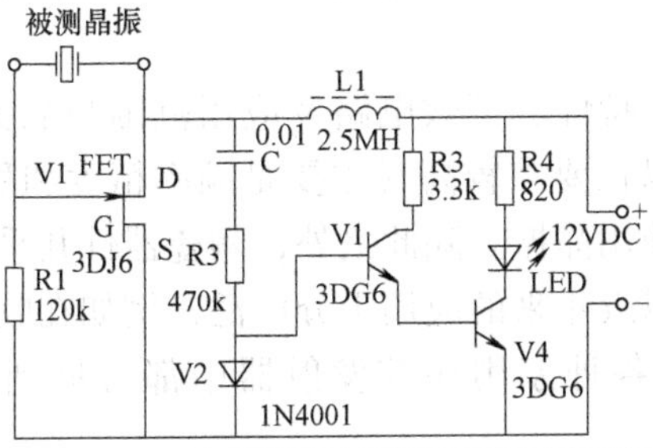
</td><td>简易晶体测试器由一个N沟道结型场效应晶体管、2个普通NPN型小功率晶体管、1个发光二极管和一些阻容元件构成。场效应晶体管FET与被测晶体等组成了一个振荡器，2个NPN型晶体管接成复合检波放大器，一驱动发光二极管LED工作。当把被测晶体插入电路时，若晶体性能良好，振荡器便起振，振荡信号经电容C耦合至检波放大器的输入端，经放大后驱动二极管发光。若被测晶体已经损坏，则振荡器不能起振，LED就不能发光</td></tr>
<tr><td>在路测压法</td><td colspan="2">以鉴别彩电遥控器晶振好坏为例，具体操作如下：
①将遥控器后盖打开，找到晶振所在位置和电源负载（一般彩电遥控器均采用两节1.5V干电池串联供电）；把万用表置于直流10V电压挡，黑表笔固定接在电源的负端
②在不按遥控键的状态下，用红表笔分别测出晶振两引脚的电压值，正常情况下，一只脚为0V，一只脚为3V（供电电压）左右；然后按下遥控器上的任意功能键，再用红表笔分别测出晶振两引脚的电压值，正常情况下，两引脚电压均为1.5V（供电电压的1/2）左右。若所得数值与正常值差异较大，则说明晶体工作不正常</td></tr>
</table>

（续）

方法	图示	操作步骤
验电器测试	用一只验电器，将其插入相线孔内，用手捏住晶振的任一只引脚，将另一只引脚触碰验电器顶端的金属部分，若验电器氖管发光，一般说明晶振是最好的，否则，说明晶振已损坏	
电容量法测量	通过用电容表或具有电容测量功能的数字式万用表测量石英晶体振荡器的电容量，可大致判断出该石英晶体振荡器是否已变值。例如，遥控发射器中常用的45kHz、480kHz、500kHz和560kHz石英晶体振荡器的电容近似值分别为296～310pF、350～360pF、405～430pF、170～196pF。若测得石英晶体振荡器的容量大于近似值或无容量，则可确定是该石英晶体振荡器已变值或开路损坏	
石英晶振引脚识别	无源石英晶振只有两根引脚，无正负极之分。有源石英晶振有4根引脚，有色点标记的为1引脚，引脚朝下按逆时针分别为2、3、4引脚。有源晶振的接法通常是：1引脚悬空，2引脚接地，3引脚输出信号，4引脚接直流工作电压。正方形的有源晶振采用DIP-8封装，有色点的是1引脚，各引脚排列顺序按集成电路的识别方法识别。1引脚悬空，4引脚接地，5引脚是输出端，8引脚是电源。长方形的有源晶振采用DIP-14封装，有色点的是1引脚，各引脚排列顺序按集成电路是识别方法识别。1引脚是悬空，7引脚是地，8引脚是输出端，14引脚是电源	
石英晶振的修理	晶振损坏后，一般情况下应更新，但有些晶振损坏后，可以采用一些应急方法进行修复。例如，彩电常用的500kHz晶振常出现内部漏电故障。若手头暂无元器件可换，可按下述方法予以应急修理：先用锋利的小刀沿晶振外壳边缝将带有字母一侧的盖开，将电极支架和晶片从另一盖中取出，然后用镊子夹住晶片从两电极中间取出，将晶片转动90°或直接倒置180°后，再插入两电极之间，使晶片漏电的微孔错离电极触点，用万用表R×10k挡测量两电极之间的电阻值，应为无穷大。最后从新安装恢复原位，用502胶将边缝涂抹封固即可投入使用	

第二节　陶瓷谐振器件

一、陶瓷谐振器件概述

陶瓷器件和延迟线是以压电陶瓷为材料，利用其压电效应、声表面波传播的特性制成的，专用滤波和延迟的电子元器件，广泛应用于电视机等家用电子产品中。

陶瓷器件的基本结构、工作原理、特性、等效电路及应用范围与晶振相似。由于陶瓷器件有些性能不及晶振，所以在要求较高（主要是频率精度和稳定度）的电路中尚不能采用陶瓷器件，必须使用晶振。除此之外，陶瓷器件几乎都可代替晶振，由于陶瓷器件价格低廉，所以近年来的应用十分广泛，例如在收音机的中放电路，电视机的中频伴音电路及各种家用遥控发射器中都可见到它们的“身影”。

陶瓷谐振器件是由压电陶瓷制成的谐振器件。陶瓷谐振器件与晶振一样，也是利用压电效应工作的。目前的陶瓷器件大多采用锆钛酸铅陶瓷材料做成薄片，再在两面涂银，焊上引线或夹上电极板，用塑料或者金属封装而成。在电路中用文字符号“Z”或“ZC”表示。陶瓷谐振器件的分类如图8-4所示。常用陶瓷谐振器件的外形如图8-5所示。

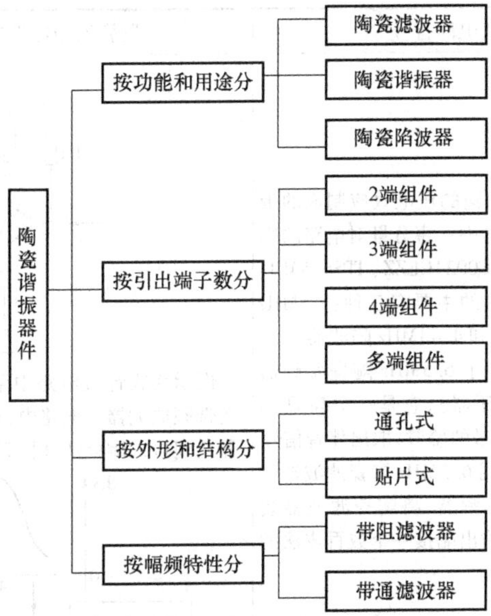

图 8-4　陶瓷谐振器件的分类

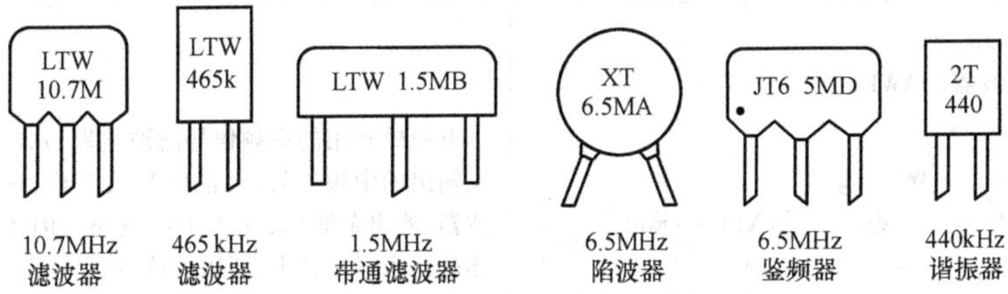

图 8-5　陶瓷谐振器件的外形

二、常见陶瓷谐振器件的实物图、电路符号、特点及应用（见表 8-4）

表 8-4　常见陶瓷谐振器件的实物图、电路符号、特点及应用

实物图、特点及电路符号	陶瓷谐振器件的典型应用电路
陶瓷滤波器和陷波器　　陶瓷鉴频器 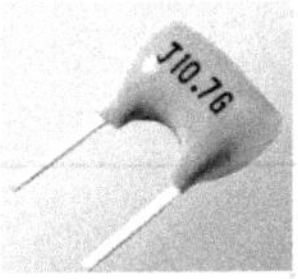 陶瓷滤波器广泛应用于各种电子产品中作选频器件。常用型号有 A75417-AM、STE6. 5MB、LT6. 5MB、REIL-C0077CEZZ 等	图示为双端陶瓷滤波器构成的中频放大器。电路中，VT1 为中频放大管，它接成共发射极放大器电路；R1 是固定式偏置电阻，为 VT1 提供静态工作电流；R2 为 VT1 集电极负载电阻；R3 是 VT1 发射极负反馈电阻；Z1 为双端陶瓷滤波器，它并联在发射极负反馈电阻 R3 上

（续）

<table>
<tr><th>实物图、特点及电路符号</th><th>陶瓷谐振器件的典型应用电路</th></tr>
<tr><td>陶瓷陷波器是利用压电陶瓷的压电效应制成的带阻滤波器，可阻止或滤除信号中有害分量对电路的影响。常用的型号有 REIL-C0024CEZZ、TPS6.5MB、XT6.5MB 等电视机中所使用的主要有三种：6.5MHz 带通滤波器，6.5MHz 陷波器和 4.43MHz 陷波器
部分彩电的音频电路采用了 6.5MHz 陶瓷鉴频器（其作用相当于伴音中频变压器），它是一个高 Q 的 LC 并联回路，用于对音频信号的鉴频，取出伴音信号
当伴音鉴频器损坏后，可用 6.5MHz 陶瓷滤波器代替，操作方法是：拆下陶瓷鉴频器，将陶瓷滤波器装上，在陶瓷滤波器的输入和输出端接一个数百皮法的瓷片电容即可</td><td>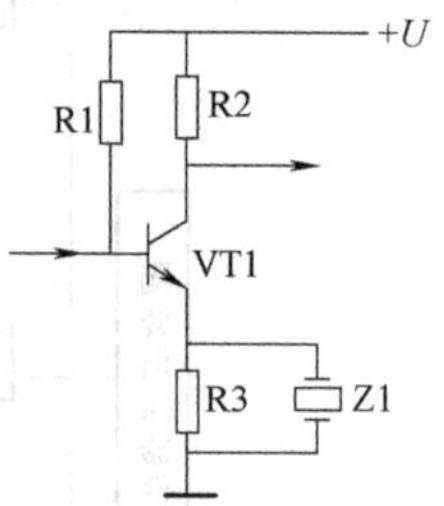

图示为收音机电路中采用三端陶瓷滤波器构成的选频放大器。电路中，在前级放大器和后级放大器之间接入陶瓷滤波器 Z1
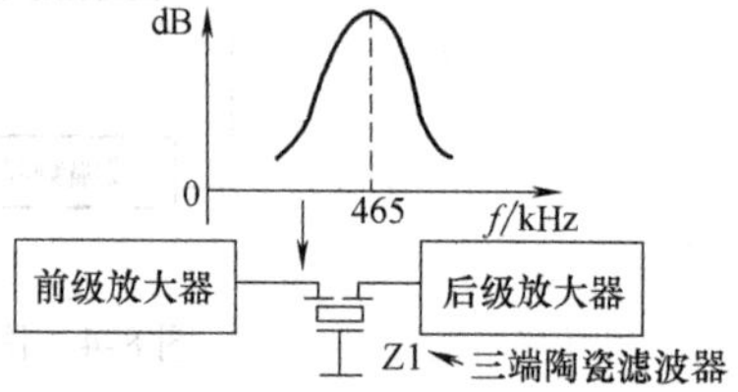
</td></tr>
<tr><td>声表面波滤波器（SAWF）
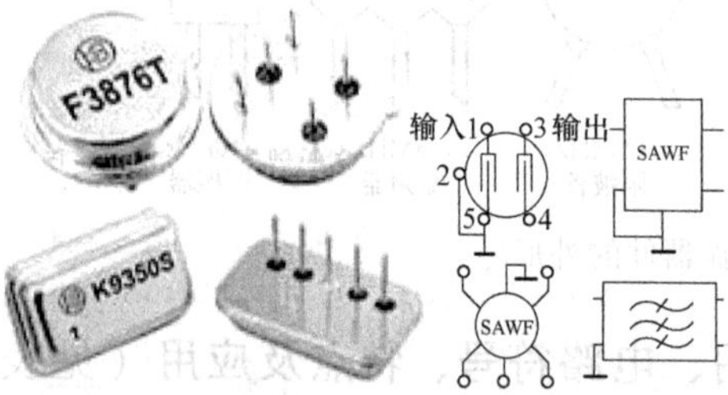

声表面波滤波器是利用压电陶瓷、铌酸锂、石英等晶体材料的压电效应和声表面波传播的物理特性制成的一种换能式无源带通滤波器。是一种特殊的陶瓷器件，主要有声表面滤波器和声表面波谐振器两大类，可用于各种通信及视听设备的射频和中频滤波电路中；声表面波谐振器可用于低功率 UHF 发射机的频率控制及超外差接收机的本振电路中</td><td>电视机常用的中频信号滤波电路：从电视机高频头输出的中频信号，经晶体管放大后，送入声表滤波器，滤出杂波后，送入中放电路。因为声表滤波器的插入损耗较大，所以电路中加入了一级晶体管放大电路
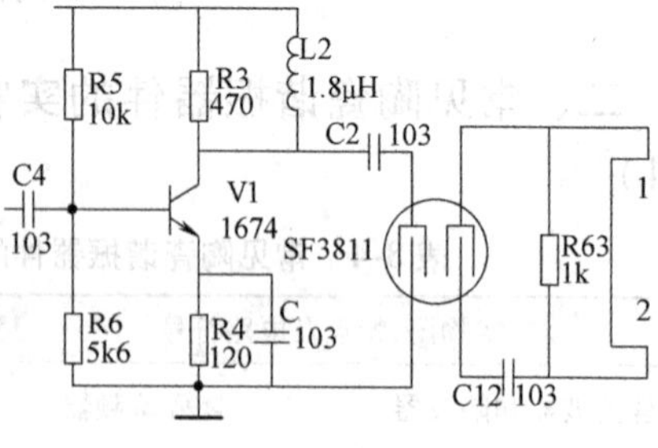
</td></tr>
</table>

三、陶瓷谐振器件型号的命名方法

国产陶瓷谐振器件型号一般由五部分组成，如图 8-6 所示。

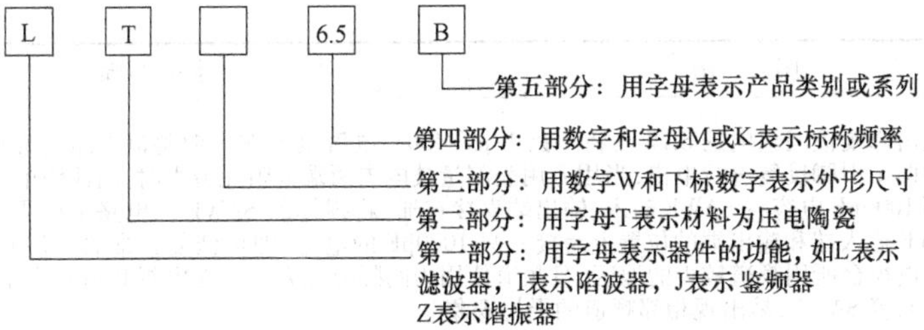

图 8-6 国产陶瓷谐振器件型号的命名方法

四、陶瓷谐振器件的测试与修理（见表 8-5）

表 8-5 陶瓷谐振器件的测试与修理

名称	图示	操作步骤
陶瓷滤波器检测	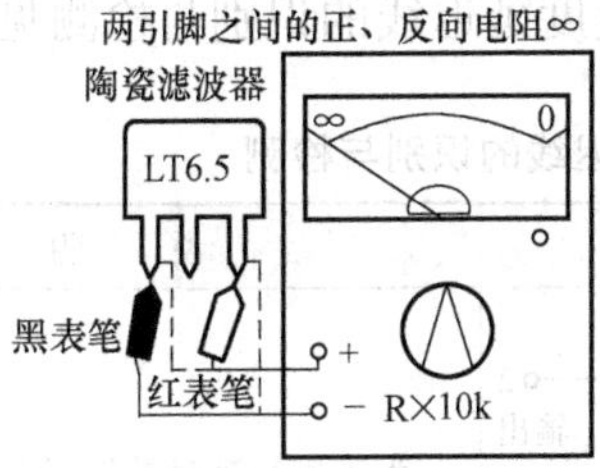	①指针式万用表检测：置于 R×10k 挡，用红、黑表笔分别测试二端或三端陶瓷滤波器任意两引脚，两引脚之间的正、反向电阻均应为∞，若测得阻值较小或为0Ω，可判定该陶瓷滤波器已损坏；需要说明的是，测得正、反向电阻均为∞不能完全确定该陶瓷滤波器完好，可用代换法试验 ②数字式万用表检测：将数字式万用表置于最大欧姆挡，用红、黑表笔分别测试二端或三端陶瓷滤波器任意两引脚，两引脚之间的正、反向电阻均应显示溢出符号“0L”或“1”，若测得阻值较小或为0Ω，可判定该陶瓷滤波器已损坏
陶瓷滤波器引脚识别	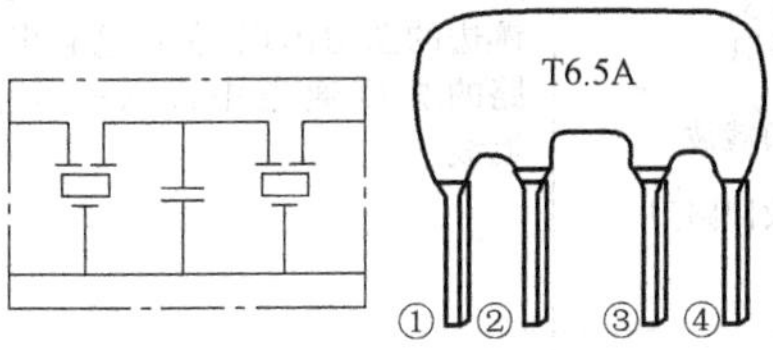	①二端陶瓷滤波器只有两根引脚，这两根引脚是不分的 ②三端陶瓷滤波器可通过电路图形符号来区分。图示左侧是输入端，右侧是输出端，中间是接地端 ③4 根引脚陶瓷滤波器 1 引脚是信号输入端，2 引脚和 3 引脚接地，4 引脚是信号输出端
声表面波滤波器的检测	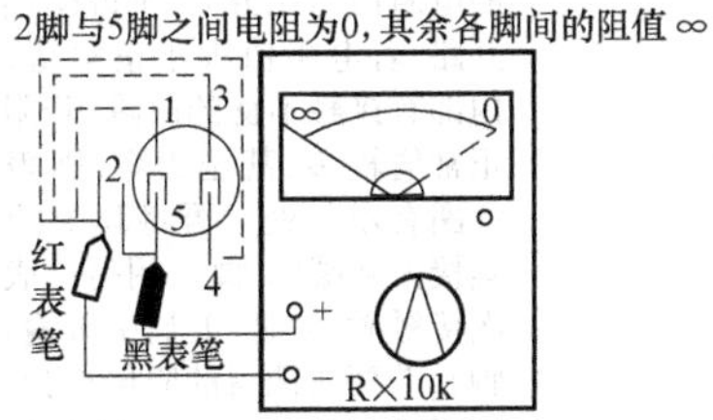	①将万用表置于 R×10k 挡，测量 2 脚与 5 脚之间电阻应为 0，其余各引脚之间的阻值应为无穷大 ②结合电视机故障表现进行在路检测判断：若 SAWF 输入端两引脚或输出端两引脚短路或接地，电视机表现为无图无声但有杂波信号和“沙沙”声。用万用表直流电压挡测量输入端或输出端对地电压，若为零，即可断定输入端或输出端对地短路 若 SAWF 内部开路，电视机表现为图像闪动频繁，时而出现白色水平干扰亮线或图像噪波增大、彩色时有时无甚至无色彩，行、场伴随有不同步现象；伴音也表现异常，扬声器中发出“咯咯”声。检测时，用万用表直流电压挡测量输出端直流电压，会发现该点电压随“咯咯”声变化不定 若 SAWF 内部开路，电视机表现为无图无声但有杂波信号和“沙沙”声。检测时，用万用表表笔去触碰输入端和输出端，根据屏幕表现即可作出判断：当触碰输入引脚时屏幕杂波图像和“沙沙”声无任何变化，而触碰输出脚时，图、声均有变化，则可判定 SAWF 有内部断路性故障

（续）

名称	图　示	操作步骤
声表面波滤波器的修理		①电击修复极间漏电的 SAWF：将一只 47μF/450V 电解电容在电源整流电路上充好电，然后对漏电的两个引脚反复进行电击，当用万用表测量被电击两端电阻无穷大时，则证明电击成功 ②用 1000pF 电容将 SAWF 输入、输出端直接连通：将损坏的 SAWF 从电路中拆下不用，在原安装 SAWF 输入端和输出端的位置上跨接一只 1000pF 的电容，即可恢复正常的图像和伴音。此法适合于电视台所用频道较少的地区，且频道使用为间隔分配方式。在电视频道较多的地区使用此法应急修复 SAWF，易出现相邻频道的干扰现象

第三节　超声延迟线的识别与检测

超声延迟线是以压电陶瓷作为换能器，玻璃作为介质，并利用超声波在玻璃介质中传播速度变换的特点制成的器件，下面主要介绍在彩电视机中应用为广泛的亮度延迟线和色度延迟线。亮度延迟线和色度延迟线的识别与检测见表 8-6。

表 8-6　亮度延迟线和色度延迟线的识别与检测

项目	图　示	说　明
亮度延迟线的识别	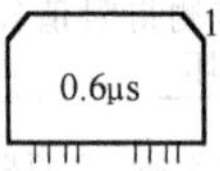 外形 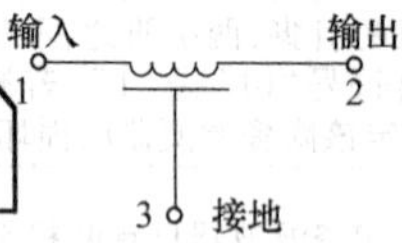 无负载波被吸收回路型 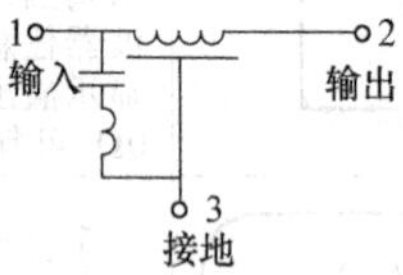 有负载波被吸收回路型	为了进行延时补偿，使色度信号和亮度信号同时到达显像管，避免彩色镶边的图像出现，在彩色彩电视机电路的亮度通道中接入一个亮度延迟线
亮度延迟线的检测	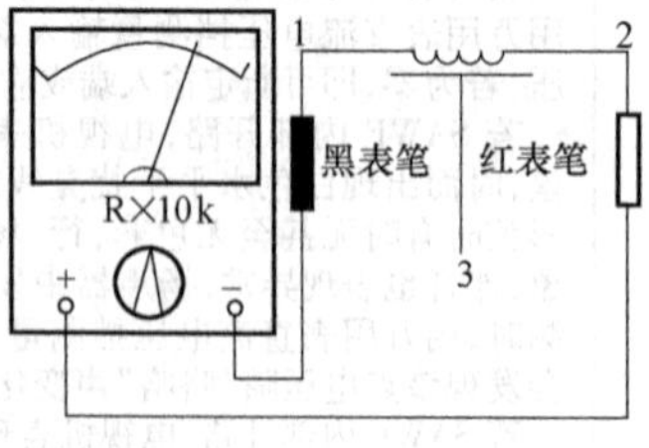	将万用表置于 R×10k 挡，用任一表笔接输入端（1 脚），另一表笔接输出端（2 脚），此时若万用表的电阻读数为 30～40Ω，即为正常值。若测出的电阻值为无穷大，则说明内部已经开路；若电阻值大于正常值，则表明内部有接触不良的故障；若阻值小于正常值较多，甚至为零，则表明内部线圈有短路处。再将其中的一只表笔接公共端（3 脚），用另一表笔去依次接触输入端（1 脚）和输出端（2 脚），若两次测得的阻值均为无穷大，则说明器件正常。若测出电阻值较小甚至阻值为零，则说明输入、输出端与公共端有漏电故障，或者已经短路

（续）

项目	图　示	说　明
色度延迟线的识别	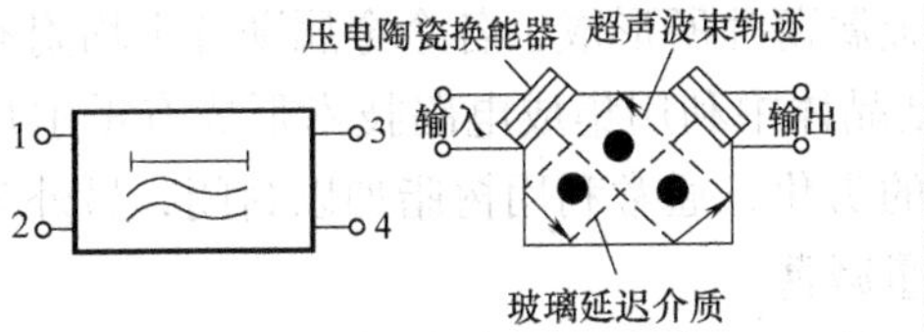	色度延迟线也称为一行延迟线或超声延迟线，也是彩色电视机中的专用器件。彩色电视机大多采用以玻璃为延时介质的色散型延迟线
色度延迟线的检测	色度延迟线的外形及引脚排列倒视图 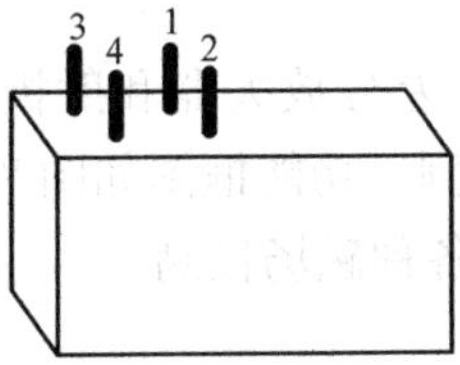	检测时，将万用表置于 R×10k 挡，测量各引脚之间的电阻值。正常时各引脚间的电阻值都应为无穷大。若测试中发现某对引脚间电阻值不是无穷大或者为零，则说明该对引脚间有漏电或短路性故障。对于内部引脚断路性故障，可根据彩色电视机的故障表现进行判断

第四节　霍尔器件

一、霍尔器件概述

霍尔器件分为霍尔片和霍尔集成电路两大类，前者非常简单，使用时常常需要将获得的霍尔电压进行放大。后者将霍尔片和它的信号处理电路集成在同一个芯片上。

霍尔器件具有许多优点，它们的结构牢固，体积小，重量轻，寿命长，安装方便，功耗小，频率高（可达 1MHz），耐振动，不怕灰尘、油污、水汽及盐雾等的污染或腐蚀。

1. 霍尔片

霍尔片是应用霍尔效应的半导体。所谓霍尔效应是指当半导体上通过电流且电流的方向与外界磁场方向相垂直时，在垂直于电流和磁场的方向上产生霍尔电动势的现象。

一般用于电动机中测定转子转速，如录像机的磁鼓，计算机中的散热风扇等；目前一种基于霍尔效应的磁传感器，已发展成一个品种多样的磁传感器产品族，并已得到广泛的应用。

霍尔片可用多种半导体材料制作，如 Ge、Si、InSb、GaAs、InAs、InAsP 以及多层半导体异质结构材料等。

2. 霍尔集成电路

在一个结晶片中形成有霍尔片及放大并控制其输出电压的电路而具有磁场一

电气变换机能的固态组件称为霍尔集成电路。如图 8-7 所示，大多数霍尔集成电路是在为长宽均为 5mm、厚 3mm 以下的长方形（也有呈三角形的）板状组件上敷设四根导线而成的。导线由金属薄片所形成，各个金属薄片上均附有半导体结晶片（通常为硅芯片），而在结晶体中利用集成电路技术形成有霍尔片及信号处理电路。为防止整个组件性能的劣化，通常利用树脂加以封闭，另外为了使磁场的施加相对容易，其厚度也尽量减薄。

按照霍尔集成电路的功能可将它们分为：霍尔线性集成电路和霍尔开关集成电路。

1）霍尔线性集成电路。它由霍尔片、差分放大器和射极跟随器组成。其输出电压和加在霍尔片上的磁感强度 B 成比例，功能框图如图 8-8 所示。这类电路有很高的灵敏度和优良的线性度，适用于各种磁场检测。

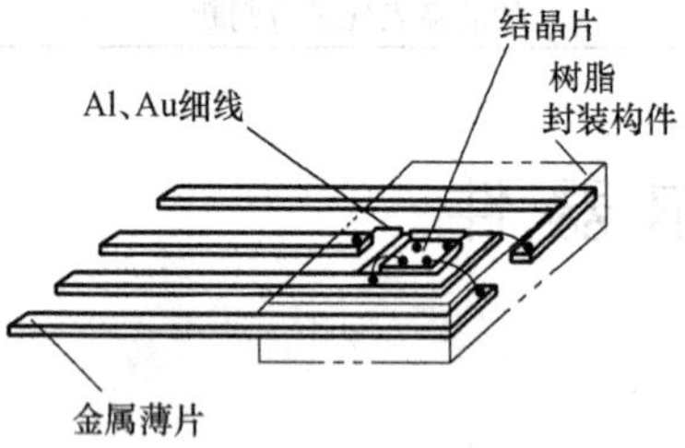

图 8-7　霍尔集成电路的构造

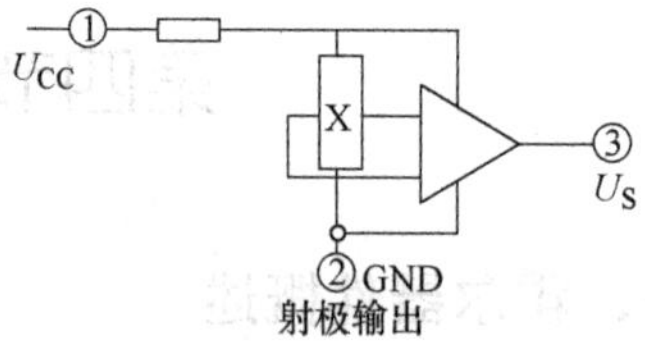

图 8-8　霍尔线性集成电路功能框图

2）霍尔开关集成电路。霍尔开关集成电路又称为霍尔数字电路，由稳压器、霍尔片、差分放大器，斯密特触发器和输出级组成。在外磁场的作用下，当磁感应强度超过导通阈值 B_{OP} 时，霍尔集成电路输出管导通，输出低电平。之后，B 再增加，仍保持导通态。若外加磁场的 B 值降低到 B_{RP} 时，输出管截止，输出高电平。霍尔开关电路的功能框图如图 8-9所示。它们的输出特性如图 8-10 所示。

一般规定，当外加磁场的南极（S 极）接近霍尔电路外

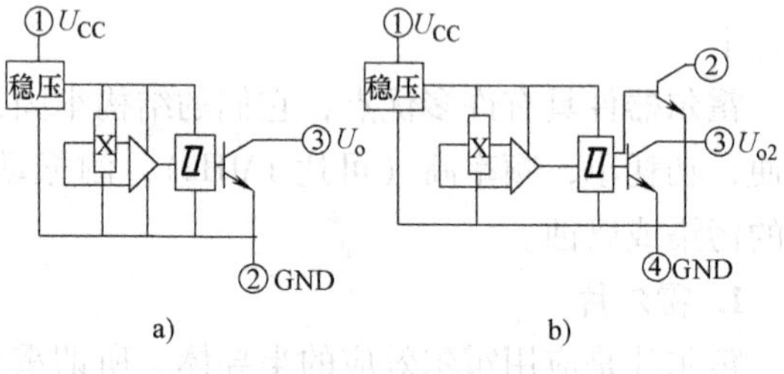

图 8-9　霍尔开关电路的功能框图

a）单 OC 输出　b）双 OC 输出

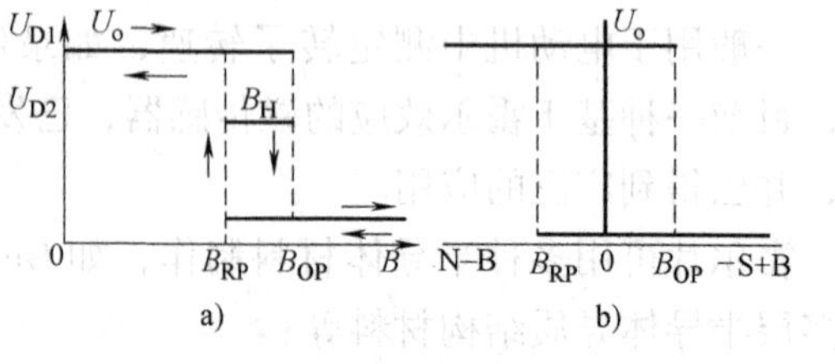

图 8-10　霍尔开关电路的输出特性

a）开关型输出特性　b）锁定型输出特性

壳上有标志的一面时，作用到霍尔电路上的磁场方向为正，北极接近标志面时为负。

除上述各种霍尔器件外，目前还出现了许多特殊功能的霍尔电路，如差动霍尔电路（双霍尔电路），功率霍尔电路，多重双线霍尔传感器电路，二维、三维霍尔集成电路等。

二、霍尔器件的应用

1. 测量磁场

使用霍尔器件检测磁场的方法极为简单，将霍尔器件作成各种形式的探头，放在被测磁场中，因为霍尔器件只对垂直于霍尔片表面的磁感应强度敏感，所以必须令磁力线和器件表面垂直，通电后即可由输出电压得到被测磁场的磁感应强度。若不垂直，则应求出其垂直分量来计算被测磁场的磁感应强度值。而且，因霍尔片的尺寸极小，可以进行多点检测，由计算机进行数据处理，可以得到磁场的分布状态，并可对狭缝、小孔中的磁场进行检测。

2. 工作磁体的设置

用磁场作为被传感物体的运动和位置信息载体时，一般采用永久磁钢来产生工作磁场。例如，用一个 5mm×4mm×2.5mm 的钕铁硼Ⅱ号磁钢，就可在它的磁极表面上得到约0.23T 的磁感应强度。在空气隙中，磁感应强度会随距离增加而迅速下降。为保证霍尔器件，尤其是霍尔开关器件的可靠工作，在应用中要考虑有效工作气隙的长度。在计算总有效工作气隙时，应从霍尔片表面算起。在封装好的霍尔电路中，霍尔片的深度在产品手册中会给出。

因为霍尔器件需要工作电源，在进行运动或位置传感时，一般令磁体随被检测物体运动，将霍尔器件固定在工作系统的适当位置，用它去检测工作磁场，再从检测结果中提取被检信息。工作磁体和霍尔器件间的运动方式有：对移、侧移、旋转和遮断，如图 8-11 所示，图中的 TEAG 即为总有效工作气隙。

在遮断方式中，工作磁体和霍尔器件以适当的间隙相对固定，用一软磁（例如软铁）翼片作为运动工作部件，当翼片进入间隙时，作用到霍尔器件上的磁力线被部分或全部遮断，以此来调节工作磁场，于是被传感的运动信息施加在翼片上。这种检测方法的精度很高，在 125℃的温度范围内，翼片的位置重复精度可达 50μm。遮断用的各种翼片如图 8-12 所示。

也可将工作磁体固定在霍尔器件背面（外壳上没打标志的一面），让被检的铁磁物体（例如钢齿轮）从它们近旁通过，检测出物体上的特殊标志（如齿、凸缘、缺口等），得出物体的运动参数，如图 8-13 所示。

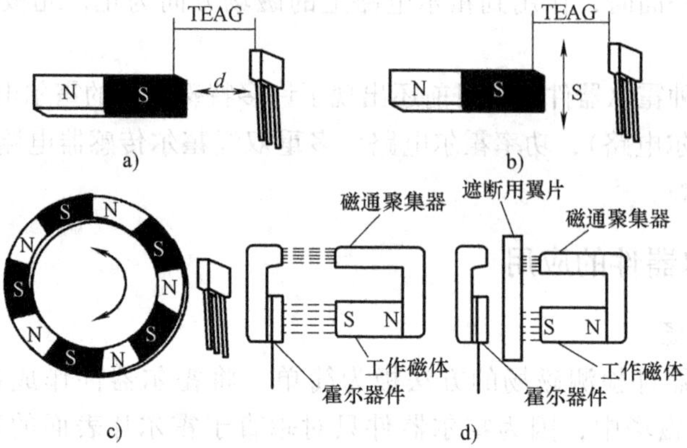

图 8-11　霍尔器件和工作磁体间的运动方式

a）对称　b）侧移　c）旋转　d）遮断

图 8-12　遮断用的各种翼片

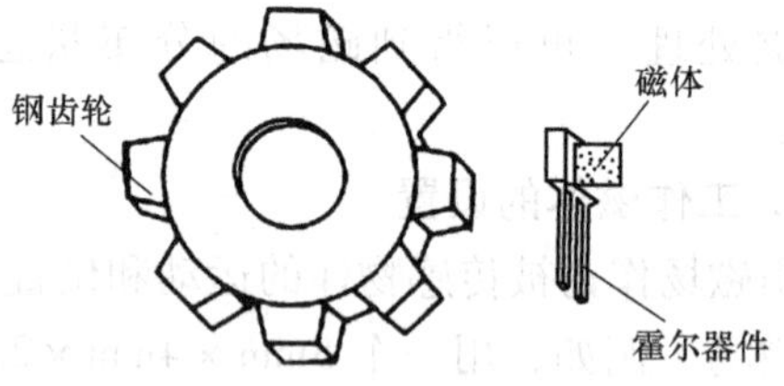

图 8-13　在霍尔器件背面放置磁体

3. 与外电路的接口

霍尔开关电路的输出级一般是一个集电极开路的 NPN 型晶体管，输出管截止时，输入电流很小，一般只有几纳安，可以忽略，输出电压和其电源电压相近，但电源电压最高不得超过输出管的击穿电压（即极限电压）。输出管导通时，它的输出端和线路的公共端短路。因此，必须外接一个电阻器（即负载电阻器）来限制流过管子的电流，使它不超过最大允许值（一般为 20mA），以免损坏输出管。输出电流较大时，管子的饱和压降也会随之增大。

以与发光二极管的接口为例，对负载电阻器的选择作一估计。若在 I_o 为 20mA（霍尔电路输出管允许输入的最大电流），发光二极管的正向压降 U_{LED} = 1.4V，当电源电压 U_{CC} = 12V 时，所需的负载电阻器的阻值：$R = (U_{CC} - U_{LED})/I_o = (12V - 1.4V)/0.02A = 530\Omega$。和这个阻值最接近的标准电阻为 560Ω，因此，可取 560Ω 的电阻器作为负载电阻器。若受控的电路所需的电流大于 20mA，可在霍尔开关电路与被控电路间接入电流放大器。

霍尔器件的开关作用非常迅速，典型的上升时间和下降时间在 400ns 范围内，优于任何机械开关。

图 8-14 是简化了的霍尔开关电路和与各种电路的接口：与 TTL 电路、与 CMOS 电路、与 LED。

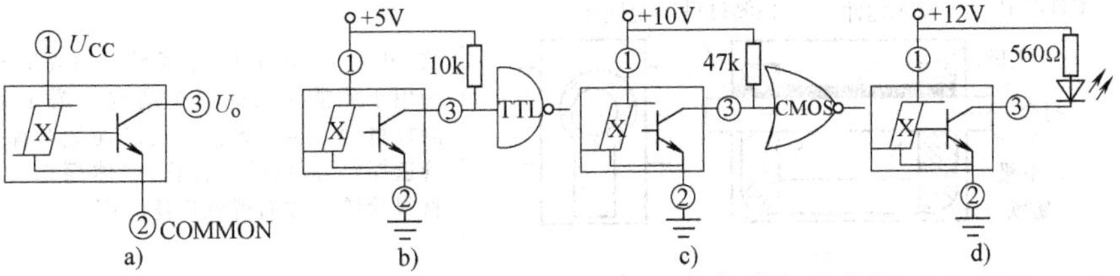

图 8-14　简化的霍尔开关示意图和与各种电路的接口

a）简化后的霍尔开关电路　b）与 TTL 电路　c）与 CMOS 电路　d）与 LED

三、霍尔器件的应用实例（见表 8-7）

表 8-7　霍尔器件的应用实例

	原理、外形和结构示意图	原理说明
霍尔开关	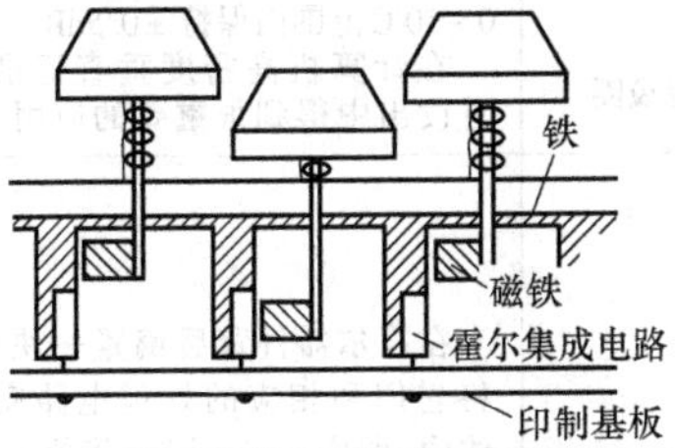	开关具有：无振动、不生杂音、使用寿命长、可靠度高、响应速度快等特征，已经实际被用作高级的键盘用开关
检测铁磁物体	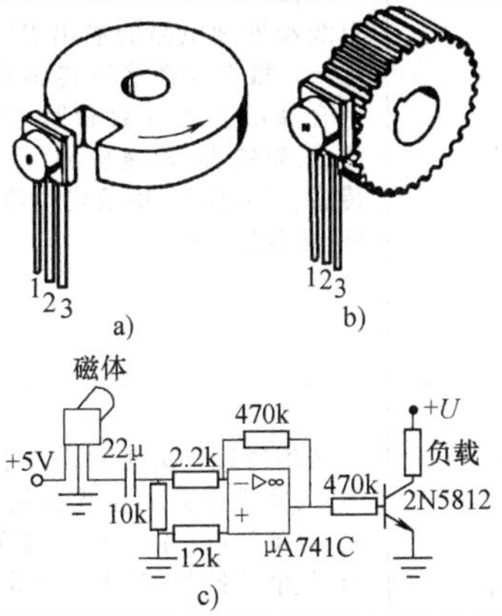	在霍尔线性集成电路背面偏置一个永磁体。图 a 表示检测铁磁物体的缺口。图 b 表示检测齿轮的齿，用这种方法可以检测齿轮的转速。图 c 表示检测电路
无损探伤	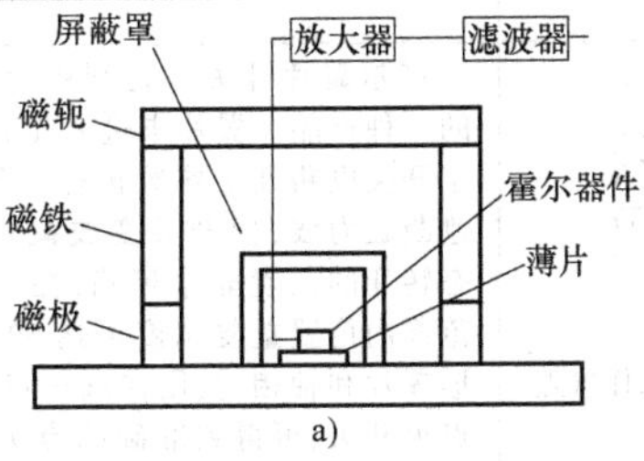	铁磁材料受到磁场激励时，因其导磁率高，磁阻小，磁力线都集中在材料内部。若材料均匀，磁力线分布也均匀。如果材料中有缺陷，如小孔、裂纹等，在缺陷处，磁力线会发生弯曲，使局部磁场发生畸变。用霍尔探头检出这种畸变，经过数据处理，可辨别出缺陷的位置，性质（孔或裂

（续）

<table>
<tr><th></th><th>原理、外形和结构示意图</th><th>原理说明</th></tr>
<tr><td>无损探伤</td><td>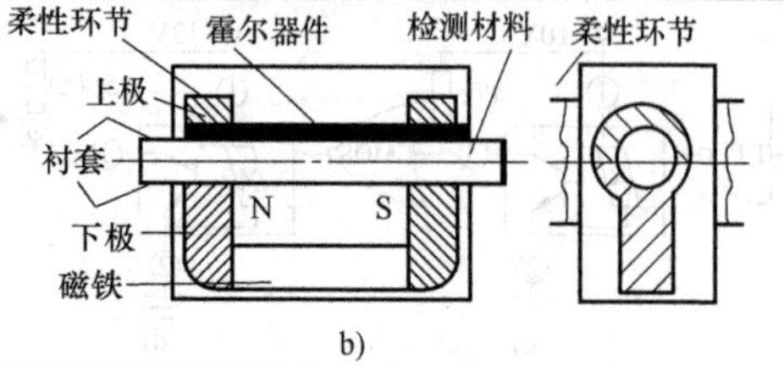

b)</td><td>纹）和大小（如深度、宽度等），图 b 是出两种用于无损探伤的探头结构。图 a 为检测板材用。霍尔无损探伤已在炮膛探伤、管道探伤、海用缆绳探伤，船体探伤，以及材料检验等方面得到广泛应用</td></tr>
<tr><td>磁记录信息读出</td><td>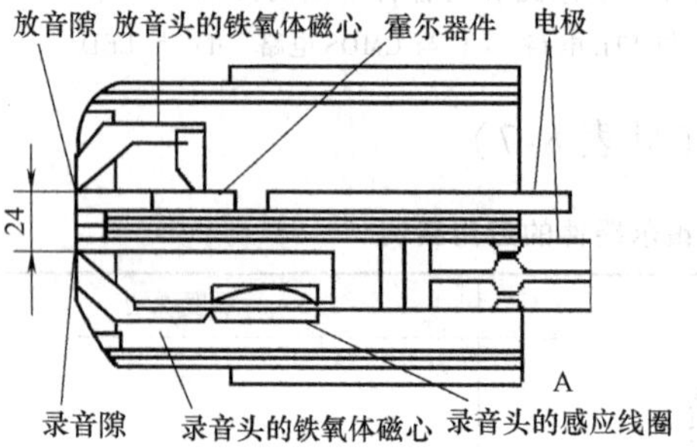
</td><td>将写头和读头安装在同一外壳内，采用长 1mm，宽 0.2mm，厚 1.4μm 的 InSb 霍尔器件，其信噪比比普通磁头高 3～5dB，由于写头和读头间的间距很小，仅 2.6mm，故可用一读头去监视几分之一秒之前录头录下的信息。霍尔读头的输出仅由记录信息的磁感应强度来决定，即使频率到零，输出仍然恒定，且因读头无电感，故可获得优异的瞬态响应。它的灵敏度随温度的变化也很小，约为 0.01dB/℃。采用适当的前置放大电路，可在 0～50℃范围内保持 ±0.5dB
在计算机高密度垂直记录的磁盘的信息读出中得到很重要的应用</td></tr>
<tr><td>霍尔接近传感器</td><td>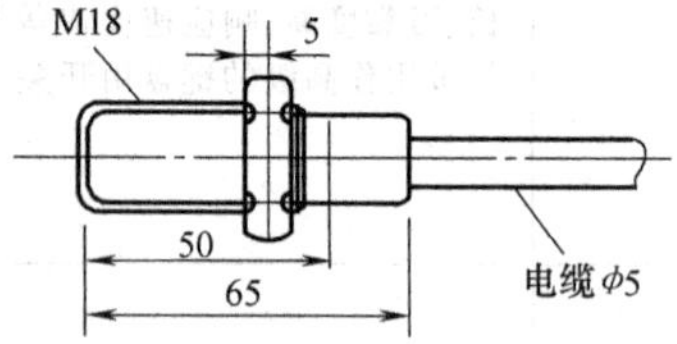

霍尔接近传感器的外形
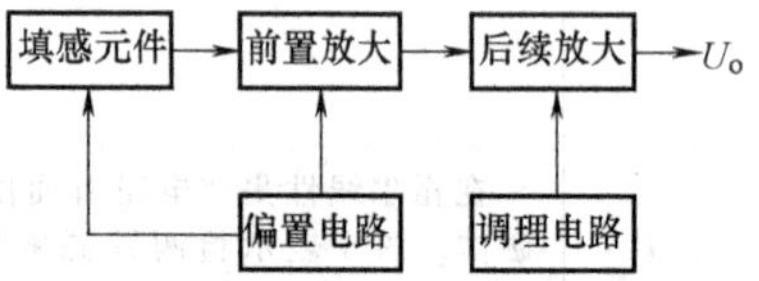

霍尔线性接近传感器</td><td>在霍尔器件背后偏置一块永久磁体，并将它们和相应的处理电路安装在一个壳体内，做成一个探头，将霍尔器件的输入引线和处理电路的输出引线用电缆连接起来。霍尔线性接近传感器主要用于黑色金属的自控计数和厚度检测、距离检测、齿轮数齿、转速检测、测速调速、缺口传感、张力检测、棉条均匀检测、电磁量检测、角度检测等</td></tr>
<tr><td>接近开关</td><td>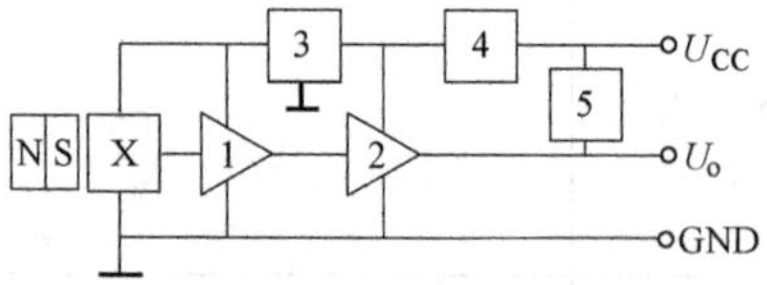
</td><td>霍尔接近开关主要用于各种自动控制装置，完成所需的位置控制，加工尺寸控制、自动计数、各种计数、各种流程的自动衔接、液位控制、转速检测等</td></tr>
<tr><td>霍尔翼片开关</td><td>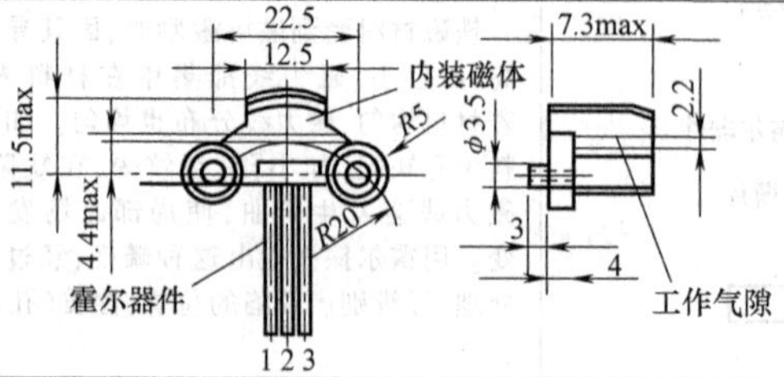
</td><td>霍尔翼片开关就是利用遮断工作方式的一种产品。翼片未进入工作气隙时，霍尔开关电路处于导通状态。翼片进入后，遮断磁力线，使开关变成截止状态，其状态转变的位置非常精确，在 125℃ 的温度范围内位置重复精度可达 50nm。将齿轮形翼片和轴相连，用在汽车点火器中作为点火开关，可得到准确的点火时间，使气</td></tr>
</table>

（续）

	原理、外形和结构示意图	原理说明
霍尔翼片开关	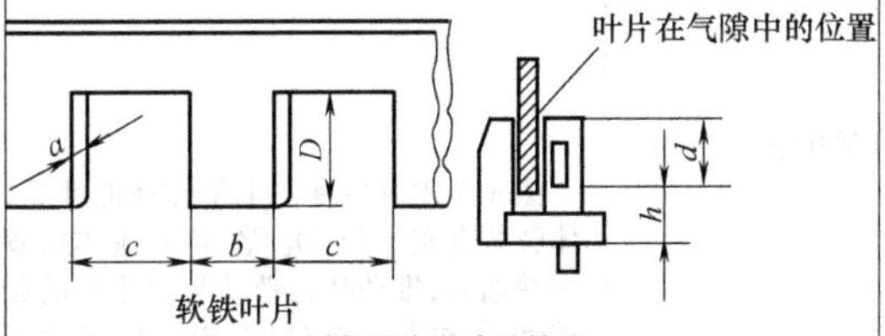 霍尔翼片开关的外形	缸中的汽油充分燃烧，既可节约燃料，又能降低车辆排放尾气的污染，已在桑塔纳、克莱斯勒等车中使用。将它们用在工业自动控制系统中，可作为转速传感器、位置开关、限位开关、轴编码器、码盘扫描器等
霍尔齿轮传感器	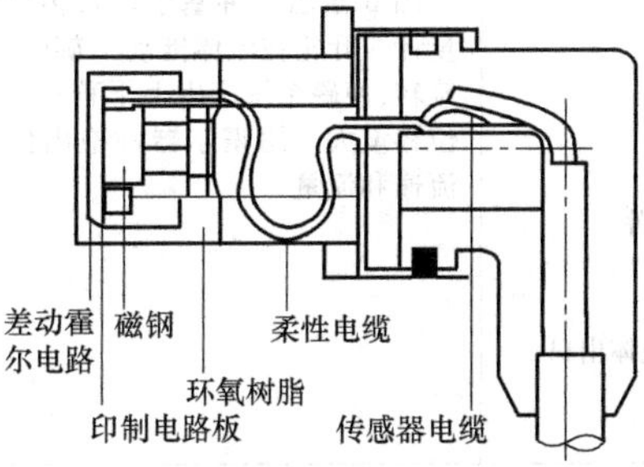 霍尔速度传感器的内部结构 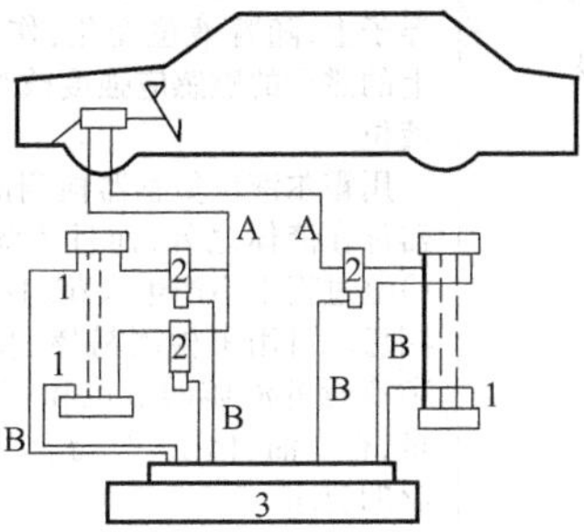 1—车轮速度传感器 2—压力调节器 3—电子控制器 ABS的工作原理示意图 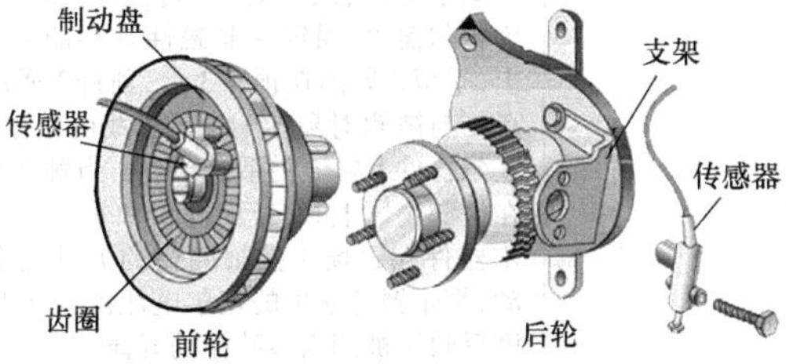 汽车防抱死制动系统（ABS）	用差动霍尔电路制成的霍尔齿轮传感器广泛用于新一代的汽车智能发动机。作为点火定时用的速度传感器，用于ABS（汽车防抱死制动系统）作为车速传感器等 在ABS中，速度传感器是十分重要的组成部件。在制动过程中，电子控制器3不断接收来自车轮速度传感器1和车轮转速相对应的脉冲信号并进行处理，得到车辆的滑移率和减速信号，按其控制逻辑及时准确地向制动压力调节器2发出指令，调节器及时准确地作出响应，使制动气室执行充气、保持或放气指令，调节制动器的制动压力，以防止车轮抱死，达到抗侧滑、甩尾，提高制动安全及制动过程中的可驾驭性。在这个系统中，霍尔传感器作为车轮转速传感器，是制动过程中的实时速度采集器，是ABS中的关键部件之一 在汽车的新一代智能发动机中，用霍尔齿轮传感器来检测曲轴位置和活塞在气缸中的运动速度，以提供更准确的点火时间，其作用是别的速度传感器难以代替的，它具有如下许多新的优点： 1）相位精度高，可满足0.4°曲轴角的要求，不需采用相位补偿 2）可满足0.05°曲轴角的熄火检测要求 3）输出为矩形波，幅度与车辆转速无关。在电子控制单元中作进一步的传感器信号调整时，会降低成本

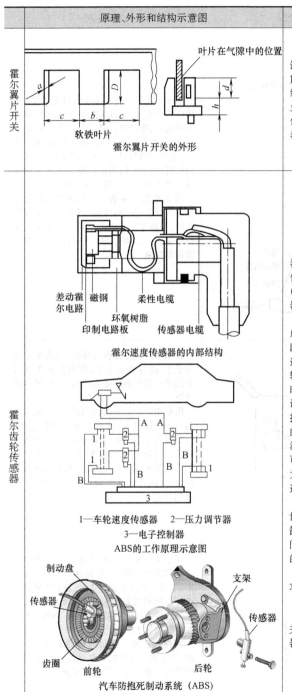

（续）

	原理、外形和结构示意图	原理说明
霍尔流量计	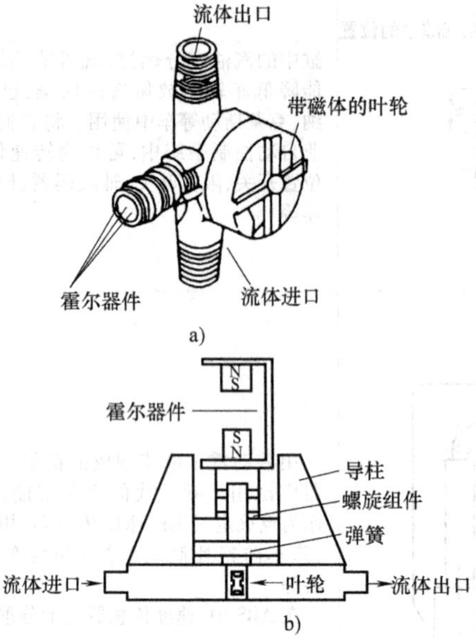	图 a 壳体内装有一个带磁体的叶轮，磁体旁装有霍尔开关电路，被测流体从管道一端通入，推动叶轮带动与之相连的磁体转动，经过霍尔器件时，电路输出脉冲电压，由脉冲的数目，可以得到流体的流速。若知管道的内径，可由流速和管径求得流量。霍尔电路由电缆来供电和输出 图 b 给出一种基于位移传感的霍尔流量计。叶轮在流体推动下旋转，带动螺杆旋转，使磁系统产生上下移动。流速高则位移量大。用霍尔器件检出位移而获得流速和流量
霍尔液位传感器	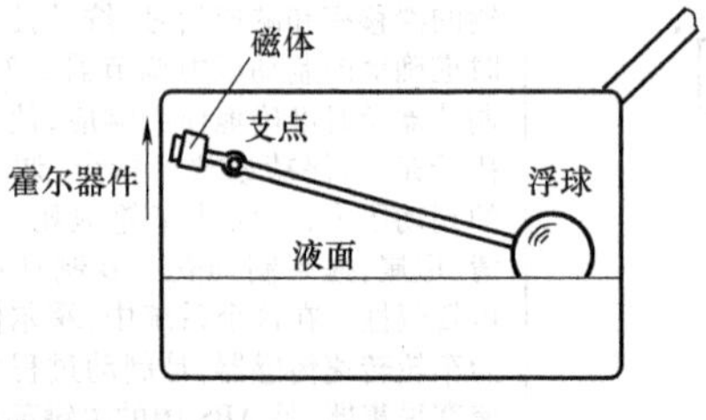	霍尔器件安装在容器外面，永磁体支在浮子上，随着液位变化，作用到霍尔器件上的磁场的磁感应强度改变，从而可测得液位 用霍尔液位传感器检测液位时，因霍尔器件在液体之外，而且为无接触传感，在检测过程中不产生火花，且可实现远距离测量。可用来检测易燃、易爆、有腐蚀性和有毒的液体的液位和容器中的液体存量，在石油、化工、医药、交通运输中有广泛的应用
霍尔振动传感器	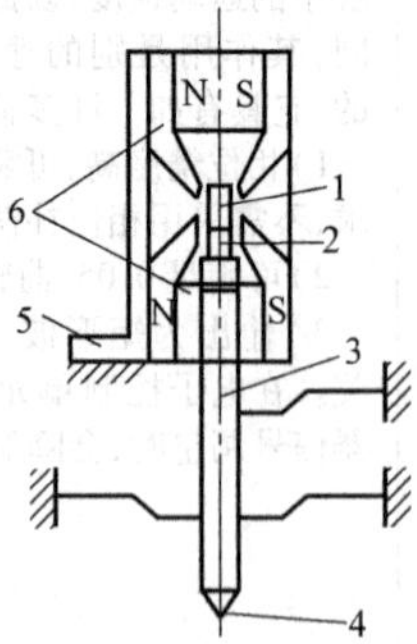	图示为一种霍尔振动传感器。图中，1 为霍尔器件，固定在非磁性材料的平板 2 上，平板 2 紧固在顶杆 3 上，顶杆 3 通过触点 4 与被测对象接触，随之做机械振动。霍尔器件 1 置于磁系统 6 中。当触点 4 靠在被测物体上时，经顶杆 3 和平板 2 使霍尔器件在磁场中按被测物的振动频率振动，霍尔器件输出的霍尔电压的频率和幅度反映了被测物体的振动规律

（续）

	原理、外形和结构示意图	原理说明
霍尔电流传感器	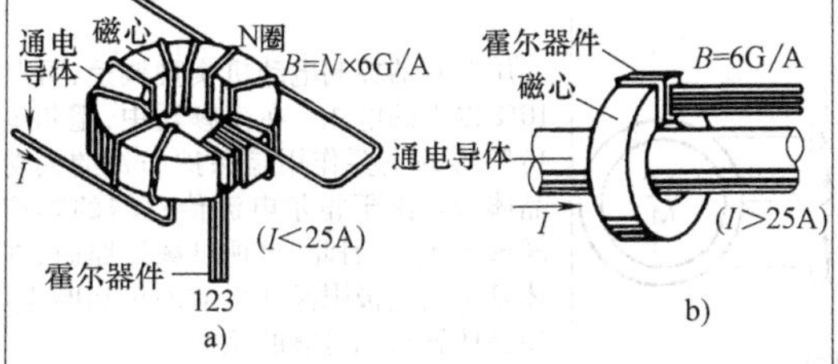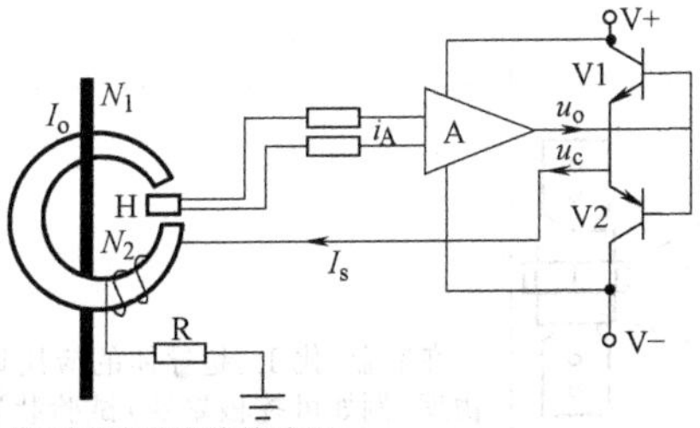霍尔零磁通电流传感器	用一环形导磁材料作成磁心，套在被测电流流过的导线上，将导线中电流感生的磁场聚集起来，在磁心上开一气隙，内置一个霍尔线性器件，器件通电后，便可由它的霍尔输出电压得到导线中流通的电流。图a所示的传感器用于测量电流强度较小的电流，图b所示的传感器用于检测较大的电流 实际的霍尔电流传感器有两种构成形式，即直接测量式和零磁通式
霍尔电流电压传感器	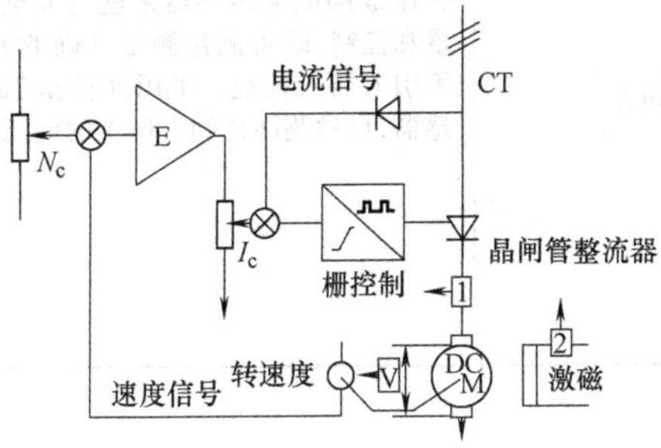	在直流自动控制调速系统中，用霍尔电流电压传感器代替电流互感器，不仅动态响应好，还可实现对转子电流的最佳控制以及对晶闸管进行过载保护
在电源中的应用	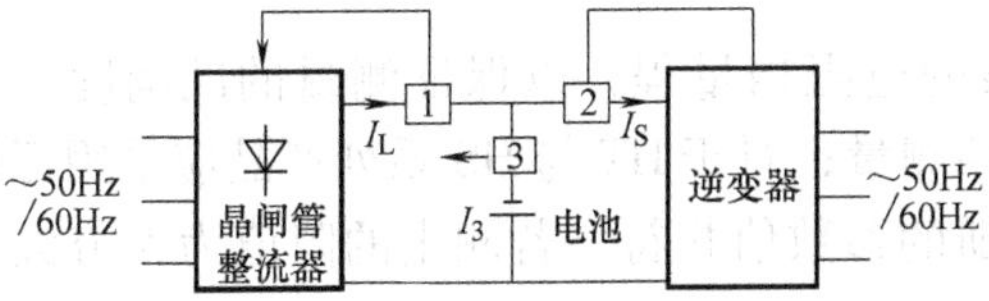	霍尔电流传感器1发出信号并进行反馈，以控制晶闸管的触发延迟角，电流传感器2发出的信号控制逆变器，传感器3控制浮充电源。用霍尔电流传感器进行控制，保证逆变电源正常工作。由于其响应速度快，特别适用于计算机中的不间断电源
电子点焊机	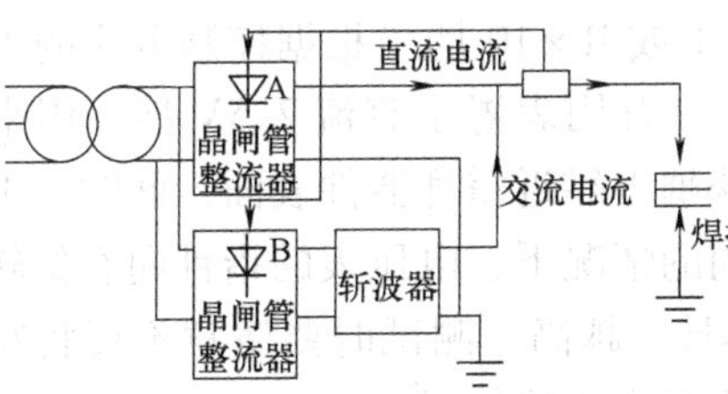	在电子点焊机电源中，霍尔电流传感器起测量和控制作用。它的快速响应能再现电流、电压波形，将它们反馈到可控整流器A、B并控制其输出。用斩波器给直流叠加上一个交流，可更精确地控制电流。用霍尔电流传感器进行电流检测，既可测量电流的真正瞬时值，又不致引入损耗

（续）

	原理、外形和结构示意图	原理说明
交流变频调速电机	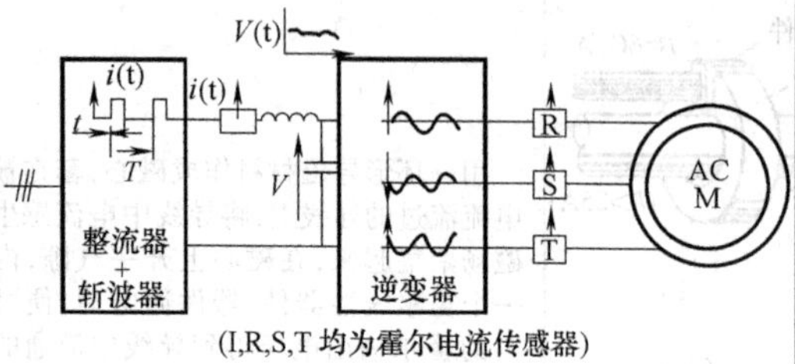 (I,R,S,T 均为霍尔电流传感器)	用变频器控制电动机实现调速，可节省10%以上的电能。在变频器中，霍尔电流传感器的主要作用是保护昂贵的大功率晶体管。由于霍尔电流传感器的响应时间短于1μs，因此，出现过载短路时，在晶体管未达到极限温度之前即可切断电源，使晶体管得到可靠的保护
多霍尔探头大电流传感器	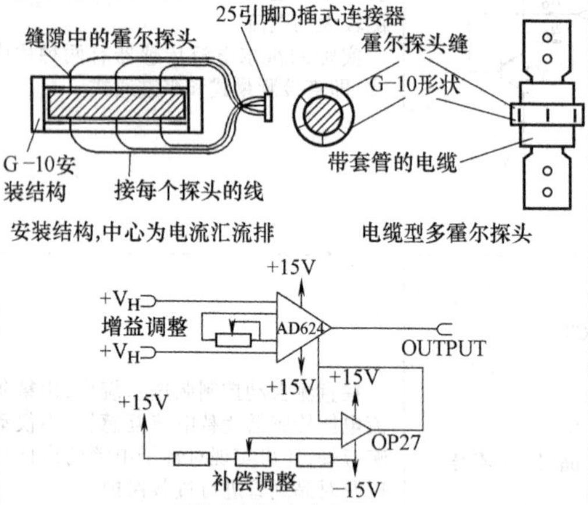 霍尔电压放大电路	在冶金、化工、超导体的应用以及高能物理（例如可控核聚变）试验装置中都有许多超大型电流用电设备。用多霍尔探头制成的电流传感器来进行大电流的测量和控制，既可满足测量准确的要求，又不引入插入损耗。采用这种霍尔电流传感器，可检测高达到300kA的电流

四、霍耳器件的检测

1. 测量输入电阻和输出电阻

测量时要注意正确选择万用表的电阻挡量程，以保证测量的准确度。对于HZ系列产品应选择万用表R×10挡测量；对于HT与HS系列产品应采用万用表的R×1挡测量，测量结果应与手册的参数值相符。若测出的阻值为无穷大或为零，则说明被测霍耳器件已经损坏。

2. 检测灵敏度（KH）

一般采用双表法，将一只表置于R×1或R×10挡（根据控制电流的大小而定），为霍耳器件提供控制电流，将另一只万用表置于直流2.5V挡，用来测量霍耳器件输出的电动势。用一块条形磁铁垂直靠近霍耳器件表面，此时，电压表的指针应明显向右偏转。在测试条件相同的情况下，电压表的指针向右偏转的角度越大，表明被测霍耳器件的灵敏度（KH）越高。测试时要注意不要将霍耳器件的输入、输出端引线接反，否则，将测不出正确结果。

参考文献

[1] 马全喜. 电子元器件与电子实习 [M]. 北京：机械工业出版社，2006.
[2] 胡斌，刘超，胡松. 电子工程师必备——元器件应用宝典 [M]. 北京：人民邮电出版社，2011.
[3] 无线电杂志社. 无线电（2011 年合订本）[M]. 北京：人民邮电出版社，2011.
[4] 姚兵. 电子元器件与电子实习实训教程 [M]. 北京：机械工业出版社，2010.
[5] 韩广兴，等. 电子元器件与实用电路基础 [M]. 北京：电子工业出版社，2011.

读者信息反馈表

感谢您购买《图解电子元器件识读与检测快速入门》一书。为了更好地为您服务，有针对性地为您提供图书信息，方便您选购合适图书，我们希望了解你的需求和对我们教材的意见和建议，愿这小小的表格为我们架起一座沟通的桥梁。

姓　名		所在单位名称	
性　别		所从事工作（或专业）	
通信地址		邮　编	
办公电话		移动电话	
E-mail			
1. 您选择图书时主要考虑的因素：（在相应项前面画√） （　　）出版社　（　　）内容　（　　）价格　（　　）封面设计　（　　）其他 2. 您选择我们图书的途径（在相应项前面画√） （　　）书目　（　　）书店　（　　）网站　（　　）朋友推介　（　　）其他			
希望我们与您经常保持联系的方式： □电子邮件信息　□定期邮寄书目 □通过编辑联络　□定期电话咨询			
您关注（或需要）哪些类图书和教材：			
您对我社图书出版有哪些意见和建议（可从内容、质量、设计、需求等方面谈）：			
您今后是否准备出版相应的教材、图书或专著（请写出出版的专业方向、准备出版的时间、出版社的选择等）：			

非常感谢您能抽出宝贵的时间完成这张调查表的填写并回寄给我们，我们愿以真诚的服务回报您对我社的关心和支持。

请联系我们——

地　　址　北京市西城区百万庄大街22号　机械工业出版社技能教育分社

邮　　编　100037

社长电话　（010）88379080　88379083　68329397（带传真）

E-mail　jnfs@mail.machineinfo.gov.cn